SAMMLUNG GÖSCHEN BAND 1156/1156a

DIE KOMPLEXE BERECHNUNG VON WECHSELSTROMSCHALTUNGEN

von

DR. HANS HEINRICH MEINKE
o. Professor an der Technischen Hochschule München

Mit 120 Abbildungen

WALTER DE GRUYTER & CO.
vormals G. J. Göschen'sche Verlagshandlung · J. Guttentag, Verlagsbuchhandlung · Georg Reimer · Karl J. Trübner · Veit & Comp.

BERLIN 1957

Inhalt

I. Grundlagen

Vorausgesetzt werden einfache Kenntnisse über trigonometrische Funktionen und komplexe Zahlen. Wenn auch gelegentlich Formeln und Begriffe der Differentialrechnung vorkommen, so sind diese jedoch keine unumgängliche Bedingung für das Verständnis des Buches. Die Grundbegriffe der Schwingungslehre und des Wechselstroms sollten ebenfalls bekannt sein. Gewisse wichtige Formeln und Begriffe werden in den folgenden Abschnitten, teilweise ohne Beweis, nochmals zusammengestellt.

I,1. Die Eulersche Gleichung

Im Gegensatz zu der im mathematischen Schrifttum üblichen Schreibweise i bezeichnet man in der Elektrotechnik die Größe $\sqrt{-1}$ mit j, weil der Buchstabe i zur Bezeichnung der Ströme verwendet wird.

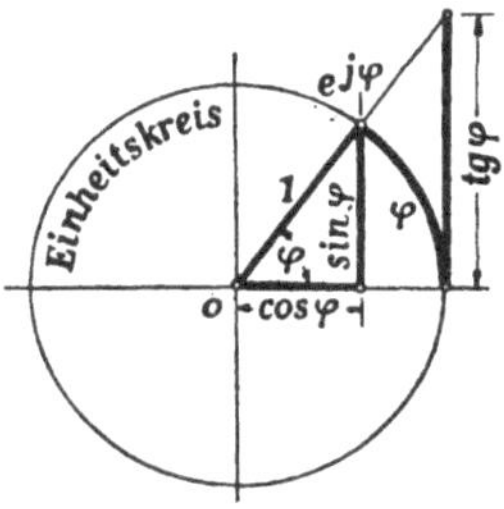

Abb. 1. Funktionen am Einheitskreis (Radius 1)

$$j = \sqrt{-1};\; j^2 = -1;\; \frac{1}{j} = -j. \quad (1)$$

Zu beachten ist ferner, daß die im folgenden benutzten Winkelgrößen nicht in Winkelgraden, sondern im *Bogenmaß* angegeben werden. Ein Winkel φ wird also durch die Länge φ des Bogens gemessen, den er als Zentrumswinkel aus dem Einheitskreis (Radius 1) ausschneidet (Abb. 1):

$$(\varphi \text{ im Bogenmaß}) = \frac{\pi}{180} \; (\varphi \text{ in Winkelgraden}).$$

Vergleichsweise ist $360° = 2\pi$, $180° = \pi$, $90° = \pi/2$, $45° = \pi/4$. Abb. 1 zeigt weiter, wie man am Einheitskreis die Größen $\sin\varphi$, $\cos\varphi$ und $\operatorname{tg}\varphi$ findet.

Die Funktion e^x: Sie wird in der Mathematik definiert durch die unendliche Reihe

$$e^x = 1 + x + \frac{x^2}{2} + \frac{x^3}{3!} + \cdots + \frac{x^n}{n!} + \cdots \quad (2)$$

Das Zeichen $n!$ bedeutet dabei das Produkt $n! = 1 \cdot 2 \cdot 3 \cdot 4 \ldots (n-1) \cdot n$. Eine solche konvergente, unendliche Reihe sagt aus, daß man bei gegebenem x die Zahl e^x bereits durch endlich viele Glieder mit jeder gewünschten Genauigkeit berechnen kann. Je größer x, desto mehr Glieder muß man berechnen. Die e-Funktion hat die bemerkenswerte Eigenschaft, daß ihr Differentialquotient wieder gleich der Ausgangsfunktion ist:

$$\frac{d}{dx}(e^x) = e^x. \tag{3}$$

Diese Tatsache, die sich leicht durch gliedweises Differenzieren der Reihe (2) beweisen läßt, ist der tiefere Grund für das häufige Auftreten dieser Funktion bei physikalischen und technischen Problemen. Die Zahl e ergibt sich aus (2) für $x = 1$ als $e = 2{,}72$. Wichtig ist die Anwendbarkeit der Potenzregeln (ohne Beweis):

$$e^{x_1 + x_2} = e^{x_1} \cdot e^{x_2}; \quad e^{-x} = \frac{1}{e^x}. \tag{4}$$

Die Funktion $e^{j\varphi}$: Die Funktion (2) ist zunächst für ein reelles x gedacht. Man kann natürlich rein formal auch ein imaginäres $x = j\varphi$ in (2) einsetzen und untersuchen, was eine solche Funktion darstellt. Man beachte, daß nach (1) stets $j^2 = -1$ ist, und fasse jeweils die entstandenen reellen und imaginären Glieder für sich zusammen:

$$e^{j\varphi} = \left(1 - \frac{\varphi^2}{2} + \frac{\varphi^4}{4!} - \frac{\varphi^6}{6!} + \cdots\right) + j\left(\varphi - \frac{\varphi^3}{3!} + \frac{\varphi^5}{5!} - \frac{\varphi^7}{7!} + \cdots\right).$$

Die erste Klammer ist die bekannte unendliche Reihe für die Funktion

$$\cos\varphi = 1 - \frac{\varphi^2}{2} + \frac{\varphi^4}{4!} - \frac{\varphi^6}{6!} + \cdots,$$

die zweite Klammer die Reihe für die Funktion

$$\sin\varphi = \varphi - \frac{\varphi^3}{3!} + \frac{\varphi^5}{5!} - \frac{\varphi^7}{7!} + \cdots.$$

Durch Einsetzen dieser Funktionen erhält man die *Eulersche Gleichung*

$$e^{j\varphi} = \cos\varphi + j\sin\varphi\,. \tag{5}$$

Die neu definierte Funktion $e^{j\varphi}$ ist also eine komplexe Zahl mit dem Realteil $\cos\varphi$ und dem Imaginärteil $\sin\varphi$. Insbesondere ist

$$e^{j\pi/2} = j;\quad e^{j\pi} = -1;\quad e^{-j\pi/2} = -j\,. \tag{5a}$$

Diese Formeln ergeben sich aus (5), wenn man für φ die betreffenden Werte in die cos- und sin-Funktion einsetzt. Näheres über die komplexe Zahl $e^{j\varphi}$ in I,2.

Die außerordentliche Vereinfachung, die die Verwendung dieser komplexen Funktion bei zahlreichen Rechnungen bewirkt und die der wesentliche Grund für die Einführung des komplexen Rechenverfahrens ist, erkennt man schon an folgendem einfachen Beispiel. Man setze in (5) $\varphi = \varphi_1 + \varphi_2$:

$$e^{j(\varphi_1+\varphi_2)} = \cos(\varphi_1+\varphi_2) + j\sin(\varphi_1+\varphi_2).$$

Nach (4) ist aber auch

$$\begin{aligned} e^{j(\varphi_1+\varphi_2)} = e^{j\varphi_1}\cdot e^{j\varphi_2} &= (\cos\varphi_1 + j\sin\varphi_1)(\cos\varphi_2 + j\sin\varphi_2) \\ &= (\cos\varphi_1\cdot\cos\varphi_2 - \sin\varphi_1\cdot\sin\varphi_2) \\ &\quad + j(\sin\varphi_1\cdot\cos\varphi_2 + \cos\varphi_1\cdot\sin\varphi_2). \end{aligned}$$

Die Realteile müssen in beiden Formeln gleich sein. Daraus folgt das Additionstheorem

$$\cos(\varphi_1+\varphi_2) = \cos\varphi_1\cdot\cos\varphi_2 - \sin\varphi_1\cdot\sin\varphi_2\,.$$

Aus der Gleichheit der beiden Imaginärteile ergibt sich die bekannte Formel

$$\sin(\varphi_1+\varphi_2) = \sin\varphi_1\cdot\cos\varphi_2 + \cos\varphi_1\cdot\sin\varphi_2\,.$$

Man vergleiche mit dieser einfachen Ableitung den erheblichen Aufwand, wenn man diese Formeln in üblicher Weise *ohne* Verwendung des komplexen Rechnens gewinnen will. Wer die Bedeutung der komplexen Methode voll erfassen will, vergleiche auch bei den im folgenden behandelten Aufgaben immer wieder den einfachen komplexen Weg mit den komplizierten Formelgebilden, die entstehen, wenn man mit reellen trigonometrischen Funktionen rechnet. Bei umfangreicheren Wechselstromschaltungen macht die komplexe Rechnung das quantitative Arbeiten überhaupt erst *möglich*, weil die reelle Rechnung wegen ihres Umfangs nicht mehr beherrscht werden kann.

I,2. Komplexe Zahlen

Die Darstellung komplexer Zahlen: In der deutschen elektrotechnischen Literatur ist es weitgehend üblich, komplexe Zahlen in Frakturschrift zu schreiben: $\mathfrak{a} = a_1 + \mathrm{j}\, a_2$. Eine komplexe Zahl $\mathfrak{a}$ wird durch ihren *Realteil* a_1 und ihren *Imaginärteil* a_2 beschrieben, also durch zwei voneinander unabhängige Größen. Geometrisch anschaulich stellt man diese Zahl auch durch einen Punkt $\mathfrak{a}$ in einer Ebene dar (Abb. 2), dessen Koordinaten in einem rechtwinkligen Koordinatensystem a_1 und a_2 sind. Vielfach bezeichnet man als $\mathfrak{a}$ auch den Pfeil vom Nullpunkt des Koordinatensystems zum Punkt $\mathfrak{a}$ (Abb. 2). Dieser Pfeil wird in der elektrotechnischen Fachsprache als Zeiger bezeichnet. Das früher vielfach für diesen Zweck verwendete Wort „Vektor“ kann nicht mehr empfohlen werden, weil man darunter heute eine räumlich gerichtete Größe versteht.

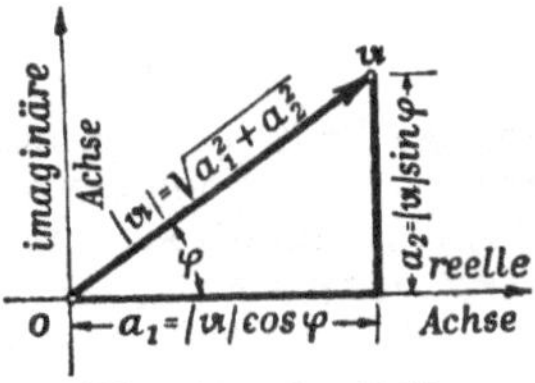

Abb. 2. Komplexe Zahl $\mathfrak{a}$ in der komplexen Zahlenebene

Die zur Koordinate a_1 gehörende Achse nennt man die reelle Achse, die zur Koordinate a_2 gehörende die imaginäre Achse. Für $a_2 = 0$ ist $\mathfrak{a}$ eine reelle Zahl a_1. Diese liegt auf der reellen Achse. Für $a_1 = 0$ ist $\mathfrak{a}$ eine imaginäre Zahl $\mathrm{j}\, a_2$, die auf der imaginären Achse liegt. Als *Absolutwert* $|\mathfrak{a}|$ der komplexen Zahl $\mathfrak{a}$ bezeichnet man die Länge des Zeigers $\mathfrak{a}$, d. h. den Abstand des Punktes $\mathfrak{a}$ vom Nullpunkt:

$$|\mathfrak{a}| = \sqrt{a_1^2 + a_2^2}. \tag{6}$$

Als Phase φ bezeichnet man den Winkel zwischen dem Zeiger $\mathfrak{a}$ und der reellen Achse (Abb. 2):

$$\operatorname{tg} \varphi = a_2/a_1; \quad \varphi = \operatorname{arc\,tg}\,(a_2/a_1)\,. \tag{7}$$

Für positive reelle Zahlen ist $\varphi = 0$, für imaginäre Zahlen $\varphi = \pi/2$ oder $-\pi/2$ je nach Vorzeichen von a_2. Es ist nach Abb. 2

$$a_1 = |\mathfrak{a}| \cdot \cos\varphi; \quad a_2 = |\mathfrak{a}| \cdot \sin\varphi. \tag{8}$$

Die zwei Größen $|\mathfrak{a}|$ und φ sind die Polarkoordinaten von $\mathfrak{a}$ in der „komplexen Zahlenebene". Die *komplexe Zahl* $e^{j\varphi}$ hat nach (5) die rechtwinkligen Koordinaten $\cos\varphi$ und $\sin\varphi$, nach (6) den Absolutwert

$$|e^{j\varphi}| = \sqrt{\cos^2\varphi + \sin^2\varphi} = 1 \tag{9}$$

und die Phase φ. Der Punkt $e^{j\varphi}$ liegt also auf dem Einheitskreis. Seine Lage in der komplexen Zahlenebene zeigt Abb. 1. Nach (5) und (8) kann man jede komplexe Zahl in folgender Form schreiben:

$$\mathfrak{a} = a_1 + j\,a_2 = |\mathfrak{a}|\,(\cos\varphi + j\sin\varphi) = |\mathfrak{a}| \cdot e^{j\varphi}. \tag{10}$$

Eine komplexe Zahl ist also das Produkt einer reellen Zahl $|\mathfrak{a}|$ und der komplexen Zahl $e^{j\varphi}$. Hieran erkennt man die fundamentale Bedeutung der Zahl $e^{j\varphi}$ für die Darstellung komplexer Zahlen.

Das Rechnen mit komplexen Zahlen: Wenn man zwei komplexe Zahlen $\mathfrak{a} = a_1 + j\,a_2$ und $\mathfrak{b} = b_1 + j\,b_2$ addieren oder subtrahieren will, rechnet man mit rechtwinkligen Koordinaten, um die einfachen Formeln

$$\mathfrak{a} + \mathfrak{b} = (a_1 + b_1) + j\,(a_2 + b_2), \tag{11}$$

$$\mathfrak{a} - \mathfrak{b} = (a_1 - b_1) + j\,(a_2 - b_2) \tag{12}$$

zu erhalten. Abb. 3 zeigt diese Addition der Zeiger, wie sie von vielen physikalischen Aufgaben her bekannt ist. Wenn man zwei komplexe Zahlen multiplizieren will, rechnet man zweckmäßig nur mit Polarkoordinaten:

$$\mathfrak{a} = |\mathfrak{a}| \cdot e^{j\varphi}; \qquad \mathfrak{b} = |\mathfrak{b}| \cdot e^{j\psi};$$

$$\mathfrak{a} \cdot \mathfrak{b} = |\mathfrak{a}| \cdot |\mathfrak{b}| \cdot e^{j\varphi} \cdot e^{j\psi} = |\mathfrak{a}| \cdot |\mathfrak{b}| \cdot e^{j(\varphi + \psi)}. \tag{13}$$

Zum Beweis dieser Formel benutze man (4). Man multipliziert also die Absolutwerte und addiert die Phasen. Wenn man die gleiche Aufgabe mit rechtwinkligen Koordinaten rechnen will, werden die Formeln wesentlich komplizierter. Besonders einfach ist die Multiplikation einer Zahl $\mathfrak{a}$ mit einer reellen Zahl, wobei die Phase φ erhalten bleibt, oder die Multiplikation mit der Zahl $e^{j\psi}$, wobei nach (9) der Absolutwert $|\mathfrak{a}|$ unverändert bleibt:

$$\mathfrak{a} \cdot e^{j\psi} = |\mathfrak{a}| \cdot e^{j(\varphi + \psi)}. \quad (14)$$

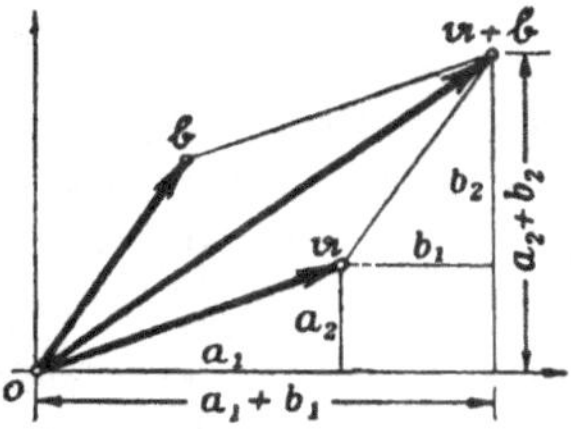

Abb. 3. Addition zweier komplexer Zahlen $\mathfrak{a}$ und $\mathfrak{b}$

Die Multiplikation mit $e^{j\psi}$ bedeutet also eine Drehung des Zeigers $\mathfrak{a}$ um den Winkel ψ gegen den Uhrzeigersinn (Abb. 4). Der Reziprokwert $1/\mathfrak{a}$ einer komplexen Zahl $\mathfrak{a}$ kann auf zwei Weisen berechnet werden. Mit rechtwinkligen Koordinaten:

$$\frac{1}{\mathfrak{a}} = \frac{1}{a_1 + j a_2} = \frac{1}{a_1 + j a_2} \frac{a_1 - j a_2}{a_1 - j a_2}$$

$$= \frac{a_1}{a_1^2 + a_2^2} - j \frac{a_2}{a_1^2 + a_2^2}. \quad (15)$$

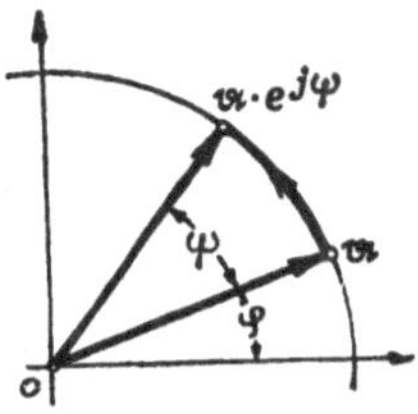

Abb. 4. Multiplikation einer komplexen Zahl $\mathfrak{a}$ mit $e^{j\psi}$

Das Vorzeichen des Imaginärteils kehrt sich dabei um. Diese Regel ist besonders wichtig für den Reziprokwert einer rein imaginären Zahl:

$$\frac{1}{j a_2} = -j \frac{1}{a_2}. \quad (16)$$

Bei der Rechnung mit Polarkoordinaten erhält man nach (4)

$$\mathfrak{a} = |\mathfrak{a}| \cdot e^{j\varphi}; \quad \frac{1}{\mathfrak{a}} = \frac{1}{|\mathfrak{a}| \cdot e^{j\varphi}} = \frac{1}{|\mathfrak{a}|} e^{-j\varphi}. \quad (17)$$

Man sieht bereits hier durch Vergleich von (15) und (17), daß man Rechnungen durch zweckmäßige Wahl der Koordinatendarstellung wesentlich vereinfachen kann. Dies ist bei umfangreichen Rechnungen oft entscheidend. Aus (17) erhält man die Divisionsregel in Polarkoordinaten mit Hilfe von (13):

$$\frac{\mathfrak{a}}{\mathfrak{b}} = \mathfrak{a}\,\frac{1}{\mathfrak{b}} = |\,\mathfrak{a}\,|\,\frac{1}{|\,\mathfrak{b}\,|}\,e^{j\varphi}\cdot e^{-j\psi} = \frac{|\,\mathfrak{a}\,|}{|\,\mathfrak{b}\,|}\,e^{j(\varphi-\psi)}\,. \tag{18}$$

Man dividiert die Absolutwerte und subtrahiert die Phasen. Man vergegenwärtige sich bei gegebenem $\mathfrak{a}$ und $\mathfrak{b}$ die Lage der Punkte $\mathfrak{a}\cdot\mathfrak{b}$, $1/\mathfrak{a}$ und $\mathfrak{a}/\mathfrak{b}$ in der komplexen Zahlenebene. Die Division durch $\mathfrak{b}$ kann man als Multiplikation mit $1/\mathfrak{b}$ auffassen.

I,3. Kreispendel und ebenes Pendel

Das Ziel ist die Darstellung von Schwingungen durch komplexe Zahlen. Einen physikalisch besonders einfachen

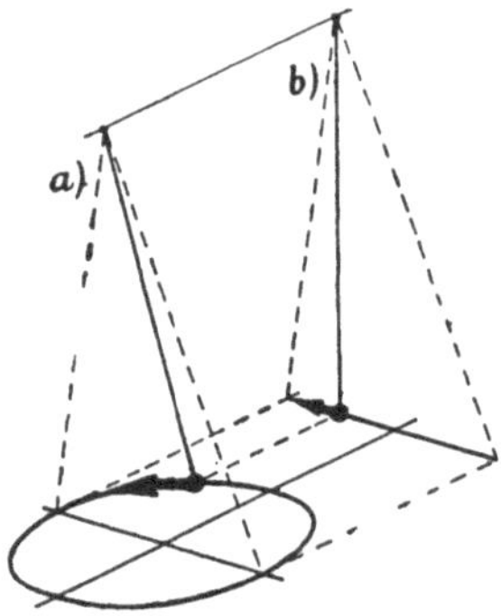

Abb. 5. Kreispendel (a) und ebenes Pendel (b)

Schwingungsvorgang gibt das *Kreispendel*, in der Mechanik beispielsweise idealisiert dargestellt durch eine an einem gewichtslosen Faden aufgehängte Kugel von geringer Ausdehnung, die als punktförmige, in ihrem Mittelpunkt konzentrierte Masse betrachtet wird. Unter Vernachlässigung des Luftwiderstandes kann sie sich auf einem Kreise bewegen (Abb.5a), wenn sie in geeigneter Weise angestoßen wird. Betrachtet man die waagerechte Ebene, in der sich die Kugel dann bewegt, als eine komplexe Zahlenebene nach I,2, so kann man den Ort des Massenpunktes in einem bestimmten Zeitpunkt t durch die zu diesem Ort gehörende komplexe Zahl $\mathfrak{m}$ festlegen. Ist $\mathfrak{m}$ durch seinen Realteil m_1 und seinen Imaginärteil m_2 beschrieben, so sind m_1 und m_2 die rechtwinkligen Koordinaten des Kugelortes zur Zeit t. Ist $\mathfrak{m}$ durch Absolutwert und Phase gegeben, so sind $|\mathfrak{m}|$ und ψ die Polarkoordinaten des Kugelortes. Die letztere Beschreibungsart ist hier natürlich günstiger; denn da die Kugel auf einem Kreise läuft, ist dabei $|\mathfrak{m}|$ konstant, und weil der Kreis stets mit konstanter Geschwindigkeit durchlaufen wird, wächst die Phase linear mit der Zeit. Man vergleiche (23) und (24). Man geht aus von dem gegebenen Ort $\mathfrak{m}_0$, den die Kugel zur Zeit $t = 0$, also am Beginn der Bewegung hat. Berechnen will man den Ort $\mathfrak{m}$ der Kugel in einem beliebigen Zeitpunkt t (Abb. 6) bei gegebener Winkelgeschwindigkeit ω. Der Punkt $\mathfrak{m}_0$ hat den Absolutwert $|\mathfrak{m}_0|$. Dieser Absolutwert bleibt beim Umlauf erhalten:

$$|\mathfrak{m}| = |\mathfrak{m}_0| . \qquad (19)$$

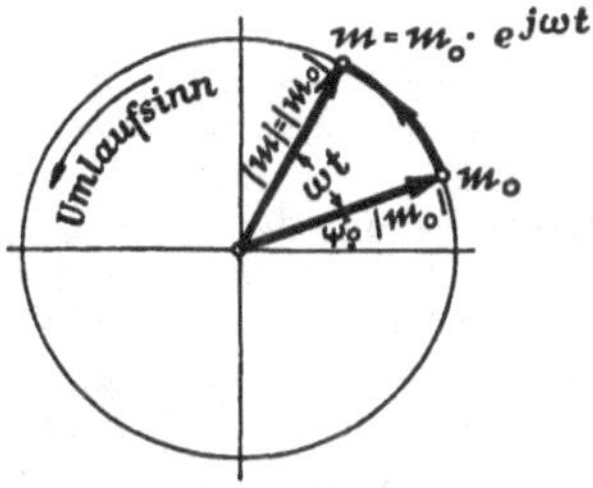

Abb. 6. Komplexer Momentanwert eines Kreispendels

$\mathfrak{m}_0$ hat die Phase ψ_0 (Abb. 6), die Ausgangsphase genannt werden soll. Als Winkelgeschwindigkeit ω bezeichnet man den Winkel im Bogenmaß, um den sich die Phase ψ des $\mathfrak{m}$ in der Zeiteinheit ändert. Während der Umlaufzeit τ durchläuft die Kugel den vollen Kreis, also den Winkel 2π. Daher ist $\tau = 2\pi/\omega$. Die Frequenz f gibt an, wie oft der Kreis in der Zeiteinheit durchlaufen wird: $f = 1/\tau = \omega/(2\pi)$. Es besteht also die wichtige Beziehung

$$\omega = 2\pi f . \qquad (20)$$

Wegen dieses einfachen Zusammenhangs mit der Frequenz nennt man ω auch die Kreisfrequenz. Wenn der Kreis *gegen den Uhrzeigersinn* durchlaufen wird, wächst die Phase des Punktes $\mathfrak{m}$ mit wachsender Zeit (Abb. 6) linear:

$$\psi = \psi_0 + \omega t . \qquad (21)$$

Wenn der Kreis *im Uhrzeigersinn* durchlaufen wird, nimmt ψ mit wachsender Zeit ab:

$$\psi = \psi_0 - \omega t . \qquad (22)$$

Wenn man den Ort $\mathfrak{m}$ der Kugel in der Form (10) darstellen will, erhält man nach (21) und (22) den fundamentalen Ausdruck:

$$\mathfrak{m}_0 = |\,\mathfrak{m}_0\,| \cdot e^{j\psi_0} ; \quad \mathfrak{m} = |\,\mathfrak{m}_0\,| \cdot e^{j(\psi_0 \pm \omega t)} = \mathfrak{m}_0 \cdot e^{\pm j\omega t} . \qquad (23)$$

Das Vorzeichen von ωt je nach Umlaufsinn. Man vergleiche Abb. 4. Diese komplexe Zahl $\mathfrak{m}$, die den jeweiligen Ort der Kugel angibt, nennt man auch den *komplexen Momentanwert* des Pendelumlaufs. Den physikalischen Inhalt dieser komplexen, zeitabhängigen Zahl $\mathfrak{m}$ muß man sich stets vor Augen halten, wenn man den tieferen Sinn der späteren komplexen Rechenmethode begreifen will. Es wird im folgenden nur der Umlauf gegen den Uhrzeigersinn betrachtet (Abb. 6). Die Bewegung des Pendels wird dann lediglich durch den Zeitfaktor $e^{j\omega t}$ beschrieben. Der so rotierende Zeiger $\mathfrak{m}$ wird oft als „Drehzeiger“ bezeichnet. Verfolgt man den Ort $\mathfrak{m}$ nicht an Hand von Absolutwert und Phase, sondern nach Realteil und Imaginärteil, so erhält man aus (23) nach (10)

$$\mathfrak{m} = \underbrace{|\,\mathfrak{m}_0\,| \cdot \cos(\psi_0 + \omega t)}_{m_1} + j\,\underbrace{|\,\mathfrak{m}_0\,| \cdot \sin(\psi_0 + \omega t)}_{m_2} . \qquad (24)$$

Das ebene Pendel: Wenn man das Pendel der Abb. 5 nicht auf einem Kreis laufen läßt, sondern so anstößt, daß es in einer Ebene schwingt, dann erhält man das ebene Pendel (Abb. 5b). Um die mathematische Behandlung nicht zu erschweren, beschränkt man sich in der elementaren Physik auf den Fall, bei dem die Länge des Aufhängefadens sehr groß gegen die Schwingungsseite ist. Dann bewegt sich die Kugel praktisch auf einer waagerechten Geraden hin und her. Läßt man das Pendel zur Zeit $t = 0$ im Abstand a vom Nullpunkt los, so schwingt es nach der bekannten cos-Funktion:

$$m_1 = a \cdot \cos \omega t , \qquad (25)$$

wobei der *reelle Momentanwert* m_1 der jeweilige Abstand des Massenpunkts vom Nullpunkt ist. Den zeitlichen Verlauf dieses m_1 nach (25) zeigt Abb. 7a, Kurve I. Für $t = 0$ ist $m_1 = a$; für $\omega t = \pi/2$ geht das Pendel durch den Nullpunkt; für

$\omega t = \pi$ erreicht es die entgegengesetzte Maximalauslenkung $m_1 = -a$, für $\omega t = 3\pi/2$ die Nullage, für $\omega t = 2\pi$ wieder die Ausgangslage und so fort. Die Zeit $2\pi/\omega$, die das Pendel für eine volle Schwingung braucht, heißt die Schwingungs-

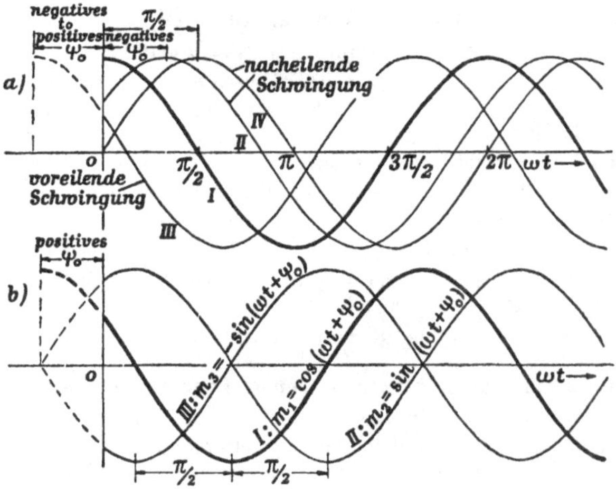

Abb. 7. Phasenverschobene cos-Kurven

dauer τ. Man vergleiche die Formeln des Kreispendels. Die Zahl der Schwingungen pro Sekunde ist die Frequenz $f = 1/\tau$. Es ist also wie in (20) wieder $\omega = 2\pi f$. Das ω hat hier keine unmittelbare physikalische Bedeutung. a nennt man die (reelle) Amplitude der Schwingung. Wenn das Pendel seine Maximallage $m_1 = a$ nicht zur Zeit $t = 0$, sondern in einem beliebigen Zeitpunkt t_0 erreicht, schwingt es nach der Funktion

$$m_1 = a \cdot \cos \omega (t - t_0); \tag{26}$$

denn für $t = t_0$ wird in (26) $m_1 = a$. Für positives t_0 zeigt den Verlauf von m_1 Abb. 7a, Kurve II (nacheilende Schwingung gegenüber Kurve I), für negatives t_0 die Kurve III (voreilende Schwingung gegenüber Kurve I). Die Größe $(-\omega t_0)$ bezeichnet man als die Ausgangsphase ψ_0 ($\psi_0 > 0$: voreilendeSchwingung; $\psi_0 < 0$: nacheilende Schwingung gegenüber Kurve I). (26) schreibt man dann

$$m_1 = a \cdot \cos(\omega t + \psi_0)\,. \tag{27}$$

Eine um $\psi_0 = -\pi/2$ gegenüber (25) nacheilende Schwingung ergibt eine sin-Funktion (Abb. 7a, Kurve IV):

$$m_1 = a \cdot \cos(\omega t - \pi/2) = a \cdot \sin \omega t \tag{28}$$

nach einer bekannten trigonometrischen Formel. Diese Phasenbeziehungen zwischen den Kurven der Abb. 7a sind sehr wichtig. Wenn man diejenige Schwingung gleicher Amplitude sucht, die gegenüber einer durch (27) gegebenen Schwingung (Abb. 7b, Kurve I) um $\pi/2$ *nacheilt*, so ist diese wie bei (25) und (28) nach Abb. 7b, Kurve II gegeben durch

$$m_2 = a \cdot \cos(\omega t + \psi_0 - \pi/2) = a \cdot \sin(\omega t + \psi_0). \tag{29}$$

Die um $\pi/2$ gegen die Schwingung (27) *voreilende* Schwingung (Abb. 7b, Kurve III) lautet

$$m_3 = a \cdot \cos(\omega t + \psi_0 + \pi/2) = -\,a \cdot \sin(\omega t + \psi_0)\,. \tag{29a}$$

Zusammenhänge zwischen ebenem Pendel und Kreispendel: Wenn man einem in einer Ebene nach (27) schwingenden Pendel einen zusätzlichen Anstoß senkrecht zu dieser Ebene gibt, dann schwingt das Pendel außerdem in der Ebene senkrecht dazu. Diese beiden Schwingungen sind nach einem allgemeinen Gesetz der Mechanik unabhängig voneinander, d. h. sie stören sich gegenseitig in keiner Weise. Durch Hinzufügen oder Entfernen der Zusatzschwingung wird die ursprüngliche Schwingung nicht verändert. Wenn man jetzt das Pendel wieder über der komplexen Zahlenebene schwingen läßt, kann man den jeweiligen Ort des Pendels durch eine komplexe Zahl $\mathfrak{m}$ darstellen. Das Pendel soll ursprünglich entlang der reellen Achse nach der Funktion $m_1 = a_1 \cdot \cos(\omega t + \psi_1)$ geschwungen haben. Die erzeugte Zusatzschwingung $m_2 = a_2 \cdot \cos(\omega t + \psi_2)$ verläuft dann in Richtung der imaginären Achse. m_1 und m_2 sind also die rechtwinkligen Koordinaten des Ortes des Pendels, den man nach I,2 als komplexe Zahl $\mathfrak{m} = m_1 + \mathrm{j} m_2$ darstellen kann:

$$\mathfrak{m} = a_1 \cdot \cos(\omega t + \psi_1) + \mathrm{j}\, a_2 \cdot \cos(\omega t + \psi_2)\,.$$

Ein solches Pendel beschreibt im allgemeinen eine Ellipse. Wenn man erreicht, daß die beiden Amplituden a_1 und a_2 gleich, die Phasen ψ_1 und ψ_2 genau um $\pi/2$ verschieden sind, dann läßt sich der Ort des Pendels mit Hilfe von (29) in folgender Form schreiben und nach (10) zusammenfassen:

$$a_1 = a_2 = a; \quad \psi_1 = \psi_2 + \pi/2 = \psi_0;$$

$$\mathfrak{m} = a \cdot \cos(\omega t + \psi_0) + \mathrm{j}\, a \cdot \sin(\omega t + \psi_0) = a \cdot e^{\mathrm{j}(\omega t + \psi_0)}. \quad (30)$$

Nach (23) schwingt also das Pendel auf einem Kreis mit dem Radius a und der Anfangsphase ψ_0 (Abb. 8). Daraus ergeben

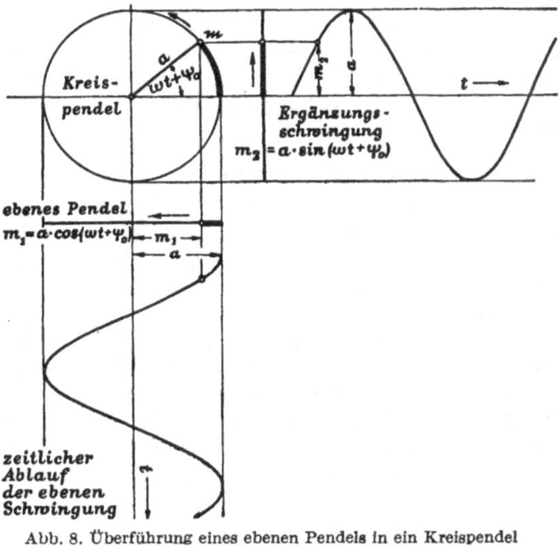

Abb. 8. Überführung eines ebenen Pendels in ein Kreispendel

sich die für das folgende fundamentalen Erkenntnisse: Die Bewegung eines Kreispendels kann man sich nach (24) zerlegt denken in zwei voneinander unabhängige ebene Schwingungen gleicher Amplitude in zwei zueinander senkrechten Richtungen (reelle und imaginäre Achse). Ebenso kann man umgekehrt nach (30) eine gegebene Schwingung eines ebenen Pendels in Richtung der reellen Achse stets durch eine zusätzliche Schwingung gleicher Amplitude, die aber um $\pi/2$ nacheilt, in einer dazu senkrechten Schwingungsrichtung (imaginäre Achse) *zu einer Kreisschwingung ergänzen.* Diese zusätzliche Schwingung ist völlig unabhängig von der ersten und stört den Verlauf der ursprünglichen Schwingung überhaupt nicht. Sie kann beliebig hinzugefügt oder wieder entfernt werden.

II. Definition der komplexen Größen

Die folgende Methode des komplexen Rechnens ist grundsätzlich überall dort mit Erfolg zu verwenden, wo Schwingungsvorgänge nach einer cos-Funktion oder einer sin-Funktion stattfinden. Der vorgegebene Rahmen des Buches zwingt zu einer Beschränkung auf ein kleines Teilgebiet. Das Ziel ist hier die rechnerische Behandlung der Vorgänge in Wechselstromschaltungen.

II,1. Komplexe Amplituden oder Zeiger

Der rechnerische Umgang mit einer cos-Schwingung nach (27) ist meist nicht besonders einfach; denn der Momentanwert m_1, also der Abstand vom Nullpunkt, ändert sich dauernd nach dem komplizierten cos-Gesetz, und auch die Geschwindigkeit des Pendels ist zeitlich veränderlich. Hinzu kommen die komplizierten trigonometrischen Formeln (Additionstheoreme usw.), die bereits bei relativ einfachen Aufgaben angewendet werden müssen. Man vergleiche dies mit den wesentlich einfacheren Vorgängen bei einer Kreisschwingung nach Abb. 6, wo der Abstand vom Nullpunkt und die Geschwindigkeit konstant sind und bei komplexer Beschreibung das Additionstheorem die angenehme Form (5) hat. Der Sinn der komplexen Rechenmethode besteht nun darin, daß man *die gegebene eindimensionale Schwingung* (27) *durch eine dazu senkrechte Schwingung* (29) *zu einer Kreisschwingung ergänzt*, um die Formeln zu vereinfachen. Gegebene Ausgangsschwingung:

$$m_1 = |\mathfrak{a}| \cdot \cos(\omega t + \psi_0)\,. \tag{31}$$

Ergänzung zur Kreisschwingung:

$$\mathfrak{m} = |\mathfrak{a}| \cdot \cos(\omega t + \psi_0) + \mathrm{j}\,|\mathfrak{a}| \cdot \sin(\omega t + \psi_0) = |\mathfrak{a}| \cdot e^{\mathrm{j}(\omega t + \psi_0)}. \tag{32}$$

Diese Ergänzung verändert die ursprüngliche, jetzt in der komplexen Zahl $\mathfrak{m}$ als Realteil enthaltene Schwingung (31) nicht. $\mathfrak{m}$ gibt nach I,3 den *komplexen Momentanwert* oder Drehzeiger der entstandenen Kreisbewegung, also den zeitabhängigen Ort, den die Schwingung auf dem Kreis in der komplexen Zahlenebene jeweils erreicht hat. Alle Rechnungen werden dann nur für die Kreisbewegung durchgeführt und dadurch sehr einfach. Wenn man stets im Auge behält, was dieses $\mathfrak{m}$ eigentlich bedeutet, wird man fehlerhafte Operationen mit diesen komplexen Zahlen jederzeit vermeiden können. Im komplexen Resultat der Rechnung gibt dann wieder der *Realteil* die wirkliche, gesuchte Schwingung, während der Imaginärteil lediglich eine davon unabhängige, physikalisch uninteressante Ergänzungsschwingung ist, die die Aufgabe hatte, die formale Rechnung zu vereinfachen. Diesen Inhalt der komplexen Rechnung sollte man nie vergessen, auch wenn es sich um Anwendungen handelt, die keine mechanische Veranschaulichung möglich machen.

Die Zeitabhängigkeit ist bei komplexer Rechnung stets in der Form $e^{j\omega t}$ gegeben. Diesen Faktor kann man aus dem komplexen $\mathfrak{m}$ stets abspalten:

$$\mathfrak{m} = |\mathfrak{a}| \cdot e^{j(\omega t + \psi_0)} = |\mathfrak{a}| \cdot e^{j\psi_0} \cdot e^{j\omega t} = \mathfrak{a} \cdot e^{j\omega t}. \tag{33}$$

Der komplexe Momentanwert läßt sich also in eine *zeitunabhängige*, komplexe Zahl $\mathfrak{a}$ und den Zeitfaktor $e^{j\omega t}$ zerlegen. Die Zahl $\mathfrak{a}$ enthält als Absolutwert die reelle Amplitude $|\mathfrak{a}|$ und als Phase die Ausgangsphase ψ_0, also die beiden bestimmenden Elemente der Schwingung (31). $\mathfrak{a}$ nennt man die *komplexe Amplitude* (oft auch einfach „Zeiger") der Schwingung; sie ist zahlenmäßig gleich dem komplexen Momentanwert zur Zeit $t = 0$:

$$\mathfrak{a} = |\mathfrak{a}| \cdot e^{j\psi_0}. \tag{34}$$

Da bei vielen Aufgaben der Zeitfaktor $e^{j\omega t}$ die ganze Rechnung unverändert durchläuft und daher untinteressant ist, läßt man ihn meist fort und rechnet der Einfachheit halber nur mit der zeitunabhängigen Amplitude $\mathfrak{a}$. Man muß aber stets die komplexen Zahlen der Gattung $\mathfrak{a}$ und die komplexen Zahlen der Gattung $\mathfrak{m}$ konsequent auseinanderhalten. Wenn man mit komplexen Amplituden rechnet, sollte man zur Vermeidung fehlerhafter Anwendungen nie vergessen, daß jede *komplexe Amplitude in Gedanken stets durch den Zeitfaktor* $e^{j\omega t}$ *zu ergänzen ist.* Von der Zahl $\mathfrak{a}$ nach (34) zum physikalischen Schwingungsvorgang muß man den Umweg über das komplexe $\mathfrak{m}$ nach (33) zum Realteil $m_1 = |\mathfrak{a}| \cdot \cos(\omega t + \psi_0)$ nach (31) gehen.

Zahlenbeispiel: $\mathfrak{a} = 7 + j\,3$; der Absolutwert ist nach (6) $|\mathfrak{a}| = 7{,}62$, die Phase nach (7) $\psi_0 = 0{,}40$. Die durch $\mathfrak{a}$ dargestellte Schwingung lautet also $m_1 = 7{,}62 \cdot \cos(\omega t + 0{,}40)$.

Der physikalische Inhalt der einzelnen, mit komplexen Amplituden möglichen Rechenoperationen soll betrachtet werden. Eine Addition komplexer Amplituden bedeutet eine Überlagerung zweier Schwingungen *gleicher* Frequenz mit den reellen Momentanwerten

$$m_1 = |\mathfrak{a}_1| \cdot \cos(\omega t + \psi_1), \qquad m_2 = |\mathfrak{a}_2| \cdot \cos(\omega t + \psi_2).$$

Dies ergibt als Summe den reellen Momentanwert

$$\begin{aligned} m = m_1 + m_2 &= |\mathfrak{a}_1| \cdot \cos(\omega t + \psi_1) + |\mathfrak{a}_2| \cdot \cos(\omega t + \psi_2) \\ &= |\mathfrak{a}| \cdot \cos(\omega t + \psi_0)\,. \end{aligned} \tag{35}$$

Die Summe ist wieder eine Schwingung der Frequenz ω mit neuer Amplitude $|\mathfrak{a}|$ und neuer Ausgangsphase ψ_0. In komplexer Schreibweise lauten die Momentanwerte nach (32) und (33)

$$\mathfrak{m}_1 = |\mathfrak{a}_1| \cdot e^{j\psi_1} \cdot e^{j\omega t}; \qquad \mathfrak{m}_2 = |\mathfrak{a}_2| \cdot e^{j\psi_2} \cdot e^{j\omega t}. \tag{36}$$

Die komplexen Amplituden:

$$\mathfrak{a}_1 = |\mathfrak{a}_1| \cdot e^{j\psi_1}; \qquad \mathfrak{a}_2 = |\mathfrak{a}_2| \cdot e^{j\psi_2}. \tag{37}$$

Die komplexe Darstellung der Summe der Momentanwerte:

$$\begin{aligned} \mathfrak{m} &= |\mathfrak{a}| \cdot e^{j\psi_0} \cdot e^{j\omega t} = \mathfrak{a} \cdot e^{j\omega t} \\ &= (|\mathfrak{a}_1| \cdot e^{j\psi_1} + |\mathfrak{a}_2| \cdot e^{j\psi_2}) \cdot e^{j\omega t}. \end{aligned} \tag{37a}$$

Unter Fortlassung des gemeinsamen Zeitfaktors $e^{j\omega t}$ auf beiden Seiten der Gleichung wird daraus eine Gleichung für die komplexen Amplituden:

$$\mathfrak{a} = \mathfrak{a}_1 + \mathfrak{a}_2. \tag{38}$$

Die Berechnung von $\mathfrak{a}$ bei gegebenem $\mathfrak{a}_1$ und $\mathfrak{a}_2$ erfolgt mit

Hilfe rechtwinkliger Koordinaten nach (8) und (11); vgl. Abb. 3.

$$\mathfrak{a}_1 = |\mathfrak{a}_1| \cdot \cos\psi_1 + \mathrm{j}\,|\mathfrak{a}_1| \cdot \sin\psi_1;$$
$$\mathfrak{a}_2 = |\mathfrak{a}_2| \cdot \cos\psi_2 + \mathrm{j}\,|\mathfrak{a}_2| \cdot \sin\psi_2;$$
$$\mathfrak{a} = (|\mathfrak{a}_1| \cdot \cos\psi_1 + |\mathfrak{a}_2| \cdot \cos\psi_2) + \mathrm{j}\,(|\mathfrak{a}_1| \cdot \sin\psi_1 + |\mathfrak{a}_2| \cdot \sin\psi_2).$$

Daraus ergibt sich nach (6) der Absolutwert der Summe

$$|\mathfrak{a}| = \sqrt{(|\mathfrak{a}_1| \cdot \cos\psi_1 + |\mathfrak{a}_2| \cdot \cos\psi_2)^2 + (|\mathfrak{a}_1| \cdot \sin\psi_1 + |\mathfrak{a}_2| \cdot \sin\psi_2)^2}$$
$$= \sqrt{|\mathfrak{a}_1|^2 + |\mathfrak{a}_2|^2 + 2\,|\mathfrak{a}_1| \cdot |\mathfrak{a}_2| \cdot \cos(\psi_2 - \psi_1)}\,. \qquad (39)$$

Die Phase der Summenschwingung ergibt sich nach (7) aus:

$$\operatorname{tg}\psi_0 = \frac{|\mathfrak{a}_1| \cdot \sin\psi_1 + |\mathfrak{a}_2| \cdot \sin\psi_2}{|\mathfrak{a}_1| \cdot \cos\psi_1 + |\mathfrak{a}_2| \cdot \cos\psi_2}. \qquad (40)$$

Vergleichsweise versuche man das Ergebnis für $|\mathfrak{a}|$ und ψ_0 direkt aus (35) mit Hilfe trigonometrischer Formeln ohne komplexe Zahlen zu gewinnen, um die Vorteile der komplexen Rechnung zu erkennen.

Eine Subtraktion verläuft nach (12) in gleicher Weise bei unverändertem Zeitfaktor $e^{j\omega t}$. Nach (5a) ist $e^{j\pi} = -1$, so daß man jede Subtraktion auch als Addition einer um π in der Phase verschobenen Schwingung auffassen kann:

$$\mathfrak{a}_1 - \mathfrak{a}_2 = \mathfrak{a}_1 + \mathfrak{a}_2 \cdot e^{j\pi}.$$

Multiplikation bei komplexen Amplituden: Multiplikation einer komplexen Amplitude mit einer zeitunabhängigen reellen Zahl p bedeutet Multiplikation des Absolutwerts bei gleichbleibender Ausgangsphase ψ_0:

$$\mathfrak{a} = |\mathfrak{a}| \cdot e^{j\psi_0}; \qquad p \cdot \mathfrak{a} = p \cdot |\mathfrak{a}| \cdot e^{j\psi_0}. \qquad (41)$$

Multiplikation mit einer zeitunabhängigen komplexen Zahl $e^{j\varphi}$, deren Absolutwert nach (9) gleich 1 ist, bedeutet nach (14) Änderung der Phase bei gleichbleibendem Absolutwert:

$$\mathfrak{a} = |\mathfrak{a}| \cdot e^{j\psi_0}; \quad \mathfrak{a} \cdot e^{j\varphi} = |\mathfrak{a}| \cdot e^{j\psi_0} \cdot e^{j\varphi} = |\mathfrak{a}| \cdot e^{j(\psi_0 + \varphi)}. \quad (42)$$

Die Multiplikation mit einer zeitunabhängigen, beliebigen komplexen Zahl $\mathfrak{r} = |\mathfrak{r}| \cdot e^{j\varphi}$ bedeutet gleichzeitige Änderung des Absolutwerts und der Phase nach (13):

$$\mathfrak{a} = |\mathfrak{a}| \cdot e^{j\psi_0}; \qquad \mathfrak{a} \cdot \mathfrak{r} = |\mathfrak{a}| \cdot |\mathfrak{r}| \cdot e^{j(\psi_0 + \varphi)}. \qquad (43)$$

Entsprechendes gilt für die Division durch eine zeitunabhängige komplexe Zahl nach (18):

$$\frac{\mathfrak{a}}{\mathfrak{r}} = \frac{|\mathfrak{a}|}{|\mathfrak{r}|} e^{j(\psi_0 - \varphi)} . \tag{43a}$$

Die Multiplikation *zweier komplexer Amplituden* miteinander ist physikalisch sinnlos, da man sich stets jede komplexe Amplitude durch $e^{j\omega t}$ ergänzt denken muß, das Produkt also den geänderten Zeitfaktor $e^{j2\omega t}$ besitzen würde. Es gibt eine Vereinbarung, um dieses Produkt durch eine neue Definition mit dem Begriff der Leistung in Zusammenhang zu bringen; vgl. hierzu III,1.

Die *Division zweier komplexer Amplituden* wird in II,2 behandelt und führt zum Begriff des komplexen Widerstandes.

Den *Differentialquotienten* einer komplexen Amplitude nach der Zeit gibt es nicht; man muß bedenken, daß nur der komplexe Momentanwert $\mathfrak{m}$ zeitabhängig ist: $\mathfrak{m} = \mathfrak{a} \cdot e^{j\omega t}$. Man kann also $\mathfrak{m}$ nach der Zeit t mit Hilfe von (3) differenzieren:

$$\frac{d\mathfrak{m}}{dt} = \mathfrak{a} \cdot j\,\omega \cdot e^{j\omega t} = \mathfrak{m}' = \mathfrak{a}' \cdot e^{j\omega t} . \tag{44}$$

$\mathfrak{m}'$ ist wieder ein komplexer Momentanwert mit dem Zeitfaktor $e^{j\omega t}$ und der komplexen Amplitude $\mathfrak{a}'$. Die exakte Formulierung dieses Ergebnisses lautet: Die komplexe Amplitude $\mathfrak{a}'$ des Differentialquotienten eines komplexen Momentanwerts mit der komplexen Amplitude $\mathfrak{a}$ hat die einfache Form

$$\mathfrak{a}' = j\,\omega \cdot \mathfrak{a} = \mathfrak{a} \cdot \omega \cdot e^{j\pi/2}. \tag{45}$$

Differentiation bedeutet nach (43) Vergrößerung des Absolutwerts um den Faktor ω und Vergrößerung der Ausgangsphase um $\pi/2$; vgl. auch (5a).

II,2. Komplexe Widerstände

Wenn man zwei komplexe Amplituden $\mathfrak{a}_1 = |\mathfrak{a}_1| \cdot e^{j\psi_1}$ und $\mathfrak{a}_2 = |\mathfrak{a}_2| \cdot e^{j\psi_2}$ dividiert und ein sinnvolles physikalisches Ergebnis haben will, so darf man nicht vergessen, daß jede komplexe Amplitude durch den Faktor $e^{j\omega t}$ ergänzt zu denken ist, der also bei der Division verschwindet. Man dividiert streng genommen die zugehörigen komplexen Momentanwerte, erhält jedoch das gleiche Ergebnis wie bei Amplituden, weil sich $e^{j\omega t}$ sowieso aufhebt:

$$\frac{\mathfrak{m}_1}{\mathfrak{m}_2} = \frac{\mathfrak{a}_1 \cdot e^{j\omega t}}{\mathfrak{a}_2 \cdot e^{j\omega t}} = \frac{\mathfrak{a}_1}{\mathfrak{a}_2} = \frac{|\mathfrak{a}_1|}{|\mathfrak{a}_2|} e^{j(\psi_1 - \psi_2)} = \mathfrak{r}\,. \tag{46}$$

Man benutzt dabei (18). Das Ergebnis ist eine zeitunabhängige komplexe Zahl $\mathfrak{r}$ von besonderer Art, die im allgemeinen nicht mehr als „Zeiger", sondern als „Operator" bezeichnet wird. Man muß diese dritte Gruppe von komplexen Zahlen $\mathfrak{r}$ sehr wohl von den beiden anderen Gruppen, den komplexen Momentanwerten $\mathfrak{m}$ und den komplexen Amplituden $\mathfrak{a}$, unterscheiden. Beispielsweise wäre es falsch, die Zahlen der Gruppe $\mathfrak{r}$ etwa durch den Faktor $e^{j\omega t}$ ergänzt zu denken, wie man es bei komplexen Amplituden gewohnt ist. $\mathfrak{r}$ stellt also keine komplexe Beschreibung eines Schwingungsvorgangs mehr dar. Die physikalische Bedeutung der komplexen Zahl

$$\mathfrak{r} = |\mathfrak{r}| \cdot e^{j\varphi} = \frac{|\mathfrak{a}_1|}{|\mathfrak{a}_2|} e^{j(\psi_1 - \psi_2)} \tag{47}$$

ist folgende: Ihr Absolutwert $|\mathfrak{r}|$ gibt das Verhältnis $|\mathfrak{a}_1|/|\mathfrak{a}_2|$ der Absolutwerte zweier komplexer Amplituden, d. h. zweier Schwingungen gleicher Frequenz, und ihre Phase φ die Differenz der Phasen der beiden komplexen Amplituden. Diese Vielzahl inhaltlich verschiedenartiger, aber äußerlich gleichartiger komplexer Zahlen in der komplexen Rechenmethode verwirrt oft den Anfänger, muß daher sehr genau beachtet und mit dem zugehörigen physikalischen Sinn erfüllt werden.

Im folgenden wird die Anwendung dieser neuen Begriffe auf die Berechnung des Verhaltens von Wechselstromschaltungen erläutert. Eine *Wechselspannung* hat den reellen Momentanwert

$$u = |\mathfrak{U}| \cdot \cos(\omega t + \chi)\,, \tag{48}$$

also den Absolutwert oder „Scheitelwert" $|\mathfrak{U}|$, die Frequenz f ($\omega = 2\pi f$) und die Phase χ. Zur einwandfreien Definition der Phasen komplexer Amplituden ist es stets erforderlich, vorher eine Bezugsschwingung gleicher Frequenz festzulegen, der man die Phase 0 zuschreibt, d. h. den Nullpunkt der Zeit genau zu definieren. Der komplexe Momentanwert der Wechselspannung (48) lautet nach (32)

$$\mathfrak{u} = |\,\mathfrak{U}\,| \cdot e^{j(\omega t + \chi)} = |\,\mathfrak{U}\,| \cdot e^{j\chi} \cdot e^{j\omega t} = \mathfrak{U} \cdot e^{j\omega t} \tag{48a}$$

und die komplexe Amplitude nach (34)

$$\mathfrak{U} = |\,\mathfrak{U}\,| \cdot e^{j\chi}\,. \tag{49}$$

Ein *Wechselstrom* hat den reellen Momentanwert

$$i = |\,\mathfrak{I}\,| \cdot \cos(\omega t + \psi)\,, \tag{50}$$

also den Absolutwert oder „Scheitelwert" $|\,\mathfrak{I}\,|$ und die Phase ψ, den komplexen Momentanwert

$$\mathfrak{i} = |\,\mathfrak{I}\,| \cdot e^{j(\omega t + \psi)} = |\,\mathfrak{I}\,| \cdot e^{j\psi} \cdot e^{j\omega t} = \mathfrak{I}\, e^{j\omega t}\,. \tag{51}$$

sowie die komplexe Amplitude

$$\mathfrak{I} = |\,\mathfrak{I}\,| \cdot e^{j\psi}. \tag{51a}$$

Ein Widerstand R ist bei Gleichstrom durch das Ohmsche Gesetz $U = I \cdot R$ definiert. Ein Widerstand, für den auch bei Wechselstrom in jedem Zeitpunkt dieses Gesetz gilt, also die reellen Momentanwerte von Strom und Spannung in jedem Zeitpunkt proportional sind, ist ein Sonderfall und soll als *reeller Widerstand* R bezeichnet werden. Bei gegebenem Momentanwert i des Wechselstroms nach (50) lautet dann der reelle Momentanwert der Spannung nach (48) und (41)

$$u = i \cdot R = |\mathfrak{I}| \cdot R \cdot \cos(\omega t + \psi); \quad |\mathfrak{U}| = |\mathfrak{I}| \cdot R; \quad \chi = \psi \tag{52}$$

Strom und Spannung sind phasengleich. Wenn eine Wechselstromschaltung neben solchen reellen Widerständen auch Induktivitäten und Kapazitäten enthält (vgl. III,2), sind die Phase χ der Spannung an einem solchen Gebilde und die Phase ψ des Stromes durch eine derartige Kombination *verschieden*. Der Quotient der Momentanspannung nach (48) und des Momentanstromes nach (50) ist dann abhängig von t, und das für alle Berechnungen so wichtige Ohmsche Gesetz besteht nicht mehr. Von einem „Widerstand" solcher Gebilde kann also im eigentlich physikalischen Sinn nicht mehr gesprochen werden.

Der Begriff des komplexen Widerstandes (Impedanz): Um ein neues Gesetz zu schaffen, das dem Ohmschen Gesetz formal gleicht und bei Wechselstrom die gleichen Berechnungen wie bei Gleichstrom gestattet, führt man den Begriff des komplexen Widerstandes $\mathfrak{R}$ ein. Der *komplexe Widerstand* $\mathfrak{R}$ soll der nach (47) berechnete Quotient der komplexen Amplituden (49) und (51) der Spannung und des Stromes sein.

$$\mathfrak{R} = \frac{\mathfrak{U}}{\mathfrak{I}} = \frac{|\mathfrak{U}|}{|\mathfrak{I}|} e^{j(\chi - \psi)} = |\mathfrak{R}| \cdot e^{j\varphi}. \qquad (53)$$

Dieses Gesetz entspricht also formal dem Ohmschen Gesetz. Der Absolutwert $|\mathfrak{R}|$ des komplexen Widerstandes ist gleich dem Quotienten der Absolutwerte (Scheitelwerte) von Spannung und Strom. Für die mit den üblichen Meßinstrumenten gemessenen Scheitelwerte $|\mathfrak{U}|$ und $|\mathfrak{I}|$ (bzw. die Effektivwerte U_{eff} und I_{eff}) gelten die dem Ohmschen Gesetz entsprechenden Gleichungen:

$$|\mathfrak{R}| = \frac{|\mathfrak{U}|}{|\mathfrak{I}|} = \frac{U_{eff}}{I_{eff}}; \; |\mathfrak{U}| = |\mathfrak{R}| \cdot |\mathfrak{I}|; \; U_{eff} = |\mathfrak{R}| \cdot I_{eff}. \qquad (54)$$

Der Absolutwert $|\mathfrak{R}|$ wird auch als „Scheinwiderstand" bezeichnet. Die Phase des $\mathfrak{R}$ gibt die Phasendifferenz von Spannung und Strom. Man kann $\mathfrak{R}$ auch durch seine rechtwinkligen Koordinaten darstellen:

$$\mathfrak{R} = R + jX. \qquad (55)$$

R nennt man die Wirkkomponente (Wirkwiderstand, Resistanz), X die Blindkomponente (Blindwiderstand, Reaktanz). Näheres zu diesen Bezeichnungen in III,1. Es gelten die Umrechnungsformeln (6) bis (8) nach Abb. 2:

$$R = |\mathfrak{R}| \cdot \cos\varphi; \; X = |\mathfrak{R}| \cdot \sin\varphi; \; |\mathfrak{R}| = \sqrt{R^2 + X^2}; \; \operatorname{tg}\varphi = X/R. \qquad (56)$$

Wenn man zu gegebenem $\mathfrak{I}$ das komplexe $\mathfrak{U}$ nach (53) durch $\mathfrak{U} = \mathfrak{R} \cdot \mathfrak{I}$ berechnen will, so ist dies die in (43) beschriebene Multiplikation einer komplexen Amplitude mit einer zeitunabhängigen komplexen Zahl. Die Gleichung $\mathfrak{I} = \mathfrak{U}/\mathfrak{R}$ ist entsprechend eine Division nach (43a) unter Aufrechterhaltung des Faktors $e^{j\omega t}$.

Die Serienschaltung zweier komplexer Widerstände $\mathfrak{R}_1$ und $\mathfrak{R}_2$ (Abb. 9) zeigt folgendes Verhalten: Durch die Widerstände fließt ein Strom der komplexen Amplitude $\mathfrak{I}$. An $\mathfrak{R}_1$ erzeugt dieses $\mathfrak{I}$ nach (53) eine Spannung der komplexen Amplitude

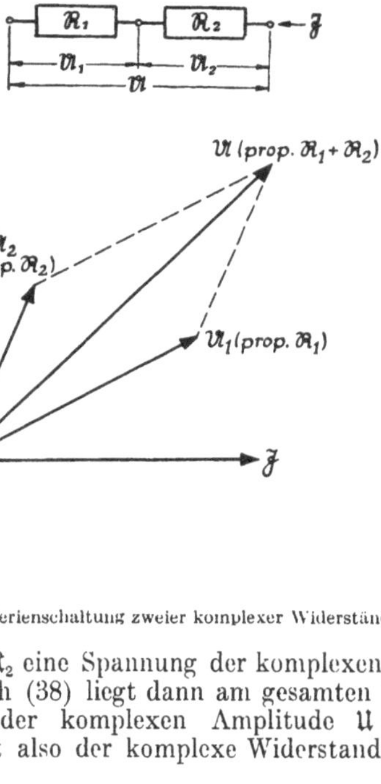

Abb. 9. Serienschaltung zweier komplexer Widerstände

$\mathfrak{U}_1 = \mathfrak{R}_1 \cdot \mathfrak{I}$, an $\mathfrak{R}_2$ eine Spannung der komplexen Amplitude $\mathfrak{U}_2 = \mathfrak{R}_2 \cdot \mathfrak{I}$. Nach (38) liegt dann am gesamten Widerstand eine Spannung der komplexen Amplitude $\mathfrak{U} = \mathfrak{U}_1 + \mathfrak{U}_2$. Nach (53) beträgt also der komplexe Widerstand der Serienschaltung

$$\mathfrak{R} = \mathfrak{U}/\mathfrak{I} = (\mathfrak{U}_1 + \mathfrak{U}_2)/\mathfrak{I} = \mathfrak{R}_1 + \mathfrak{R}_2\,; \tag{57}$$

$$\begin{gathered}\mathfrak{R}_1 = R_1 + \mathrm{j}\,X_1; \quad \mathfrak{R}_2 = R_2 + \mathrm{j}\,X_2; \quad \mathfrak{R} = R + \mathrm{j}\,X\,; \\ R = R_1 + R_2; \quad X = X_1 + X_2\,. \end{gathered} \tag{57a}$$

Die Addition der komplexen Zahlen $\mathfrak{R}_1$ und $\mathfrak{R}_2$ erfolgt wie in Abb. 3. Aus Abb. 3 kann man auch die Lage der komplexen Zeiger $\mathfrak{U}$, $\mathfrak{U}_1$, $\mathfrak{U}_2$ und $\mathfrak{I}$ gegeneinander entnehmen. Legt man den Zeiger $\mathfrak{I}$ entlang der reellen Achse, so hat der Zeiger $\mathfrak{U}_1$

die Richtung von $\mathfrak{R}_1$, der Zeiger $\mathfrak{U}_2$ die Richtung von $\mathfrak{R}_2$, der Zeiger $\mathfrak{U}$ die Richtung der Summe $\mathfrak{R}_1 + \mathfrak{R}_2$. Eine Skizze, in der diese Zeiger zur Festlegung ihrer gegenseitigen Lage wie in Abb. 9 unten eingezeichnet sind, nennt man das „Zeigerdiagramm" der Schaltung. Die Serienschaltung zweier Widerstände als Addition der beiden komplexen Teilwiderstände entspricht formal genau dem bekannten Gleichstromgesetz. Der physikalische Inhalt ist hier jedoch etwas komplizierter.

Man kann jeden komplexen Widerstand $\mathfrak{R} = R + jX$ als Serienschaltung eines reinen Wirkwiderstandes R und eines reinen Blindwiderstandes jX auffassen, was sich bei zahlreichen praktischen Anwendungen als sehr nützlich erweist. In Abb. 9 ist dann $\mathfrak{R}_1 = R$ und $\mathfrak{R}_2 = jX$. An die Stelle der allgemeinen Addition nach Abb. 3 tritt dann eine Addition nach Abb. 2. In Abb. 9 unten liegt der Zeiger $\mathfrak{U}_1$ parallel zu $\mathfrak{J}$ auf der reellen Achse, der Zeiger $\mathfrak{U}_2$ senkrecht dazu auf der imaginären Achse. Es gelten folgende Gleichungen:

$$|\mathfrak{U}| = \sqrt{|\mathfrak{U}_1|^2 + |\mathfrak{U}_2|^2} = |\mathfrak{J}| \cdot \sqrt{R^2 + X^2}$$

$$|\mathfrak{J}| = \frac{|\mathfrak{U}|}{\sqrt{R^2 + X^2}}$$

Wenn die Spannung $\mathfrak{U}$ am Gesamtwiderstand $R + jX$ gegeben ist, wird

$$|\mathfrak{U}_1| = |\mathfrak{J}| \cdot R = \frac{|\mathfrak{U}| \cdot R}{\sqrt{R^2 + X^2}}$$

$$|\mathfrak{U}_2| = |\mathfrak{J}| \cdot X = \frac{|\mathfrak{U}| \cdot X}{\sqrt{R^2 + X^2}}$$

Die Phasendifferenz $\Delta\chi$ zwischen $\mathfrak{U}$ und $\mathfrak{U}_1$ berechnet man aus

$$\operatorname{tg} \Delta\chi = X/R.$$

Parallelschaltung zweier komplexer Widerstände $\mathfrak{R}_1$ und $\mathfrak{R}_2$ (Abb. 10): An den Widerständen liegt eine Spannung der komplexen Amplitude $\mathfrak{U}$. Durch $\mathfrak{R}_1$ fließt dann ein Strom der komplexen Amplitude $\mathfrak{J}_1 = \mathfrak{U}/\mathfrak{R}_1$, durch $\mathfrak{R}_2$ ein Strom der komplexen Amplitude $\mathfrak{I}_2 = \mathfrak{U}/\mathfrak{R}_2$, durch den ganzen Widerstand ein Strom der komplexen Amplitude $\mathfrak{I} = \mathfrak{I}_1 + \mathfrak{I}_2$. Nach (53) beträgt also der durch Parallelschaltung entstandene Gesamtwiderstand

$$\mathfrak{R} = \frac{\mathfrak{U}}{\mathfrak{I}} = \frac{\mathfrak{U}}{\mathfrak{I}_1 + \mathfrak{I}_2} = \frac{1}{\frac{1}{\mathfrak{R}_1} + \frac{1}{\mathfrak{R}_2}} = \frac{\mathfrak{R}_1 \cdot \mathfrak{R}_2}{\mathfrak{R}_1 + \mathfrak{R}_2}, \tag{58}$$

genau dem Gleichstromgesetz entsprechend. Das Rechnen mit den komplexen Zahlen vom Typ $\mathfrak{R}$ kann ohne jeden Vorbehalt

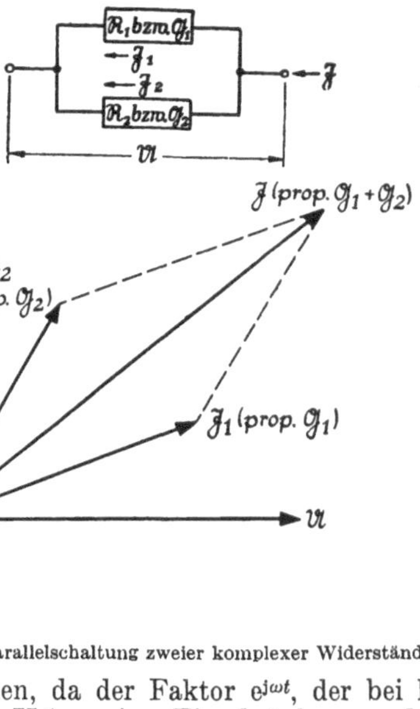

Abb. 10. Parallelschaltung zweier komplexer Widerstände

nach I,2 geschehen, da der Faktor $e^{j\omega t}$, der bei komplexen Amplituden nach II,1 gewisse Einschränkungen der Rechenregeln erforderte, hier nicht vorkommt. Damit sind die Vorgänge in Wechselstromschaltungen, abgesehen von einigen in V und VI besprochenen Erweiterungen der Begriffe, bereits der Berechnung zugänglich gemacht.

II,3. Komplexe Leitwerte

Die praktische Anwendung, d. h. die zahlenmäßige Auswertung der Gleichung (58) für komplexe Widerstände führt zu Rechnungen von erheblichem Umfang. Wenn die Widerstände $\mathfrak{R}_1$ und $\mathfrak{R}_2$ nach (55) durch Wirk- und Blindkomponente gegeben sind, berechnen sich Wirk- und Blindkomponente des $\mathfrak{R}$ nach (11), (13) und (18) in folgender Weise:

$$\mathfrak{R}_1 = R_1 + \mathrm{j}X_1; \quad \mathfrak{R}_2 = R_2 + \mathrm{j}X_2; \quad \mathfrak{R} = R + \mathrm{j}X;$$

$$\mathfrak{R} = \frac{\mathfrak{R}_1 \cdot \mathfrak{R}_2}{\mathfrak{R}_1 + \mathfrak{R}_2} = \frac{(R_1 + \mathrm{j}X_1)(R_2 + \mathrm{j}X_2)}{(R_1 + \mathrm{j}X_1) + (R_2 + \mathrm{j}X_2)}$$

$$= \frac{[(R_1R_2 - X_1X_2) + \mathrm{j}(X_1R_2 + X_2R_1)]\,[(R_1 + R_2) - \mathrm{j}(X_1 + X_2)]}{(R_1 + R_2)^2 + (X_1 + X_2)^2}.$$

Die Wirkkomponente der Parallelschaltung lautet

$$R = \frac{R_1(R_2^2 + X_2^2) + R_2(R_1^2 + X_1^2)}{(R_1 + R_2)^2 + (X_1 + X_2)^2}, \tag{60}$$

die Blindkomponente:

$$X = \frac{X_1(R_2^2 + X_2^2) + X_2(R_1^2 + X_1^2)}{(R_1 + R_2)^2 + (X_1 + X_2)^2}. \tag{61}$$

Auch für Polarkoordinaten erhält man keine wesentlich einfacheren Formeln. Wenn bereits dieser einfache Schaltungsvorgang zu derartig unübersichtlichen Formeln führt, so ist leicht einzusehen, daß dann kompliziertere Schaltungen überhaupt nicht mehr rechnerisch zu beherrschen sind. Es besteht daher die Notwendigkeit, weitere Methoden zu entwickeln. die das Berechnen der Schaltungen vereinfachen. Diesem Zwecke dient der Begriff des Leitwerts zusammen mit dem in IV,2 entwickelten Kreisdiagramm. Leitwerte kennt man auch bereits bei Gleichstromschaltungen. Sie werden dort jedoch nur selten benutzt, weil die Formel (58) bei Gleichstrom noch recht einfach ist. Seine fundamentale Bedeutung gewinnt dieser Begriff erst bei Wechselstromschaltungen, wo er ein unentbehrlicher Bestandteil der komplexen Rechenmethode ist.

Der Begriff des komplexen Leitwerts (Admittanz): Der Leitwert ist bei Gleichstrom der Reziprokwert eines Widerstandes und der komplexe Leitwert $\mathfrak{G}$ demnach als der Reziprokwert eines komplexen Widerstandes $\mathfrak{R}$ nach (53) definiert:

$$\mathfrak{G} = \frac{1}{\mathfrak{R}} = \frac{\mathfrak{J}}{\mathfrak{U}} = \frac{|\mathfrak{J}|}{|\mathfrak{U}|} e^{j(\varphi - \chi)} = |\mathfrak{G}| \cdot e^{j\vartheta}. \tag{62}$$

$\mathfrak{G}$ ist der Quotient der komplexen Amplituden von Strom und Spannung. Sein Absolutwert $|\mathfrak{G}|$ ist gleich dem Quotienten der Absolutwerte von Strom und Spannung, seine Phase ϑ die Differenz der Phasen von Strom und Spannung. Seine rechtwinkligen Koordinaten lauten

$$\mathfrak{G} = G + j\,Y\,. \tag{63}$$

G nennt man die Wirkkomponente (Wirkleitwert, Konduktanz), Y die Blindkomponente (Blindleitwert, Suszeptanz) und $|\mathfrak{G}|$ den Scheinleitwert .Näheres über diese Bezeichnungen in III,1. Es gelten die Umrechnungsformeln (6) bis (8) nach Abb. 2:

$$G = |\mathfrak{G}| \cdot \cos\vartheta; \quad Y = |\mathfrak{G}| \cdot \sin\vartheta; \tag{64}$$
$$|\mathfrak{G}| = \sqrt{G^2 + Y^2}; \ \operatorname{tg}\vartheta = Y/G\,.$$

Die Berechnung der Komponenten eines Leitwerts aus den Komponenten eines gegebenen Widerstandes und umgekehrt wird in IV,1 behandelt. Aus (62) folgen die wichtigen Berechnungsformeln, die als Ohmsches Gesetz für Leitwerte bezeichnet werden können:

$$\mathfrak{J} = \mathfrak{G} \cdot \mathfrak{U}; \qquad \mathfrak{U} = \mathfrak{J}/\mathfrak{G}\,. \tag{65}$$

Zur Multiplikation und Division der komplexen Amplituden $\mathfrak{J}$ und $\mathfrak{U}$ mit zeitunabhängigen komplexen Zahlen $\mathfrak{G}$ vergleiche man (43) und (43a).

Parallelschaltung komplexer Leitwerte $\mathfrak{G}_1$ und $\mathfrak{G}_2$ (Abb. 10): An den Leitwerten liegt eine Spannung der komplexen Amplitude $\mathfrak{U}$. Durch $\mathfrak{G}_1$ fließt nach (65) ein Strom mit der komplexen Amplitude $\mathfrak{J}_1 = \mathfrak{G}_1 \cdot \mathfrak{U}$, durch $\mathfrak{G}_2$ ein Strom mit der komplexen Amplitude $\mathfrak{J}_2 = \mathfrak{G}_2 \cdot \mathfrak{U}$, durch den gesamten Leitwert $\mathfrak{G}$ also ein Strom mit der komplexen Amplitude $(\mathfrak{J}_1 + \mathfrak{J}_2)$. Nach (62) ist dann der Gesamtleitwert

$$\mathfrak{G} = \frac{\mathfrak{J}_1 + \mathfrak{J}_2}{\mathfrak{U}} = \mathfrak{G}_1 + \mathfrak{G}_2; \tag{66}$$

$$\mathfrak{G}_1 = G_1 + jY_1; \quad \mathfrak{G}_2 = G_2 + jY_2; \quad \mathfrak{G} = G + jY; \quad G = G_1 + G_2; \quad Y = Y_1 + Y_2 \,. \tag{67}$$

Die Addition der komplexen Zahlen $\mathfrak{G}_1$ und $\mathfrak{G}_2$ erfolgt wie in Abb. 3. Aus Abb. 3 kann man auch die Lage der komplexen Zeiger $\mathfrak{J}$, $\mathfrak{J}_1$, $\mathfrak{J}_2$ und $\mathfrak{U}$ gegeneinander entnehmen. Legt man den Zeiger $\mathfrak{U}$ entlang der reellen Achse wie in Abb. 10 unten, so hat der Zeiger $\mathfrak{J}_1$ die Richtung des $\mathfrak{G}_1$, der Zeiger $\mathfrak{J}_2$ die Richtung des $\mathfrak{G}_2$ und der Zeiger $\mathfrak{J}$ die Richtung der Summe $\mathfrak{G}_1 + \mathfrak{G}_2$.

Man kann jeden komplexen Leitwert $\mathfrak{G} = G + jY$ als Parallelschaltung eines reinen Wirkleitwerts G und eines reinen Blindleitwerts jY auffassen. In Abb. 10 ist dann $\mathfrak{G}_1 = G$ und $\mathfrak{G}_2 = jY$. An die Stelle der allgemeinen Addition nach Abb. 3 tritt dann die Addition zweier senkrecht aufeinanderstehenden Strecken nach Abb. 2. In Abb. 10 unten liegt dann der Zeiger $\mathfrak{J}_1$ parallel zu $\mathfrak{U}$ auf der reellen Achse, der Zeiger $\mathfrak{J}_2$ senkrecht dazu auf der imaginären Achse. Es gelten folgende Gleichungen

$$|\mathfrak{J}| = \sqrt{|\mathfrak{J}_1|^2 + |\mathfrak{J}_2|^2} = |\mathfrak{U}| \cdot \sqrt{G^2 + Y^2};$$

$$|\mathfrak{U}| = \frac{|\mathfrak{J}|}{\sqrt{G^2 + Y^2}} \,.$$

Die Berechnung der Ströme und der Spannung dieser Schaltung, wenn einer der Ströme oder die Spannung gegeben ist, wird mit Hilfe der angegebenen Formeln sehr einfach. Insbesondere wird, wenn der Gesamtstrom $\mathfrak{J}$ gegeben ist,

$$|\mathfrak{J}_1| = |\mathfrak{U}| \cdot G = \frac{|\mathfrak{J}| \cdot G}{\sqrt{G^2 + Y^2}},$$

$$|\mathfrak{J}_2| = |\mathfrak{U}| \cdot Y = \frac{|\mathfrak{J}| \cdot Y}{\sqrt{G^2 + Y^2}}$$

Die Phasendifferenz $\Delta\psi$ zwischen $\mathfrak{J}$ und $\mathfrak{J}_1$ berechnet man aus

$$\operatorname{tg} \Delta\psi = Y/G \,.$$

Bei Parallelschaltung nach Abb. 10 teilt sich der ankommende Strom $\mathfrak{J}$ in zwei Teilstrome $\mathfrak{J}_1$ und $\mathfrak{J}_2$, wobei wie bei Gleichstrom die bekannte Regel

$$\frac{\mathfrak{J}_1}{\mathfrak{J}_2} = \frac{\mathfrak{R}_2}{\mathfrak{R}_1} = \frac{\mathfrak{G}_1}{\mathfrak{G}_2}$$

auch für die komplexen Werte gilt.

Im Gegensatz zur Formel (58) mit ihrer umfangreichen Auswertung (60) und (61) wird bei Verwendung von Leitwerten die Parallelschaltung genau so einfach wie die Serienschaltung bei Widerständen mit der Komponentenberechnung nach (57a). Hier sieht man bereits eine Anwendung des fundamentalen Prinzips, daß man zur Lösung einer Aufgabe stets die am besten geeignete Darstellung wählen muß, während man bei ungeeigneten Verfahren zu sehr umständlichen Berechnungen kommt. Schon in I,2 konnte man sehen, daß bei Addition und Subtraktion komplexer Zahlen nach (11) und (12) die rechtwinkligen Koordinaten, bei Multiplikation und Division nach (13) und (18) jedoch die Polarkoordinaten zur einfachsten Auswertung führen. Ähnliche Gesichtspunkte gelten auch für Rechnungen mit den Formeln (53), (55), (62) und (63). Bei Serienschaltung rechnet man mit komplexen Widerständen in rechtwinkligen Koordinaten nach (57a), bei Parallelschaltung mit komplexen Leitwerten in rechtwinkligen Koordinaten nach (67). Wenn man dagegen bei Serienschaltung mit Leitwerten rechnen würde, bekäme man eine komplizierte Formel entsprechend (58) mit umständlicher Auswertung wie in (60) und (61). Bei Anwendung der Ohmschen Gesetze (53), (62) und (65) benutzt man dagegen die Polarkoordinaten.

Die Einheit des Leitwerts: Wenn die Absolutwerte des Stromes in Ampere und der Spannung in Volt angegeben werden, nennt man die zugehörige Einheit des Leitwerts 1 Siemens, abgekürzt S. Ein Gebilde mit dem Leitwert 1 S besitzt den Widerstand 1 Ω.

Zahlenbeispiele: 1. Durch den Leitwert $\mathfrak{G}$ fließt ein Strom $\mathfrak{J} = 0{,}7 \cdot e^{j0{,}3}$ A. An ihm liegt eine Spannung $\mathfrak{U} = 22 \cdot e^{j1{,}5}$ V. Dann ist der Leitwert nach (62) $\mathfrak{G} = \mathfrak{J}/\mathfrak{U} = 0{,}032 \cdot e^{j1{,}2}$ S. Seine Wirkkomponente beträgt nach (64) $G = 0{,}032 \cdot \cos\,(-1{,}2) = 0{,}012$ S, seine Blindkomponente $Y = 0{,}032 \cdot \sin\,(-1{,}2) = -0{,}03$ S. 2. An dem Leitwert $\mathfrak{G} =$

$0{,}8 + \mathrm{j}\,0{,}5$ S liegt eine Spannung der Amplitude $\mathfrak{U} = 6 \cdot e^{j0,5}$ V. Gesucht ist die Amplitude $\mathfrak{I}$ des Stromes durch den Leitwert. Man berechnet die Polarkoordinaten des Leitwerts nach (64) $|\mathfrak{G}| = \sqrt{(0{,}8)^2 + (0{,}5)^2} = 0{,}94$ S und $\vartheta = \operatorname{arc\,tg}(0{,}5/0{,}8) = 0{,}56$; nach (65) ist dann $\mathfrak{I} = \mathfrak{U} \cdot \mathfrak{G} = 5{,}6 \cdot e^{j1,06}$ A. 3. Durch den Leitwert $\mathfrak{G} = 0{,}94 \cdot e^{j1,05}$S fließt der Strom $\mathfrak{I} = 6 \cdot e^{-j0,6}$A. Nach (65) liegt dann an ihm die Spannung $\mathfrak{U} = \mathfrak{I}/\mathfrak{G} = 6{,}4 \cdot e^{-j1,65}$ V.

III. Wirk- und Blindwiderstände

Dieser Abschnitt befaßt sich mit den rein reellen und rein imaginären Widerständen als den wichtigsten Vertretern komplexer Widerstände, ihrer Leistungsaufnahme, ihrem Frequenzverhalten und ihrer gegenständlichen Darstellung in der Technik.

III,I. Wirkleistung, Blindleistung, Scheinleistung

Liegt bei Gleichstrom an einem Widerstand R die konstante Spannung U, und fließt durch ihn der konstante Strom I, so wird dem Widerstand die Leistung

$$P = U \cdot I = I^2 \cdot R = U^2/R \tag{68}$$

zugeführt. Die während eines Zeitraums Δt zugeführte Energie beträgt $\Delta W = P \cdot \Delta t = UI \cdot \Delta t$. Rechnet man mit dem Leitwert $G = 1/R$, so wird

$$P = I^2/G = U^2 \cdot G\,. \tag{69}$$

Wenn der Strom ein Wechselstrom, also zeitlich veränderlich ist, versagen diese Formeln. Man kann aber auch dann noch die Formel für die zugeführte Energie für die Momentanwerte i und u in der Form $\Delta W = i \cdot u \cdot \Delta t$ näherungsweise anwenden, wenn man den Zeitraum Δt so kurz wählt, daß i und u innerhalb dieses Zeitraums näherungsweise als konstant angesehen werden können. Je kleiner Δt ist, desto genauer ist diese Annahme erfüllt. Für i und u setzt man den Wert ein, den sie zu einem Zeitpunkt t haben, der in der Mitte des Intervalls Δt liegt. ΔW ändert sich also laufend in Abhängigkeit von der Zeit. Die Leistung im eigentlichen physikalischen

Sinn ist der Quotient der zugeführten Energie und der Zeitdauer der Energiezufuhr.

$$P_t = \frac{\Delta W}{\Delta t} = i \cdot u$$

nennt man den Augenblickswert der Leistung. Als mittlere Leistung oder Wirkleistung bezeichnet man die in einem *größeren* Zeitintervall zugeführte Energie dividiert durch das betreffende Zeitintervall.

Wirkleistung bei Wechselstrom: Es wird zunächst angenommen, daß ein reeller Widerstand vorliegt. Ein reeller Widerstand R ist nach (52) dadurch gekennzeichnet, daß für ihn in jedem Zeitpunkt das Ohmsche Gesetz gilt. Hat der Strom den reellen Momentanwert $i = |\mathfrak{I}| \cdot \cos(\omega t + \psi)$, so beträgt der reelle Momentanwert der Spannung an dem Widerstand $u = |\mathfrak{I}| \cdot R \cdot \cos(\omega t + \psi)$. Strom und Spannung sind phasengleich (Abb. 12a). Man betrachtet nun jeweils kleine Zeiträume Δt und nimmt während dieses Zeitraums Strom und Spannung als konstant an. Man ersetzt sozusagen die cos-Kurven durch Treppenkurven mit sehr kleinen Stufen (Abb. 11a). Je kleiner Δt ist, desto kleiner wird der Fehler dieser Näherung. Nach den Gleichstromformeln ist die während des Zeitraums Δt dem Widerstand R zugeführte elektrische Energie $\Delta W = i \cdot u \cdot \Delta t$, wobei i der reelle Momentanwert des Stromes und u der reelle Momentanwert der Spannung in dem betrachteten Zeitpunkt t ist;

$$\Delta W = |\mathfrak{I}| \cdot |\mathfrak{U}| \cdot \cos^2(\omega t + \psi) \cdot \Delta t.$$

Man findet in Abb. 11b die Kurve $\Delta W / \Delta t = i \cdot u = |\mathfrak{I}| \cdot |\mathfrak{U}| \cdot \cos^2(\omega t + \psi)$, die zugehörige Treppenkurve, wo innerhalb von Δt das i und u als konstant angenommen sind. Dann gibt in Abb. 11b die Fläche des jeweiligen Rechtecks der Breite Δt zwischen der waagerechten Koordinatenachse und der Treppenkurve die Größe der während der Zeit Δt zugeführten elektrischen Energie an. Ein solches Rechteck ist in Abb. 11b gestrichelt. Die Summe der Flächen aller dieser Rechtecke in Abb. 11b, also die *gesamte Fläche* zwischen der waagerechten Koordinatenachse und der Treppenkurve, stellt demnach die zugeführte elektrische Energie dar. Wenn Δt sehr klein ist, ist die Treppenkurve nicht mehr von der Ausgangskurve $i \cdot u = |\mathfrak{J}| \cdot |\mathfrak{U}| \cdot \cos^2(\omega t + \psi)$ zu unterscheiden. Die zugeführte

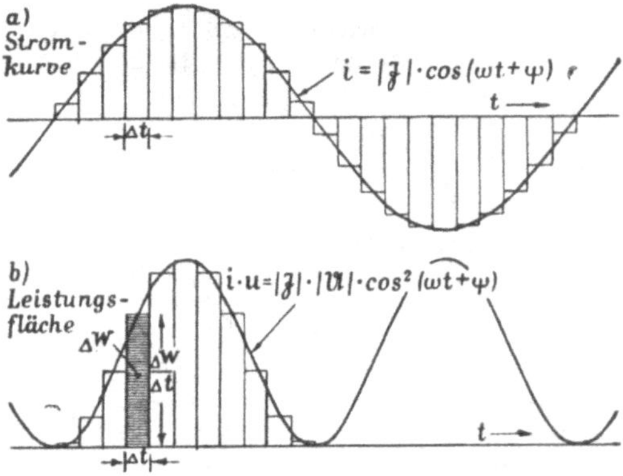

Abb. 11. Zur Berechnung der Wirkleistung in einem reellen Widerstand

Energie ist also im Endergebnis gleich der Fläche zwischen der waagerechten Achse und der Kurve $i \cdot u$ (Abb. 12a). Jeder Kurvenhügel ist die Energiezufuhr *einer halben Periode.* Ist f die Frequenz, so ist die Energiezufuhr von f Perioden die Energiezufuhr pro Zeiteinheit, also die gesuchte Leistung P. Diese Fläche ist mit Hilfe trigonometrischer Formeln leicht zu berechnen. Es ist allgemein

$$2\cos^2\alpha = 1 + \cos 2\alpha\,.$$

Die Kurve $i \cdot u$ kann man also auch in folgender Weise darstellen:

$$i \cdot u = \frac{1}{2}|\mathfrak{J}| \cdot |\mathfrak{U}| + \frac{1}{2}|\mathfrak{J}| \cdot |\mathfrak{U}| \cdot \cos 2(\omega t + \psi)\,.$$

Die Kurve $i \cdot u$ pendelt nach einer cos-Funktion um die Gerade $^1/_2\,|\mathfrak{J}| \cdot |\mathfrak{U}|$ (Abb. 12a). Der zweite Teil der Summe hat den Mittelwert Null und die gesuchte Fläche ist gleich der Fläche zwischen der waagerechten Koordinatenachse und der Geraden $\frac{1}{2} |\mathfrak{J}| \cdot |\mathfrak{U}|$, die gesuchte Leistung P also

$$P = \frac{1}{2} |\mathfrak{J}| \cdot |\mathfrak{U}|, \tag{70}$$

weil die Länge des Rechtecks längs der Zeitachse gleich 1 ist. Die einem reellen Widerstand R zugeführte Leistung ist gleich

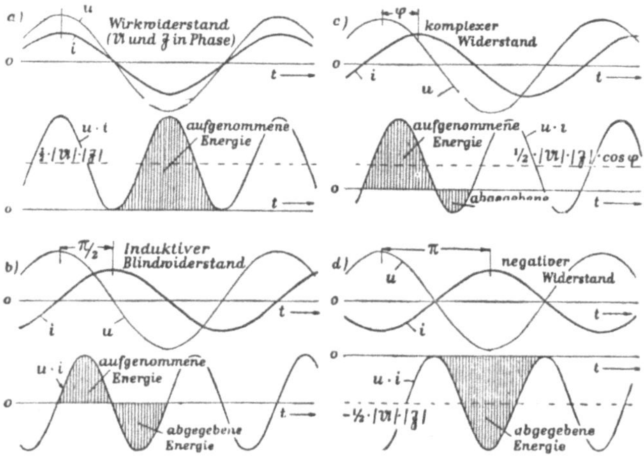

Abb. 12. Zur Berechnung der Wirkleistung

dem *halben* Produkt des Scheitelstroms und der Scheitelspannung. Mit $R = |\mathfrak{U}| / |\mathfrak{J}|$ wird aus (70)

$$P = \frac{1}{2} |\mathfrak{J}|^2 \cdot R = \frac{1}{2} \frac{|\mathfrak{U}|^2}{R} \tag{71}$$

Man vergleiche die entsprechende Gleichstromformel (68). Der zeitlich veränderliche Wechselstrom mit der reellen Amplitude $|\mathfrak{J}|$ (Scheitelwert) erzeugt an einem reellen Widerstand R die gleiche Leistung wie ein Gleichstrom $I = |\mathfrak{J}| / \sqrt{2}$; die Größe $|\mathfrak{J}| / \sqrt{2}$ bezeichnet man daher als den Effektivwert I_{eff} des Wechselstroms. Ebenso verhält sich eine Wechselspannung mit dem Scheitelwert $|\mathfrak{U}|$ leistungsmäßig wie eine Gleichspannung $U = |\mathfrak{U}| / \sqrt{2}$. Die Größe $|\mathfrak{U}| / \sqrt{2}$ nennt man daher den Effektivwert U_{eff} der Wechselspannung. Für reelle Widerstände gilt also $P = U_{eff} \cdot I_{eff} = I_{eff}^2 \cdot R$ ähnlich (68).

Der Begriff der Blindleistung: Als zweites einfaches Beispiel sei ein komplexer Widerstand mit der Phase $\pi/2$ betrachtet. Nach (5a) und (55) ist dann $\mathfrak{R} = |\mathfrak{R}| \cdot e^{j\pi/2} = jX$. Ein solcher Widerstand ist also ein positiv imaginärer Widerstand. Zwischen Spannung und Strom besteht eine Phasendifferenz von $\pi/2$. Fließt durch den Widerstand ein Strom mit der komplexen Amplitude $\mathfrak{J} = |\mathfrak{J}| \cdot e^{j\psi}$ (reeller Momentanwert $i = |\mathfrak{J}| \cdot \cos(\omega t + \psi)$; Abb. 12b), so liegt an ihm nach (53) eine Spannung der komplexen Amplitude $\mathfrak{U} = |\mathfrak{J}| \cdot X \cdot e^{j(\psi + \pi/2)} = |\mathfrak{U}| \cdot e^{j(\psi + \pi/2)}$ (reeller Momentanwert nach (29a) $u = -|\mathfrak{U}| \cdot \sin(\omega t + \psi)$; Abb. 12b). Um die Leistung zu berechnen, die dieser Widerstand aufnimmt, betrachtet man wieder die Kurve

$$i \cdot u = -|\mathfrak{J}| \cdot |\mathfrak{U}| \cdot \cos(\omega t + \psi) \cdot \sin(\omega t + \psi)$$
$$= -\frac{1}{2} |\mathfrak{J}| \cdot |\mathfrak{U}| \cdot \sin 2(\omega t + \psi)$$

wegen $\cos\alpha \cdot \sin\alpha = {}^1/_2 \sin 2\alpha$. In Abb. 12b ist diese Kurve gezeichnet. Nach den gleichen Gedankengängen wie zu den Abb. 11 und 12a ist die dem Widerstand zugeführte Energie auch hier gleich der Fläche zwischen der Kurve $i \cdot u$ und der waagerechten Koordinatenachse. Es ergibt sich aus Abb. 12b folgendes: Solange die Kurve im Positiven verläuft, geht Energie in den Widerstand. Der positive Kurvenhügel gibt die insgesamt während einer Viertelperiode aufgenommene Energie an. Wenn die Kurve im Negativen verläuft, gibt der Widerstand dagegen Energie ab. Da der positive und der negative Hügel gleich sind, wandert die volle eingetretene Energie wieder ab. Obwohl dauernd Energie umgesetzt wird, ist also die resultierende Leistung P gleich Null. Man spricht in diesem Fall von *Blindleistung* und Blindwiderstand. Ein Blindwiderstand wirkt also nur als vorübergehender Energiespeicher, nicht als Energieverbraucher. Gleiches gilt für Widerstände mit der Phase $-\pi/2$. In Analogie zu (71) definiert man quantitativ die Blindleistung

$$Q = \frac{1}{2} \mid \mathfrak{I} \mid^2 \cdot X = \frac{1}{2} \frac{\mid \mathfrak{U} \mid^2}{X}. \tag{72}$$

Diese Größe Q ist eine rein formale Rechengröße ohne wirkliche physikalische Bedeutung. In manchen Fällen gibt sie eine quantitative Aussage über den Energieumsatz im Speicher.

Wirkleistung in einem komplexen Widerstand: Einen komplexen Widerstand $\mathfrak{R}$ stellt man sich nach (55) am besten als Serienschaltung eines Wirkwiderstandes R und eines Blindwiderstandes jX vor. Wird dieses $\mathfrak{R}$ von einem Strom der komplexen Amplitude $\mathfrak{I}$ durchflossen, so entsteht Wirkleistung nur an dem Wirkwiderstand R nach (71), während die Blindkomponente jX bei gegebenem Strom ohne Einfluß auf die Wirkleistung ist. Nach (56) ist $R = \mid \mathfrak{R} \mid \cdot \cos \varphi$ und nach (53) $\mid \mathfrak{R} \mid = \mid \mathfrak{U} \mid / \mid \mathfrak{I} \mid$, also

$$P = \frac{1}{2} \mid \mathfrak{I} \mid \cdot \mid \mathfrak{U} \mid \cdot \cos \varphi = I_{eff} \cdot U_{eff} \cdot \cos \varphi, \tag{73}$$

wobei $\mid \mathfrak{U} \mid$ die Spannung am *ganzen* Widerstand $\mathfrak{R}$ darstellt. Bei gegebenem $\mid \mathfrak{U} \mid$ und $\mid \mathfrak{I} \mid$ nimmt also die Wirkleistung mit wachsendem φ, d. h. mit wachsender Phasendifferenz $(\chi - \psi)$ zwischen Spannung und Strom ab. Abb. 12c zeigt den zugehörigen Verlauf von u, i und $u \cdot i$. Die positiven Flächenteile unter der Kurve u · i sind größer als die negativen. Es entsteht also Wirkleistung. Die Wirkleistung ist unabhängig davon, ob der Widerstand $\mathfrak{R}$ eine positive oder negative Phase φ hat, denn $\cos \varphi$ und $\cos(-\varphi)$ sind gleich. Wenn statt $\mathfrak{R}$ der komplexe Leitwert $\mathfrak{G}$ gegeben ist, betrachtet man ihn nach (63) und (66) als Parallelschaltung eines Wirkleitwerts G und eines Blindleitwerts jY. Liegt an diesem $\mathfrak{G}$ eine Spannung der komplexen Amplitude $\mathfrak{U}$, so teilt sich der Strom; aber nur der Wirkleitwert nimmt Wirkleistung auf. Nach (71) ist für $G = 1/R$

$$P = \frac{1}{2} \mid \mathfrak{U} \mid^2 \cdot G. \tag{74}$$

Man beachte folgende Regel: Wenn der *Strom* durch einen komplexen Widerstand gegeben oder leicht zu berechnen ist, beschreibt man am besten den Widerstand nach (55) durch Wirk- und Blindwiderstand und benutzt zur Berechnung des P die Gl. (71). Wenn die *Spannung* an einem komplexen Widerstand gegeben ist, beschreibt man den Widerstand zweckmäßig als Leitwert nach (63) und erhält die Wirkleistung nach (74).

An dem in Serie zu R liegenden Blindwiderstand jX entsteht eine Blindleistung nach (72), die man wegen $X = |\mathfrak{R}| \cdot \sin\varphi$ nach (56) auch ähnlich wie (73)

$$Q = \frac{1}{2} |\mathfrak{I}| \cdot |\mathfrak{U}| \cdot \sin\varphi = I_{eff} \cdot U_{eff} \cdot \sin\varphi \tag{75}$$

schreiben kann. Die komplexe Zahl

$$\begin{aligned} \mathfrak{S} &= P + jQ = \frac{1}{2} |\mathfrak{I}|^2 (R + jX) \\ &= \frac{1}{2} |\mathfrak{I}|^2 \cdot \mathfrak{R} = \frac{1}{2} |\mathfrak{I}| \cdot |\mathfrak{U}| \cdot e^{j(\chi - \psi)} \end{aligned} \tag{76}$$

bezeichnet man als die komplexe Scheinleistung. Auch dies ist eine formale Definition ohne eigentlichen physikalischen Inhalt. $\mathfrak{S}$ ist auch das halbe Produkt der komplexen Amplitude der Spannung und der konjugiert komplexen Amplitude des Stromes. Hierfür kan man folgende rein formale Erklärung geben. Die zu einer komplexen Zahl $\mathfrak{a} = |\mathfrak{a}| \cdot e^{j\varphi}$ konjugiert komplexe Zahl ist $\mathfrak{a}^* = |\mathfrak{a}| \cdot e^{-j\varphi}$. Die konjugiert komplexe Zahl hat also den gleichen Absolutwert $|\mathfrak{a}|$, aber den negativen Phasenwinkel. Den zum komplexen Momentanwert des Stromes nach (51) gehörenden konjugiert komplexen Wert

$$\mathfrak{i}^* = |\mathfrak{I}| \cdot e^{-j\psi} \cdot e^{-j\omega t}$$

multipliziert man mit dem komplexen Momentanwert der Spannung nach (48a) und erhält nach (13)

$$\mathfrak{u} \cdot \mathfrak{i}^* = |\mathfrak{U}| \cdot |\mathfrak{I}| \cdot e^{j(\chi - \varphi)} \tag{77}$$

also einen zeitunabhängigen Wert, dem man in durchaus sinnvoller Weise einen physikalischen Inhalt geben kann. Man nennt also das halbe Produkt die komplexe Scheinleistung in

Analogie zu den andern Leistungsdefinitionen. Der Faktor $\frac{1}{2}$ ergibt sich dabei zwanglos wie bei den anderen Leistungsformeln daraus, daß $|\mathfrak{U}|$ und $|\mathfrak{I}|$ Scheitelwerte sind. Das gleiche Ergebnis wie in (77) würde man erhalten, wenn man die komplexe Amplitude der Spannung nach (49) und den konjugiert komplexen Wert

$$\mathfrak{I}^* = |\mathfrak{I}| \cdot e^{-j\psi}$$

der komplexen Amplitude des Stromes nach (51a) multiplizieren würde. Jedoch ist es in formaler Hinsicht richtiger und physikalisch sinnvoller, die komplexen Momentanwerte zu multiplizieren, da eine komplexe Amplitude nur eine durch Fortlassen von $e^{j\omega t}$ erzielte Abkürzung ist. Der Absolutwert der komplexen Scheinleistung, der oft einfach als „Scheinleistung" bezeichnet wird,

$$S = \sqrt{P^2 + Q^2} = \frac{1}{2} |\mathfrak{I}| \cdot |\mathfrak{U}| = \frac{1}{2} |\mathfrak{I}|^2 \cdot \sqrt{R^2 + X^2} \\ = I_{eff} \cdot U_{eff} \tag{77a}$$

ist die sinnvolle Verallgemeinerung der Gleichstromformel (68) auf beliebige Verbraucher bei Wechselstrom, hat aber keine unmittelbare physikalische Bedeutung. In manchen Rechnungen verwendet man die Scheinleistung, um eine rein formale Vereinfachung der Schreibweise der Gleichungen zu erreichen.

Beim Arbeiten mit Elektronenröhren können auch *negative Widerstände* auftreten. Es ist dann $\mathfrak{R} = -R$. Physikalisch bedeutet dies nach (5a) und (53) eine Phasendifferenz $\varphi = \pi$ zwischen Spannung und Strom mit den Momentanwerten $i = |\mathfrak{I}| \cdot \cos(\omega t + \psi)$, $u = -|\mathfrak{U}| \cdot \cos(\omega t + \psi)$. Die Leistung ist nach (73) wegen $\cos \varphi = -1$ negativ:

$$P = -\frac{1}{2} |\mathfrak{I}| \cdot |\mathfrak{U}| = -\frac{1}{2} |\mathfrak{I}|^2 \cdot R\,. \tag{78}$$

Es wird keine Leistung verbraucht, sondern Leistung erzeugt, wenn man einen Strom durch einen solchen Widerstand schickt. Abb. 12d zeigt den Verlauf von i, u und $i \cdot u$. Das $i \cdot u$ verläuft ganz im Negativen.

III,2. Induktive und kapazitive Blindwiderstände

Induktive Blindwiderstände: Der Vorgang der Selbstinduktion wird als bekannt vorausgesetzt. Der Selbstinduktionskoeffizient L, auch kurz Induktivität genannt, wird im technischen Maßsystem in Henry (abgekürzt H) gemessen. Es wird zunächst nur eine „ideale" Induktivität betrachtet, die von allen Nebenerscheinungen frei ist. Wenn diese von einem Strom mit dem Momentanwert i durchflossen wird, der zeitlich veränderlich ist, entsteht an ihr durch Induktion eine Spannung mit dem Momentanwert u, die sich bei einer idealen Induktivität nach dem Gesetz $u = L \cdot di / dt$ berechnet. Alle Abweichungen von diesem Gesetz sind durch Nebenerscheinungen bedingt, wie z. B. Verluste (Abschn. III,3) und Parallelkapazitäten (Abschn. III,7). Eine ideale Induktivität speichert in dem durch den Strom erzeugten magnetischen Feld magnetische Feldenergie, nimmt bei wachsenden Strom Energie auf und gibt sie beim Abnehmen des Stromes wieder ab. Wenn der Strom ein Wechselstrom mit dem reellen Momentanwert $i = |\mathfrak{I}| \cdot \cos(\omega t + \psi)$ ist, so ist auch das zugehörige $u = L \cdot di / dt = -\omega L \cdot |\mathfrak{I}| \cdot \sin(\omega t + \psi) = \omega L \cdot |\mathfrak{I}| \cdot \cos(\omega t + \psi + \pi/2)$ eine Wechselspannung, die dem Strom nach (29a) um $\pi/2$ voreilt. Die zugehörigen komplexen Momentanwerte lauten nach (45)

$$\mathfrak{u} = L \cdot \frac{d\mathfrak{i}}{dt} = \mathrm{j}\omega L \cdot \mathfrak{i} \tag{79}$$

und die komplexen Amplituden

$$\mathfrak{U} = \mathrm{j}\omega L \cdot \mathfrak{I}. \tag{80}$$

Der komplexe Widerstand beträgt nach (53) und (5a)

$$\mathfrak{R} = \frac{\mathfrak{U}}{\mathfrak{I}} = \mathrm{j}\omega L = \mathrm{j}X_L = \omega L \cdot e^{\mathrm{j}\pi/2}. \tag{81}$$

Die ideale Induktivität ist also das einfachste Beispiel eines Blindwiderstandes mit der Phase $\pi/2$. Wenn das Gebilde ein rein magnetischer Energiespeicher ist, wächst sein Blindwiderstand X_L proportional zur Frequenz. Wenn L in H und die Frequenz f in Hz gegeben ist, erhält man mit $\omega = 2\pi f$ in einfachster Weise den Blindwiderstand X_L nach (81) in Ω.

Bei hohen Frequenzen treten meist sehr kleine L-Werte auf: 1 mH = 10^{-3} H, 1 μH = 10^{-6} H, 1 nH = 10^{-9} H. Einheiten für hohe Frequenzen: 1 kHz = 10^3 Hz, 1 MHz = 10^6 Hz. Die Formel (81) bleibt dann bestehen, wenn man mH und kHz bzw. μH und MHz einsetzt. Oft ist statt der Frequenz die Wellenlänge λ gegeben. Darunter versteht man die Wellenlänge einer Welle gleicher Frequenz bei Ausbreitung im freien Raum: $\lambda = 3 \cdot 10^{10}/f$ cm; $f = 3 \cdot 10^{10}/\lambda$ Hz. Sehr zweckmäßig ist dann die aus (81) abgeleitete Formel, bei der die Wellenlänge λ in cm und die Induktivität in nH einzusetzen ist:

$$X_L = \frac{188 \cdot L}{\lambda}\,\Omega\,;\ \text{Umkehrung } L = 0{,}0053 \cdot \lambda \cdot X_L \text{ nH.} \qquad (82)$$

Abb. 13a zeigt den Verlauf von X_L für einige Werte von L im interessierenden Frequenzbereich. Der *Leitwert* einer Induktivität ist nach (16) negativ imaginär:

$$\mathfrak{G}_L = \frac{1}{\mathfrak{R}_L} = \frac{1}{\omega L}\,e^{-j\pi/2} = -\,j\,\frac{1}{\omega L} = j\,Y_L\,. \qquad (83)$$

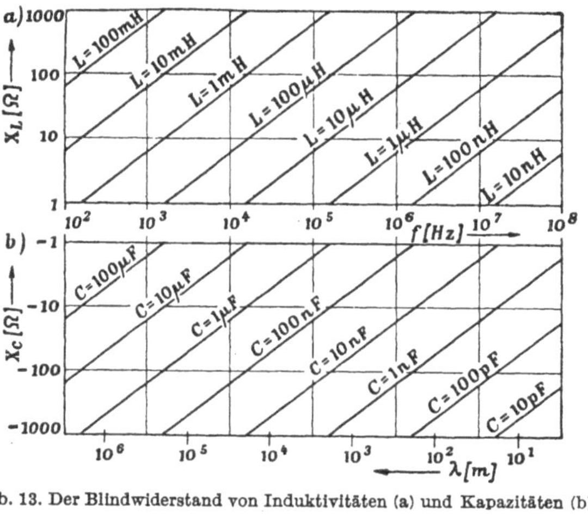

Abb. 13. Der Blindwiderstand von Induktivitäten (a) und Kapazitäten (b)

Kapazitive Blindwiderstände. Der Begriff einer Kapazität wird als bekannt vorausgesetzt. Sie wird im technischen Maßsystem in Farad (abgekürzt F) gemessen; $1\,\mu\mathrm{F} = 10^{-6}\,\mathrm{F}$; $1\,\mathrm{nF} = 10^{-9}\,\mathrm{F}$; $1\,\mathrm{pF} = 10^{-12}\,\mathrm{F}$. Es wird zunächst nur eine Kapazität C betrachtet, die von allen Nebenerscheinungen frei ist. Liegt an ihr eine Spannung u, so enthält sie die Ladung $C \cdot u$ und sie speichert elektrische Energie. Wenn sich u ändert, so muß ein Strom i fließen, der die Ladung entsprechend verändert. In die Kapazität fließt ein Strom nach dem Gesetz $i = C \cdot du/dt$. Alle Abweichungen von diesem Gesetz sind durch störende Nebenerscheinungen bedingt, z. B. Verluste (Abschn. III,3) und Zuleitungsinduktivitäten (Abschn. III,7). Diese Gleichung und die aus ihr abgeleitete Gl. (87) ist charakteristisch für einen Energiespeicher auf rein elektrischer Grundlage, der als „ideale" Kapazität bezeichnet werden soll. Liegt an der Kapazität eine Wechselspannung mit dem reellen Momentanwert $u = |\mathfrak{U}| \cdot \cos(\omega t + \chi)$, so muß der zugehörige Strom

$$i = C \cdot \frac{du}{dt} = -\omega C \cdot |\mathfrak{U}| \cdot \sin(\omega t + \chi) \tag{84}$$

lauten und der komplexe Momentanwert nach (45)

$$\mathfrak{i} = C \cdot \frac{d\mathfrak{u}}{dt} = \mathrm{j}\omega C \cdot \mathfrak{u} \tag{85}$$

und die komplexen Amplituden

$$\mathfrak{J} = \mathrm{j}\omega C \cdot \mathfrak{U} = \omega C \cdot \mathfrak{U} \cdot e^{\mathrm{j}\pi/2} \tag{86}$$

Die Spannung eilt dem Strom um $\pi/2$ nach. Nach (62) ist dann der *Leitwert* der idealen Kapazität

$$\mathfrak{G}_C = \frac{\mathfrak{J}}{\mathfrak{U}} = \mathrm{j}\,\omega C = \mathrm{j}\,Y_C \tag{87}$$

ein positiver Blindleitwert. Wenn C in F und die Frequenz f in Hz gegeben sind, erhält man mit $\omega = 2\pi f$ aus (87) den Blindleitwert Y_C der Kapazität in S. Bei hohen Frequenzen benutzt man statt der unhandlichen Zahl f die Wellenlänge λ in cm und die Kapazität in pF:

$$Y_C = \frac{0{,}188 \cdot C}{\lambda}\ \mathrm{S};\ \text{Umkehrung}\ C = 5{,}3 \cdot \lambda \cdot Y_C\ \mathrm{pF}\,.$$

Der *Widerstand einer idealen Kapazität* ist nach (16) negativ imaginär:

$$\Re_C = \frac{1}{\mathfrak{G}_C} = -\mathrm{j}\frac{1}{\omega C} = \mathrm{j}\,X_C = \frac{1}{\omega C}\,\mathrm{e}^{-\mathrm{j}\pi/2}\,. \qquad (88)$$

Die ideale Kapazität ist also das einfachste Beispiel eines Blindwiderstandes mit der Phase $(-\pi/2)$. Der Blindwiderstand eines elektrischen Energiespeichers wächst im Gegensatz zum magnetischen Energiespeicher nach (81) umgekehrt proportional zur Frequenz. Bei hohen Frequenzen benutzt man den Reziprokwert von (87):

$$X_C = -\frac{5{,}3\cdot\lambda}{C}\,\Omega\;(\lambda \text{ in cm};\ C \text{ in pF})\,. \qquad (89)$$

Abb. 13b gibt einen Überblick über den Verlauf der Werte X_C für verschiedene Größen des C in einem Frequenzbereich.

III,3. Verlustwinkel

Verlustwinkel einer Induktivität: Wie bei allen Vorgängen in der Natur vollzieht sich die Aufnahme und Abgabe der magnetisch gespeicherten Energie nicht ohne Leistungsverlust. D. h. jede wirkliche Induktivität nimmt auch etwas Wirkleistung auf. Dann kam die Phasendifferenz φ zwischen Spannung und Strom, d. h. die Phase φ des entstandenen komplexen Widerstandes $\Re_L$, nach (53) nicht mehr $\pi/2$ sein. φ ist also immer etwas kleiner als $\pi/2$:

$$\varphi = \frac{\pi}{2} - \delta_L\,. \qquad (90)$$

Diesen Differenzwinkel δ_L nennt man den „Verlustwinkel“. Man wird sich im allgemeinen bemühen, δ_L möglichst klein zu halten, um den Charakter des Blindwiderstandes nicht zu sehr zu stören. δ_L liegt etwa bei 10^{-2} bis 10^{-3}. Bei großen Strömen wird auch die durch die Verluste entstehende Erwärmung des betreffenden Gebildes sehr störend sein. Der komplexe Widerstand $\Re_L$ einer Induktivität wird nach Abb. 14a oben durch einen Blindwiderstand $\mathrm{j}\,X_L$ und einen kleinen Verlustwiderstand R_L in Serie zu $\mathrm{j}\,X_L$ dargestellt:

$$\Re_L = R_L + \mathrm{j}\,\omega L\,. \qquad (91)$$

Solange die Verluste klein sind, kann man also X_L auch jetzt nach (81) berechnen. Die Güte des Blindwiderstandes beschreibt man durch den *Verlustfaktor* der Induktivität

$$d_L = \frac{R_L}{X_L} = \frac{R_L}{\omega L}. \tag{92}$$

Der Zusammenhang zwischen Verlustfaktor und Verlustwinkel lautet nach Abb. 14a:

$$\operatorname{tg} \delta_L = d_L, \qquad \delta_L = \operatorname{arc\,tg} d_L. \tag{93}$$

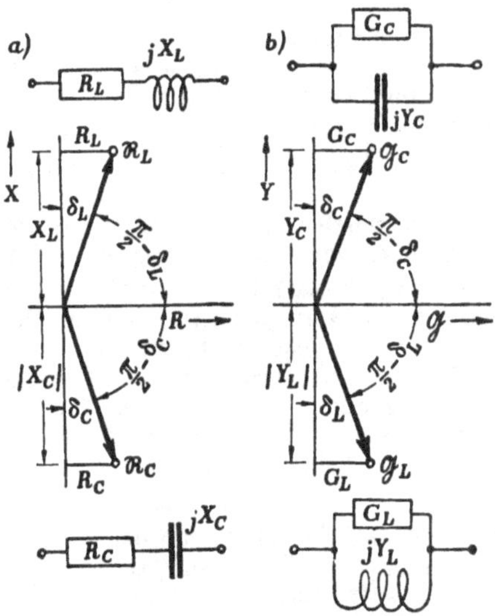

Abb. 14. Verlustwinkel.

Den Reziprokwert des Verlustfaktors bezeichnet man als den Gütefaktor, der also im allgemeinen eine sehr große Zahl ist:

$$\varrho_L = \frac{1}{d_L}. \tag{94}$$

Der Verlustwiderstand R_L ist nach (92)

$$R_L = d_L \cdot X_L. \tag{95}$$

Der Widerstand R_L ist nur zum Teil ein physikalisch anschaulicher Widerstand, soweit er durch den tatsächlichen Widerstand der zur Spule aufgewickelten Leiter entsteht. Im übrigen ist er lediglich ein formaler *Ersatzwiderstand* zur Beschreibung der Verluste, der aus dem gemessenen Verlustwinkel nach (93) berechnet wird. Der Absolutwert des Widerstandes $\Re_L$

$$|\Re_L| = \sqrt{R_L^2 + X_L^2} = X_L \sqrt{1 + d_L^2} \tag{96}$$

ist bei den kleinen Werten d_L praktisch gleich X_L. Für kleine Winkel δ_L ist der Verlustfaktor $d_L = \operatorname{tg} \delta_L$ praktisch gleich dem Winkel δ_L im Bogenmaß. Die aufgenommene Verlustleistung beträgt nach (71)

$$P = \frac{1}{2} R_L \cdot |\mathfrak{I}|^2 = \frac{1}{2} d_L \cdot X_L \cdot |\mathfrak{I}|^2 = \frac{1}{2} d_L \cdot |\mathfrak{U}| \cdot |\mathfrak{I}|. \tag{97}$$

Nach (72) ist die Verlustleitung, die in Wärme umgesetzt wird, gleich dem Produkt von Blindleistung und Verlustfaktor.

Verlustwinkel einer Kapazität: Auch der Aufbau und Abbau der in einer Kapazität gespeicherten elektrischen Energie erfolgt nicht verlustlos. Jeder wirkliche Kondensator nimmt also auch Wirkleistung auf. Daher wird die Phasendifferenz φ zwischen Spannung und Strom, d. h. die Phase φ des komplexen Widerstandes der Kapazität nach (53), nicht mehr $(-\pi/2)$ sein können (Abb. 14a unten):

$$\varphi = -(\pi/2 - \delta_C). \tag{98}$$

Diesen Differenzwinkel δ_C nennt man den Verlustwinkel der Kapazität. Der komplexe Widerstand $\Re_C$ eines Kondensators besteht aus einem sehr kleinen Verlustwiderstand R_C in Serie zu einem Blindwiderstand j X_C nach (88):

$$\Re_C = R_C - \mathrm{j}\,\frac{1}{\omega C}. \tag{99}$$

Die Güte des Blindwiderstandes beschreibt man durch den Verlustfaktor

$$d_C = \frac{R_C}{|X_C|} = R_C \cdot \omega C. \tag{100}$$

oder durch den Gütefaktor ϱ_C als Reziprokwert von d_C:

$$\varrho_C = \frac{1}{d_C} = \frac{|X_C|}{R_C} \tag{101}$$

d_C ist normalerweise eine sehr kleine Zahl, ϱ_C eine sehr große. $|X_C|$ ist der Wert von X_C ohne das negative Vorzeichen. Der Zusammenhang zwischen Verlustfaktor und Verlustwinkel lautet (Abb. 14a):

$$\operatorname{tg} \delta_C = d_C = \frac{R_C}{|X_C|}; \quad \delta_C = \operatorname{arc\,tg} \frac{R_C}{|X_C|}. \tag{102}$$

Für kleine δ_C ist der Verlustfaktor $d_C = \operatorname{tg} \delta_C$ dem Verlustwinkel δ_C im Bogenmaß praktisch gleich. Der Absolutwert des Widerstandes

$$|\mathfrak{R}_C| = \sqrt{R_C^2 + X_C^2} = |X_C| \sqrt{1 + d_C^2}. \tag{103}$$

Die aufgenommene Wirkleistung (Verlustleistung) beträgt nach (71)

$$P = \frac{1}{2} R_C \cdot |\mathfrak{J}|^2 = \frac{1}{2} d_C \cdot |X_C| \cdot |\mathfrak{J}|^2 = \frac{1}{2} d_C \cdot |\mathfrak{U}| \cdot |\mathfrak{J}| \tag{104}$$

und ist gleich dem Produkt der Blindleistung nach (72) und des Verlustfaktors d_C.

Ursachen des kapazitiven Verlustwinkels: R_C ist kein tatsächlich vorhandener Widerstand, sondern nur ein **Ersatzwiderstand** zur formalen Beschreibung der Verluste. Bei Kapazitäten treten hauptsächlich dann Verluste auf, wenn zur Erhöhung der Kapazität zwischen den Leitern ein Dielektrikum liegt. Verluste in einer Kapazität können auch durch mangelhafte Isolation des Dielektrikums, also durch einen tatsächlichen, auch bei Gleichspannung vorhandenen Wirkleitwert entstehen. Im allgemeinen sind jedoch die dielektrischen Verluste so groß, daß der Leitwert der Isolation nur bei sehr niedrigen Frequenzen beachtet werden muß. Benutzt man Luft als Dielektrikum, so sind dielektrische Verluste praktisch nicht nachweisbar, so daß man zur Erzeugung verlustarmer Kapazitäten die Menge des Dielektrikums auf ein Mindestmaß herabsetzen muß. Ist der ganze

Kondensator mit Dielektrikum ausgefüllt, so ist sein Verlustwinkel gleich dem Verlustwinkel δ_ε des Dielektrikums.

Der Verlustleitwert: Wenn man den Leitwert eines verlustbehafteten Blindwiderstandes berechnen will, so besitzt dieser ebenfalls einen Verlustwinkel. Für eine Induktivität ergibt sich nach (62) und (90) die Phase des Leitwerts

$$\vartheta = -\varphi = -\left(\frac{\pi}{2} - \delta_L\right), \tag{105}$$

für eine Kapazität nach (98)

$$\vartheta = -\varphi = \frac{\pi}{2} - \delta_C .$$

Man vergleiche Abb. 14b. Die Verlustwinkel der Leitwerte sind gleich den Verlustwinkeln der Widerstande (abgesehen vom Vorzeichen der Gesamtphase ϑ). Der Leitwert besteht aus dem Blindleitwert j Y_L nach (83) oder j Y_C nach (87) und einem parallelgeschalteten Verlustwert G_L oder G_C:

$$\mathfrak{G}_L = \frac{1}{\mathfrak{R}_L} = G_L - \mathrm{j}\frac{1}{\omega L} \text{ oder } \mathfrak{G}_C = \frac{1}{\mathfrak{R}_C} = G_C + \mathrm{j}\,\omega C . \tag{106}$$

Näheres über die Umrechnung zwischen Widerstand und Leitwert in IV,1, insbesondere Abb. 42.

Wegen der gleichen Verlustwinkel ist auch der Verlustfaktor

$$d_L = \operatorname{tg}\delta_L = \frac{G_L}{|Y_L|} \text{ oder } d_C = \operatorname{tg}\delta_C = \frac{G_C}{Y_C} \tag{107}$$

der gleiche wie bei den Widerständen nach (92) oder (102). Daraus ergibt sich

$$R_L = G_L/|Y_L|^2 \text{ oder } R_C = G_C/Y_C{}^2; \tag{108}$$

$$G_L = R_L/X_L{}^2 \quad \text{ oder } G_C = R_C/|X_C|^2 . \tag{109}$$

Man kann also die Verluste entweder durch einen Serienwiderstand (R_L oder R_C) oder durch einen Parallelleitwert (G_L oder G_C) zum Blindwiderstand darstellen, wobei Serien- und Parallelleitwerte nach (108) und (109) zusammenhängen.

III,4. Serienresonanz

Blindwiderstände mit anderem Frequenzverhalten als nach (81) oder nach (88) kann man durch Kombinationen von induktiven und kapazitiven Blindwiderständen in Serien- und Parallelschaltung erzeugen.

Ein einfaches Beispiel ist die Serienschaltung eines induktiven und eines kapazitiven Widerstandes (Abb. 15). Ihr Blindwiderstand lautet nach (81) und (88)

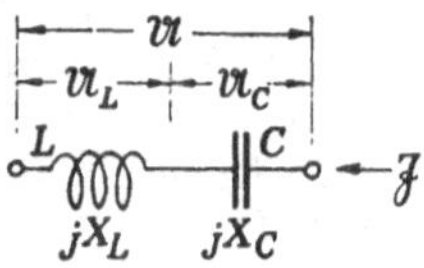

Abb. 15. Serienresonanzkreis ohne Verluste

$$\mathrm{j}\,X = \mathrm{j}\,(X_L + X_C) = \mathrm{j}\,[\omega L - 1/(\omega C)] \qquad (110)$$

Das Verhalten eines solchen Gebildes soll in Abhängigkeit von der Frequenz betrachtet werden. Abb. 16 zeigt für ein Zahlen-

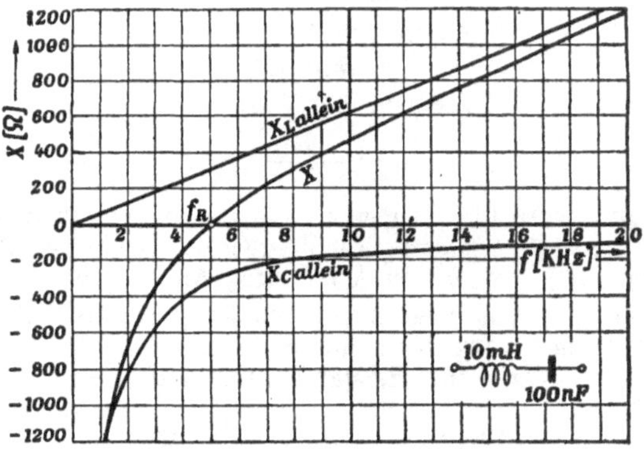

Abb. 16. Blindwiderstand eines Serienresonanzkreises.

beispiel den Verlauf von $X_L = \omega L$ und $X_C = -1/(\omega C)$ allein und als Kombination X nach (110). Wegen des verschiedenen Vorzeichens kompensieren sich die beiden Widerstände teilweise. Es gibt auch einen Punkt, in dem $X = 0$ ist. Die Frequenz, bei der dies eintritt, nennt man die *Resonanz-*

frequenz f_R; $\omega_R = 2\pi f_R$. Wegen $X = 0$ ist nach (110) für $\omega = \omega_R$

$$\omega_R L = \frac{1}{\omega_R C} = X_R\,. \tag{111}$$

Beide Blindwiderstände haben also dort den gleichen Resonanzwert X_R, nur mit entgegengesetztem Vorzeichen. Die Resonanzfrequenz ergibt sich bei gegebenem L und C nach (111) aus

$$2\pi f_R = \omega_R = \frac{1}{\sqrt{LC}} \tag{112}$$

Nach (111) und (112) ist

$$X_R = \sqrt{L/C}\,. \tag{113}$$

Setzt man L in H und C in F ein, so erhält man f_R in Hz und X_R in Ω. Wenn die Induktivität L und die Resonanzfrequenz gegeben sind, findet man das erforderliche C aus

$$C = \frac{1}{\omega_R^2 \cdot L}; \tag{114}$$

umgekehrt das L bei gegebenem C als

$$L = \frac{1}{\omega_R^2 \cdot C}\,. \tag{115}$$

Für Frequenzen, die kleiner als die Resonanzfrequenz sind, ist X nach (110) kapazitiv; für Frequenzen, die größer als die Resonanzfrequenz sind, ist X induktiv (Abb. 16).

Strom und Spannung in der Schaltung der Abb. 15: Bei gegebener Spannung $\mathfrak{U}$ an der Serienschaltung beträgt der Strom durch die Blindwiderstände nach (110)

$$\mathfrak{I} = \frac{\mathfrak{U}}{\mathrm{j}X} = -\mathrm{j}\,\frac{\mathfrak{U}}{\omega L - 1/(\omega C)} \tag{116}$$

und seine reelle Amplitude

$$|\mathfrak{I}| = \frac{|\mathfrak{U}|}{|\omega L - 1/(\omega C)|}\,. \tag{117}$$

$|\omega L - 1/(\omega C)|$ ist der Wert von $\omega L - 1/(\omega C)$ ohne Berücksichtigung des Vorzeichens. Den Verlauf von $|\mathfrak{I}|$ zeigt Abb. 17. Unterhalb der Resonanzfrequenz eilt der Strom der Spannung um $\pi/2$ vor (kapazitiv); oberhalb der Resonanzfrequenz eilt die Spannung dem Strom um $\pi/2$ vor (induktiv). Unterhalb der Resonanzfrequenz sind $\mathfrak{U}$ und $\mathfrak{U}_C$ phasengleich, dagegen

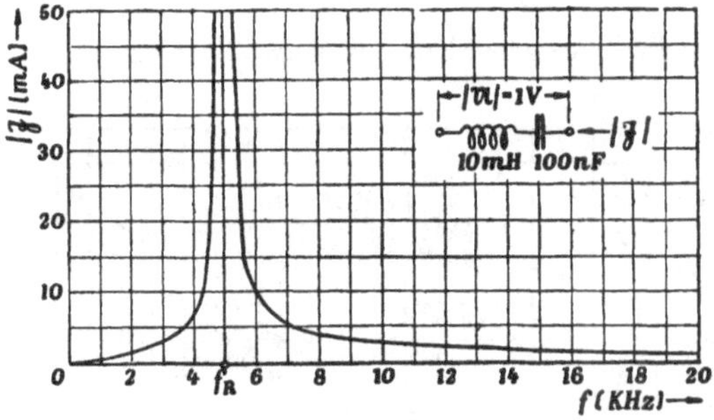

Abb. 17. Strom im verlustfreien Serienresonanzkreis bei konstanter Spannung $\mathfrak{U}$

$\mathfrak{U}$ und $\mathfrak{U}_L$ gegenphasig (Phasendifferenz π). Oberhalb der Resonanzfrequenz sind $\mathfrak{U}$ und $\mathfrak{U}_L$ gleichphasig, dagegen $\mathfrak{U}$ und $\mathfrak{U}_C$ gegenphasig.

$|\mathfrak{J}|$ durchläuft bei gegebenem $\mathfrak{U}$ nach Abb. 17 eine Resonanzkurve und wird im Resonanzpunkt (von Verlusten abgesehen) unendlich groß. Auf beiden Seiten der Resonanzfrequenz fällt $|\mathfrak{J}|$ steil ab. Die Spannungen an den beiden Blindwiderständen lauten einzeln nach (5a) und (116)

$$\mathfrak{U}_L = \mathfrak{J} \cdot \mathrm{j}\,\omega L = \mathfrak{U}\,\frac{1}{1 - 1/(\omega^2 LC)}\,; \tag{118}$$

$$\mathfrak{U}_C = -\,\mathfrak{J} \cdot \mathrm{j}\,\frac{1}{\omega C} = \mathfrak{U}\,\frac{1}{1 - \omega^2 LC}\,. \tag{119}$$

Die beiden Teilspannungen $\mathfrak{U}_L$ und $\mathfrak{U}_C$ haben eine Phasendifferenz von π ($e^{j\pi} = -1$; entgegengesetztes Vorzeichen). Die Teilspannungen $|\mathfrak{U}_L|$ und $|\mathfrak{U}_C|$ sind zum Teil größer als die Gesamtspannung $|\mathfrak{U}|$. $|\mathfrak{U}_L| = |\mathfrak{J}| \cdot X_L$ und $|\mathfrak{U}_C| = |\mathfrak{J}| \cdot |X_C|$ durchlaufen bei gegebenem $|\mathfrak{U}|$ ähnliche Resonanzkurven wie $|\mathfrak{J}|$ nach Abb. 17. Abb. 18 zeigt im Gegensatz dazu die Spannung $|\mathfrak{U}|$ am gesamten Widerstand bei gegebenem Strom $|\mathfrak{J}|$ und die Spannungen an den beiden Teilwiderständen:

$$\mathfrak{U} = \mathfrak{J} \cdot \mathrm{j}\left(\omega L - \frac{1}{\omega C}\right); \quad \mathfrak{U}_L = \mathfrak{J} \cdot \mathrm{j}\,\omega L; \quad \mathfrak{U}_C = -\,\mathfrak{J} \cdot \mathrm{j}\,\frac{1}{\omega C}.$$

In diesem Fall entstehen keine Resonanzkurven.

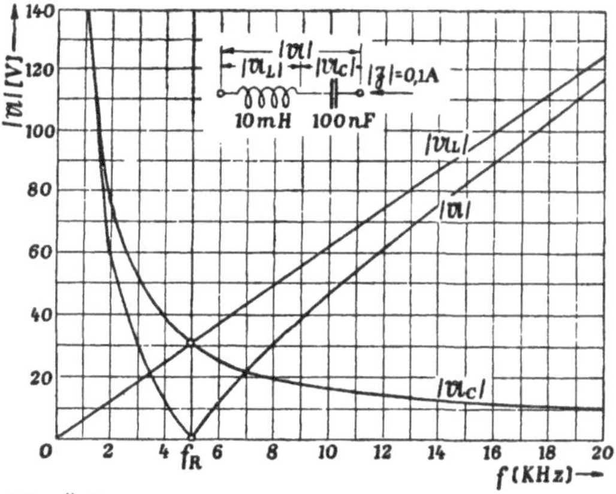

Abb. 18. Spannungen im Serienresonanzkreis bei konstantem Strom

Die Resonanz der Schaltung der Abb. 15 nennt man Serienresonanz. Der ältere Ausdruck „Spannungsresonanz“ für diesen Fall wird in neuerer Zeit seltener gebraucht, weil er mißverstanden werden kann.

Verhalten in der Umgebung der Resonanz: Wenn man den Resonanzblindwiderstand X_R nach (113) einführt, erhält man statt (110) die Formel

$$X = X_R\left(\frac{\omega}{\omega_R} - \frac{\omega_R}{\omega}\right) = X_R\left(\frac{f}{f_R} - \frac{f_R}{f}\right). \tag{120}$$

In vielen Fällen interessiert nur das Verhalten von X in der unmittelbaren Umgebung der Resonanzfrequenz. Δf sei die

Abweichung der betrachteten Frequenz f von der Resonanzfrequenz f_R:

$$f = f_R + \Delta f. \tag{121}$$

Δf ist also positiv, wenn die betrachtete Frequenz größer als die Resonanzfrequenz ist. Δf ennt man die Verstimmung und

$$v = \frac{\Delta f}{f_R} \tag{122}$$

die relative Verstimmung.

Die im folgenden entwickelten Formeln sind *Näherungsformeln*, die nur unter der Bedingung $|v| < 0{,}1$ bestehen. Die Frequenzabweichungen von der Resonanzfrequenz sollen also nicht mehr als $\pm 10\%$ betragen. In (120) setzt man jetzt ein:

$$\frac{f}{f_R} = 1 + \frac{\Delta f}{f_R} = 1 + v; \; \frac{f_R}{f} = \frac{1}{1 + \Delta f/f_R} = \frac{1}{1+v}. \tag{123}$$

Für kleine v kann man durch folgende Näherungsformel eine wesentliche Vereinfachung erzielen: Es ist $1/(1 + v) \approx 1 - v$, solange $|v| < 0{,}1$ ist. Wer diese Formel nicht aus der Reihenlehre kennt, kann sich durch Einsetzen von kleinen Zahlen v von der Genauigkeit der Formel überzeugen.

Aus (120) wird in der Nähe der Resonanzfrequenz

$$X = X_R \frac{2\,\Delta f}{f_R} = X_R \cdot 2\,v \;\; (|v| < 0{,}1) \tag{124}$$

X ändert sich also proportional zur Verstimmung Δf. Je größer L ist, desto größer ist X_R, desto schneller ändert sich X.

Wirkung der Verluste: In der Umgebung der Resonanzfrequenz muß man berücksichtigen, daß die beiden Blindwiderstände nicht verlustfrei sind.Die Schaltung ist in Abb. 19 daher ergänzt durch einen Verlustwiderstand R_R, der die Summe der beiden Widerstände R_L nach (91) und R_C nach(99) darstellt. Es entsteht der komplexe Widerstand

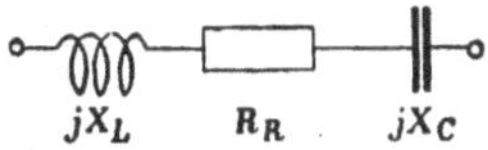

Abb. 19. Serienresonanzkreis mit Verlusten

$$\mathfrak{R} = R_R + \mathrm{j}\,[\omega L - 1/(\omega C)]. \tag{125}$$

Bei der Resonanzfrequenz hat also der Kreis nicht den Widerstand $\mathfrak{R} = 0$, sondern $\mathfrak{R} = R_R$. In der Umgebung der Resonanz ist dann nach (124)

$$\mathfrak{R} = R_R + \mathrm{j}\, X_R \cdot 2\, v \quad (|\, v\,| < 0{,}1)\,. \tag{126}$$

Die Ströme und Spannungen werden bei gegebenem $\mathfrak{U}$ jetzt im Resonanzfall nicht mehr unendlich groß. Es ist der Strom $|\,\mathfrak{J}\,|$ durch den Widerstand $\mathfrak{R}$ nach (126)

$$|\,\mathfrak{J}\,| = \frac{|\,\mathfrak{U}\,|}{|\,\mathfrak{R}\,|} = \frac{|\,\mathfrak{U}\,|}{\sqrt{R_R^2 + (X_R \cdot 2\, v)^2}}\,. \tag{127}$$

In der Umgebung der Resonanz, also in dem Bereich, wo die Näherungsformel (126) gilt, kann R_R erfahrungsgemäß als praktisch unabhängig von der Frequenz angesehen werden. Den Verlauf des Stromes $|\,\mathfrak{J}\,|$ nach (127) unter Berücksichtigung von R_R zeigt Abb. 20. Im Resonanzpunkt entsteht nach (126) für $v = 0$ der maximale Strom

$$|\,\mathfrak{J}_R\,| = \frac{|\,\mathfrak{U}\,|}{R_R}\,. \tag{128}$$

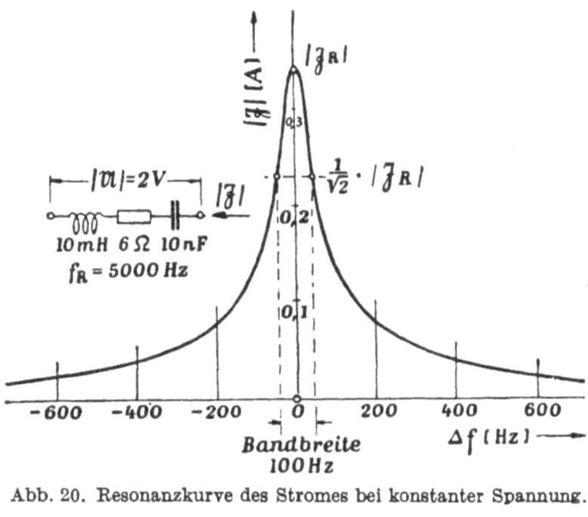

Abb. 20. Resonanzkurve des Stromes bei konstanter Spannung.

Unter Benutzung von (128) wird aus (127)

$$|\mathfrak{J}| = |\mathfrak{J}_R| \frac{1}{\sqrt{1+\left(\frac{X_R}{R_R}2v\right)^2}} \quad (|v| < 0{,}1). \tag{129}$$

Dies ist die *typische Formel einer Resonanzkurve* (Abb. 20). Man kann jede Resonanzkurve in eine „normierte" Form bringen, wenn man folgende Größen einführt:

$$K = \frac{|\mathfrak{J}|}{|\mathfrak{J}_R|} = \frac{1}{\sqrt{1+(\varDelta x)^2}}; \quad \varDelta x = \frac{X_R}{R_R} 2v. \tag{130}$$

Die Funktion K gibt also den Verlauf der interessierenden Größe $|\mathfrak{J}|$ für einen Resonanzwert $|\mathfrak{J}_R| = 1$ nach einer sehr einfachen Funktion (Abb. 21). Wenn die Verstimmung v nach

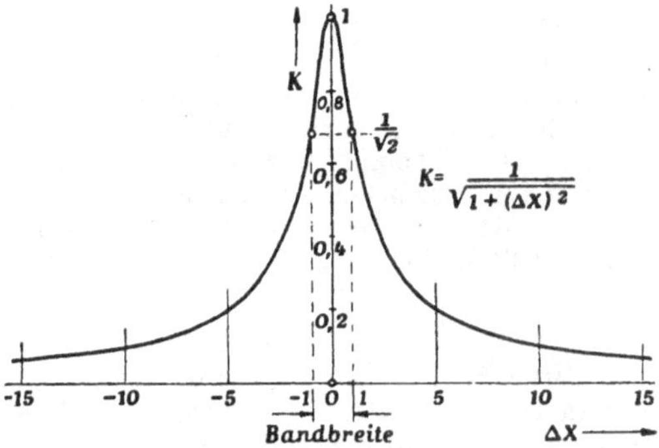

Abb. 21. Normierte Resonanzkurve

(122) gerade so groß ist, daß $\varDelta x = 1$ oder -1 wird, dann ist $K = 1/\sqrt{2} \approx 0{,}7$ und $|\mathfrak{J}| = |\mathfrak{J}_R| / \sqrt{2}$. Für diese v ist also die Kurve auf den $1/\sqrt{2}$-fachen Wert der Resonanzhöhe gesunken. Die Kurve hat zwei solcher Punkte (positives und negatibes v), die in Abb. 20 und 21 eingezeichnet sind. Der Frequenzabstand $2 \cdot |\varDelta f|$ dieser beiden Punkte wird als die Bandbreite oder auch als die Halbwertsbreite bezeichnet. Das

Wort „Halbwertsbreite" entsteht dadurch, daß die vom Wirkwiderstand R_R des Kreises bei gegebenen Spannung $\mathfrak{U}$ aufgenommene Wirkleistung in den beiden Punkten $\Delta x = \pm 1$ genau halb so groß ist wie im Resonanzpunkt; denn der Absolutwert des Stromes ist dort $|\mathfrak{J}_R| / \sqrt{2}$ und die Leistung ist dem Quadrat des Stromes proportional. Die Bandbreite des Kreises ist eine quantitative Angabe darüber, in welchem Frequenzbereich der Resonanzkreis merkliche Wirkkomponenten hat. Aus der zu den beiden Grenzpunkten gehörenden Verstimmung v berechnet man die relative Bandbreite (relative Halbwertsbreite)

$$b_K = 2 \cdot |v| = 2 \cdot \frac{|\Delta f|}{f_R}. \tag{131}$$

Nach (130) und $|\Delta x| = 1$ für die Grenzpunkte erhält man

$$\frac{X_R}{R_R} \cdot b_K = 1 \text{ oder } b_K = \frac{R_R}{X_R} = d_K. \tag{132}$$

Den Quotienten R_R/X_R nennt man in Analogie zu (92) und (102) den Verlustfaktor des Kreises, oft auch kurz die Kreisdämpfung d_K. Die in Abb. 20 und Abb. 21 definierte Bandbreite hat also einen einfachen Zusammenhang mit dem Verlustfaktor des Kreises. Der reziproke Verlustfaktor des Kreises ist der Gütefaktor ϱ_K, auch Resonanzschärfe genannt.

$$\varrho_K = \frac{1}{d_K} = \frac{X_R}{R_R}. \tag{133}$$

Wenn der Verlustfaktor klein ist, ist der Gütefaktor groß.

Wenn man den Leitwert eines Serienresonanzkreises und seine Komponenten berechnen will, verwende man die Formeln (162) bis (172) für den Widerstand eines Parallelresonanzkreises und die Kurven der Abb. 28 und 29. Man vertausche in diesen Formeln die Bestandteile L und C miteinander und setze statt Widerstand den Leitwert.

Bisher wurde angenommen, daß das L und C der Schaltung in Abb. 19 gegebene Größe hatte und die Frequenz verändert wurde. Auch der umgekehrte Fall, bei dem mit fester Frequenz ω und einstellbarem, veränderlichem L oder C gearbeitet wird, hat große praktische Bedeutung. Im folgenden

Beispiel wird angenommen, daß L eine gegebene Größe hat und C verändert wird (Drehkondensator). Wie in (125) besteht der komplexe Widerstand

$$\mathfrak{R} = R_R + \mathrm{j}\left(\omega L - \frac{1}{\omega C}\right). \tag{134}$$

Resonanz entsteht für einen bestimmten Wert des C, genannt C_R, bei dem die Blindkomponente des $\mathfrak{R}$ verschwindet; vgl. (114):

$$C_R = \frac{1}{\omega^2 L}. \tag{135}$$

Allgemein ist das einstellbare

$$C = C_R + \Delta C. \tag{136}$$

ΔC gibt die Abweichung des jeweils eingestellten Kapazitätswertes vom Resonanzwert C_R an. Liegt am Kreis stets die gleiche Spannung $\mathfrak{U}$, so durchläuft der Absolutwert des Stromes

$$|\mathfrak{J}| = \frac{|\mathfrak{U}|}{|\mathfrak{R}|} = \frac{|\mathfrak{U}|}{\sqrt{R_R^2 + \left[\omega L - \frac{1}{\omega (C_R + \Delta C)}\right]^2}} \tag{137}$$

eine Resonanzkurve, die hier bei wachsendem C und gleichbleibender Frequenz die gleiche Form wie die Resonanzkurve der Abb. 20 bei gleichbleibendem C und wachsender Frequenz hat. Wichtig ist die Entwicklung einer Näherungsformel für die Umgebung der Resonanz in Analogie zu (126). $\mathfrak{J}_R$ ist der Resonanzstrom nach (128).

$$X_R = \omega L = \frac{1}{\omega C_R} \tag{138}$$

ist der Wert der Blindwiderstände im Resonanzfall.

$$\frac{1}{\omega (C_R + \Delta C)} = \frac{1}{\omega C_R} \cdot \frac{1}{1 + \frac{\Delta C}{C_R}} = \frac{1}{\omega C_R}\left(1 - \frac{\Delta C}{C_R}\right). \tag{139}$$

Man verwendet also die gleiche Näherung wie bei der Verarbeitung der Gl. (123), die also dann hinreichend genau ist, wenn

$$\left|\frac{\Delta C}{C_R}\right| < 0{,}1$$

wenn also der Kapazitätswert nicht mehr als 10% von seinem Resonanzwert abweicht. Ähnlich (129) erhält man dann eine Näherungsformel für den Strom

$$|\mathfrak{J}| = \frac{|\mathfrak{J}_R|}{\sqrt{1 + \left(\frac{X_R}{R_R} \cdot \frac{\Delta C}{C_R}\right)^2}}. \tag{140}$$

Mit

$$\Delta x = \frac{X_R}{R_R} \cdot \frac{\Delta C}{C_R} \tag{141}$$

erhält man die normierte Form (130) der Resonanzkurve, die in Abb. 21 dargestellt ist. Die charakteristischen Punkte mit $\Delta x = \pm 1$ entstehen für

$$|\Delta C| = \frac{R_R}{X_R} \cdot C_R = d_K \cdot C_R. \tag{142}$$

Der Verlustfaktor des Kreises hat also einen einfachen Zusammenhang mit der Kapazitätsänderung ΔC, die den Strom auf das $1/\sqrt{2}$-fache des Resonanzwertes absinken läßt. Diese

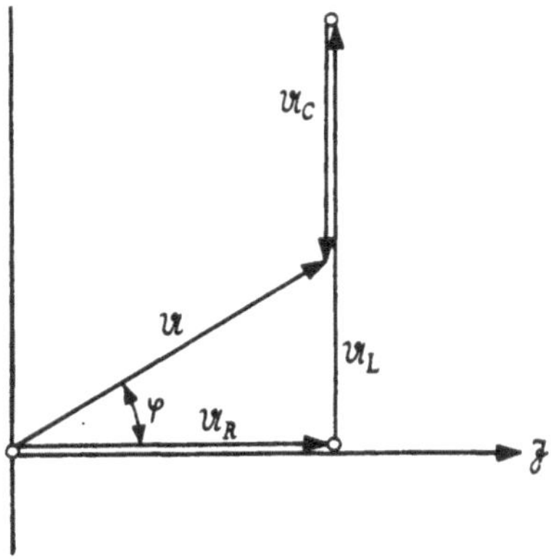

Abb. 22. Zeigerdiagramm zur Abb. 19

Formel ist die Grundlage für die Messung des d_K durch Änderung der Kreiskapazität.

Das Zeigerdiagramm des Stromes und der Spannungen zur Schaltung der Abb. 19 zeigt Abb. 22 für eine Frequenz oberhalb der Resonanzfrequenz, bei der $\omega L > \frac{1}{\omega C}$ ist. Man beginnt zweckmäßig mit dem Zeiger $\mathfrak{J}$ des durch die Schaltung fließenden Stromes, den man auf die reelle Achse legt. Dann liegt der Zeiger $\mathfrak{U}_R$ der Spannung an R_R ebenfalls auf der reellen Achse. Die Spannung $\mathfrak{U}_L$ an der Induktivität zeigt senkrecht nach oben, die Spannung $\mathfrak{U}_C$ senkrecht nach unten. Wegen der angegebenen Voraussetzung ist $|\mathfrak{U}_L| > |\mathfrak{U}_C|$ und der Summenzeiger

$$\mathfrak{U} = \mathfrak{U}_R + \mathfrak{U}_L + \mathfrak{U}_C$$

zeigt schräg nach oben. Die Länge des Zeigers $\mathfrak{U}$ ist nach (125)

$$|\mathfrak{U}| = |\mathfrak{J}| \cdot \sqrt{R_R^2 + \left(\omega L - \frac{1}{\omega C}\right)^2}, \qquad (143)$$

die Phasendifferenz φ zwischen Spannung und Strom durch

$$\operatorname{tg} \varphi = \frac{\omega L - \frac{1}{\omega C}}{R_R} = \frac{|\mathfrak{U}_L| - |\mathfrak{U}_C|}{|\mathfrak{U}_R|} \qquad (144)$$

gegeben.

III,5. Parallelresonanz

Eine zweite einfache Kombination von Blindwiderständen, die von außerordentlicher Bedeutung ist, ist die Parallelschaltung einer Induktivität und einer Kapazität (Abb. 23). Bei Parallelschaltung rechnet man mit Leitwerten. Der resultierende Blindwert lautet nach (83) und (87)

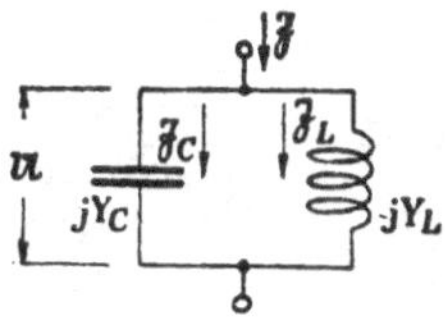

Abb. 23. Parallelresonanzkreis ohne Verluste

$$\mathrm{j}\, Y = \mathrm{j}\,(Y_C + Y_L) = \mathrm{j}\,(\omega C - 1/(\omega L)). \qquad (145)$$

Der Verlauf des Y in Abhängigkeit von der Frequenz soll betrachtet werden. Abb. 24a zeigt für ein Zahlenbeispiel die Größen $Y_C = \omega C$ und $Y_L = -1/(\omega L)$ allein und als Kombination Y. Wegen des verschiedenen Vorzeichens heben sich die beiden Leitwerte gegenseitig teilweise auf. Man vergleiche

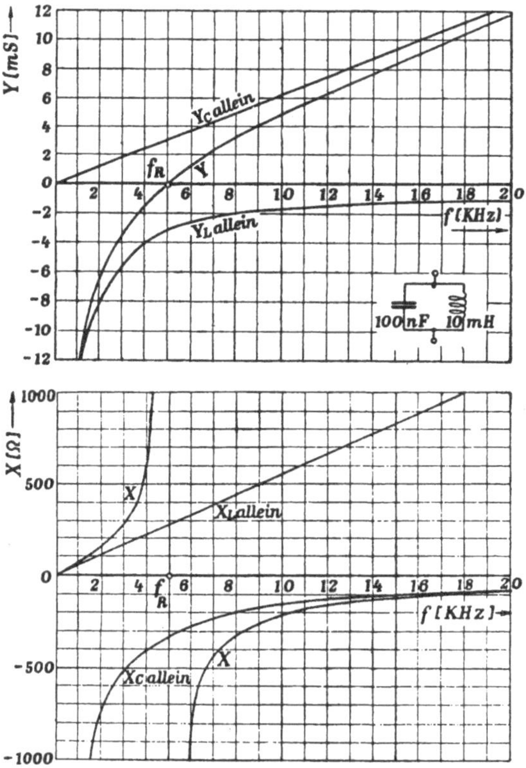

Abb. 24. Blindleitwert (a) und Blindwiderstand (b) des Parallelresonanzkreises

Abb. 16. Es gibt einen Resonanzpunkt, in dem $Y = 0$ ist. Die *Resonanzfrequenz* f_R, bzw. $\omega_R = 2\pi f_R$ ergibt sich aus der

Bedingung der Gleichheit der beiden Leitwerte Y_C und $|Y_L|$:

$$\omega_R C = \frac{1}{\omega_R L} = Y_R . \tag{146}$$

Beide Blindwiderstände haben dort (abgesehen vom Vorzeichen) den gleichen Resonanzblindleitwert Y_R. Man vergleiche (111). Es gelten auch hier die Resonanzbedingungen (112) bis (115) unverändert wie beim Serienresonanzkreis. Für Frequenzen, die kleiner als die Resonanzfrequenz sind, ist Y nach (145) negativ (induktiv); für Frequenzen, die größer als f_R sind, ist Y positiv (kapazitiv; Abb. 24a). Abb. 25 zeigt die reelle Amplitude $|\mathfrak{I}|$ des Stromes $\mathfrak{I}$ durch diesen Leitwert j Y bei gegebener Spannung $\mathfrak{U}$ nach (65)

$$\mathfrak{I} = \mathfrak{U} \cdot \mathrm{j}\, Y ; \quad |\mathfrak{I}| = |\mathfrak{U}| \cdot |Y| = |\mathfrak{U}| \cdot \left| \omega C - \frac{1}{\omega L} \right| . \tag{147}$$

Im Resonanzpunkt wird bei Vernachlässigung der Verluste $\mathfrak{I} = 0$. Die Ströme in den einzelnen Widerständen betragen (Abb. 25)

$$\mathfrak{I}_L = -\,\mathfrak{U} \cdot \mathrm{j} \frac{1}{\omega L} ; \quad \mathfrak{I}_C = \mathfrak{U} \cdot \mathrm{j}\, \omega C . \tag{148}$$

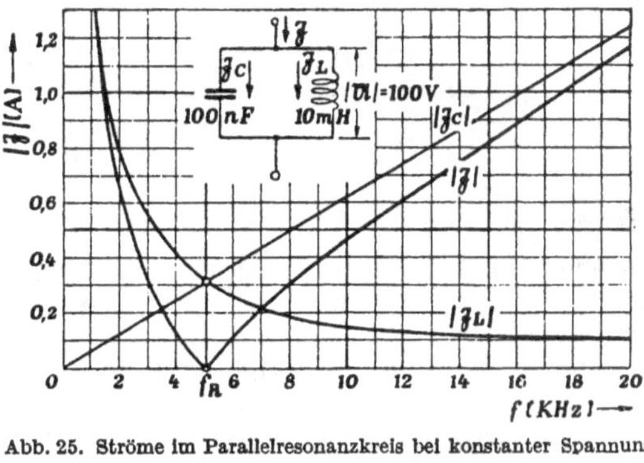

Abb. 25. Ströme im Parallelresonanzkreis bei konstanter Spannung

Diese Ströme sind zum Teil größer als $\mathfrak{I}$, sie haben untereinander eine Phasendifferenz von π nach (5a) ($e^{j\pi} = -1$; entgegengesetztes Vorzeichen):

$$\mathfrak{I}_L = \mathfrak{U} \frac{1}{\omega L} e^{-j\pi/2}\,; \quad \mathfrak{I}_C = \mathfrak{U} \cdot \omega C \cdot e^{j\pi/2}. \tag{149}$$

Abb. 26 zeigt die Spannung $|\mathfrak{U}|$ an j *Y bei gegebenem Strom* $\mathfrak{I}$ durch den Leitwert, wobei nach (147)

$$\mathfrak{U} = \frac{\mathfrak{I}}{j\,[\omega C - 1/(\omega L)]}. \tag{150}$$

Die reelle Amplitude der Spannung $|\mathfrak{U}|$ durchläuft eine Resonanzkurve und wird bei Vernachlässigung der Verluste im

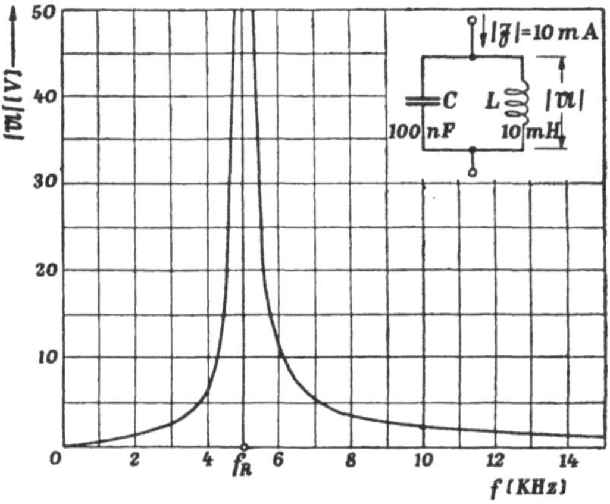

Abb. 26. Spannung am verlustfreien Parallelresonanzkreis bei konstantem Strom

Resonanzpunkt unendlich groß. Ebenso durchlaufen die Ströme $|\mathfrak{I}_L|$ und $|\mathfrak{I}_C|$ in den beiden Widerständen ähnliche Resonanzkurven:

$$|\mathfrak{I}_L| = |\mathfrak{U}| \cdot 1/(\omega L); \quad |\mathfrak{I}_C| = |\mathfrak{U}| \cdot \omega C\,. \tag{151}$$

Die Resonanz der Schaltung der Abb. 23 nennt man *Parallelresonanz*. Der ältere Ausdruck „Stromresonanz“ für diesen

Zustand wird in neuerer Zeit seltener verwendet, weil er zu Mißverständnissen Anlaß geben kann.

Verhalten in der Umgebung der Resonanz: Führt man den Resonanzblindleitwert Y_R nach (146) in (145) ein, so erhält man in Analogie zu (120)

$$Y = Y_R \left(\frac{\omega}{\omega_R} - \frac{\omega_R}{\omega}\right) = Y_R \left(\frac{f}{f_R} - \frac{f_R}{f}\right). \qquad (152)$$

Wie beim Serienresonanzkreis führt man die Verstimmung Δf nach (121) und die relative Verstimmung v nach (122) ein und rechnet mit (123) wie bei der Gewinnung der Gl. (124). Es ergibt sich aus (152) die Formel für die Umgebung der Resonanzfrequenz

$$Y = Y_R \cdot 2v \quad (|v| < 0{,}1)\,. \qquad (153)$$

Der Leitwert Y ist also proportional zu v und Y_R. Je größer C, desto größer Y_R, desto schneller ändert sich Y bei Änderung der Frequenz.

Wirkung der Verluste: Die Verluste der beiden Blindwiderstände beschreibt man durch ihre beiden Verlustleitwerte G_L und G_C nach (107). Man muß also die Schaltung der Abb. 23

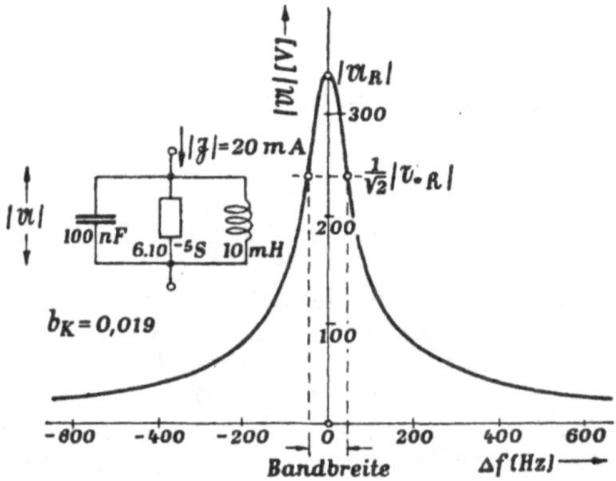

Abb. 27. Resonanzkurve der Spannung bei konstantem Strom

durch einen parallelen Verlustleitwert $G_R = G_L + G_C$ ergänzen (Abb. 27), der den Verbrauch an Wirkleistung darstellen soll. Der komplexe Leitwert des Kreises lautet jetzt

$$\mathfrak{G} = G_R + \mathrm{j}\,[\omega C - 1/(\omega L)] \tag{154}$$

und in der Umgebung der Resonanzfrequenz nach (153)

$$\mathfrak{G} = G_R + \mathrm{j}\,Y_R \cdot 2v \quad (|\,v\,| < 0{,}1)\,. \tag{155}$$

Bei der Resonanzfrequenz hat der Kreis wegen der Verluste nicht mehr den Leitwert $\mathfrak{G} = 0$, sondern $\mathfrak{G} = G_R$. Die Ströme und Spannungen der Abb. 26 werden dann im Resonanzfall nicht mehr unendlich groß. Es ist bei gegebenem Strom $\mathfrak{J}$ die Spannung am Kreis nach (65) und (155)

$$|\,\mathfrak{U}\,| = \frac{|\,\mathfrak{J}\,|}{|\,\mathfrak{G}\,|} = \frac{|\,\mathfrak{J}\,|}{\sqrt{G_R{}^2 + (Y_R \cdot 2\,v)^2}}\,. \tag{156}$$

In der Umgebung der Resonanz, also in dem Bereich, wo die Näherung (155) gilt, kann G_R erfahrungsgemäß als unabhängig von der Frequenz angesehen werden. Den Verlauf von $|\,\mathfrak{U}\,|$ bei gegebenem Strom unter Berücksichtigung des konstanten G_R zeigt Abb. 27. Im Resonanzpunkt $\varDelta f = 0$ ($v = 0$) entsteht die maximale Spannung $\mathfrak{U}_R$:

$$|\,\mathfrak{U}_R\,| = |\,\mathfrak{J}\,| / G_R\,. \tag{157}$$

Unter Benutzung von (157) wird aus (156) die typische Resonanzkurve

$$|\,\mathfrak{U}\,| = |\,\mathfrak{U}_R\,|\,\frac{1}{\sqrt{1 + \left(\dfrac{Y_R}{G_R}\,2\,v\right)^2}} \quad (|\,v\,| < 0{,}1)\,. \tag{158}$$

Diese Resonanzkurve gleicht formal der entsprechenden Kurve in (129) und (130) (Abb. 20 und 21). Das Aussehen der Kurve wird hier bestimmt durch die Größe $\varDelta x = (Y_R/G_R) \cdot 2\,\varDelta f/f_R = (Y_R/G_R) \cdot 2\,v$. Wenn $\varDelta f$ so groß ist, daß $\varDelta x = 1$ oder -1 wird, dann ist $|\,\mathfrak{U}\,| = |\,\mathfrak{U}_R\,| / \sqrt{2}$. Das zugehörige $2 \cdot |\,\varDelta f\,|$ nennt man wie beim Serienresonanzkreis die Bandbreite oder Halbwertsbreite (vgl. Abb. 27). Die wie in (131) definierte relative Bandbreite b_K ist entsprechend (132) gleich dem Verlustfaktor d_K des Kreises (Kreisdämpfung):

$$d_K = \frac{G_R}{Y_R} = b_K = \frac{2 \cdot |\Delta f|}{f_R}. \tag{159}$$

Bei der Resonanzfrequenz ist $Y_C = |Y_L| = Y_R$ und der Verlustfaktor des L nach (107) $d_L = G_L/Y_R$, der Verlustfaktor des C ebenso $d_C = G_C/Y_R$. Der Verlustfaktor des Kreises nach (159)

$$d_K = \frac{G_R}{Y_R} = \frac{G_L + G_C}{Y_R} = d_L + d_C \tag{160}$$

ist also gleich der Summe der Verlustfaktoren der beiden Blindwiderstände. Wenn man die Bandbreite eines gegebenen Kreises vergrößern will, muß man die Kreisdämpfung durch einen zusätzlich eingefügten Wirkleitwert entsprechend vergrößern. Die Kreisgüte ϱ_K ist die reziproke Kreisdämpfung wie in (133)

$$\varrho_K = \frac{1}{d_K} = \frac{Y_R}{G_R}. \tag{161}$$

Der komplexe Widerstand eines Parallelresonanzkreises: Von großem Interesse ist das Verhalten des komplexen Widerstandes $\mathfrak{R} = 1/\mathfrak{G}$ eines solchen Kreises, zunächst ohne Verluste nach (145)

$$\mathfrak{R} = \mathrm{j}X = \frac{1}{\mathrm{j}Y} = -\mathrm{j}\frac{1}{\omega C - 1/(\omega L)}. \tag{162}$$

Die Auswertung gibt Abb. 24b. Unterhalb der Resonanzfrequenz ergibt sich ein induktiver Blindwiderstand, der stets größer als das X_L der Induktivität ist, oberhalb der Resonanzfrequenz ein kapazitiver Blindwiderstand, dessen Absolutwert $|X|$ größer als das $|X_C|$ der Kapazität ist. Bei Annäherung an die Resonanz werden die Widerstände sehr groß; dort muß man dann die Kreisverluste berücksichtigen. Mit Verlusten ergibt sich aus (154)

$$\mathfrak{R} = R + \mathrm{j}X = \frac{1}{\mathfrak{G}} = \frac{1}{G_R + \mathrm{j}[\omega C - 1/(\omega L)]}. \tag{163}$$

In der Umgebung einer Resonanzfrequenz ist $\mathfrak{R}$ ein sehr großer reeller Widerstand mit kleiner Phase φ, in einigem Abstand von der Resonanzfrequenz ein relativ kleiner Blindwiderstand (Abb. 24b). In der Nähe der Resonanzfrequenz gilt nach (121) und (155) die Näherungsformel

$$\mathfrak{R} = \frac{1}{\mathfrak{G}} = \frac{1}{G_R + \mathrm{j}\, Y_R \cdot 2v} \quad (|v| < 0{,}1)\,. \tag{164}$$

Im Resonanzpunkt ($v = 0$) ist $\mathfrak{R}$ ein sehr großer reeller Widerstand nach (159)

$$\mathfrak{R} = \frac{1}{G_R} = R_R = \frac{1}{d_K \cdot Y_R}\,. \tag{165}$$

Je kleiner die Kreisdämpfung und je kleiner die Blindleitwerte, desto größer ist der *Resonanzwiderstand* R_R. Der Absolutwert von $\mathfrak{R}$ lautet nach (164) und (165)

$$|\mathfrak{R}| = \frac{1}{|\mathfrak{G}|} = \frac{R_R}{\sqrt{1 + \left(\frac{Y_R}{G_R} \cdot 2v\right)^2}} \quad (|v| < 0{,}1)\,. \tag{166}$$

$|\mathfrak{R}|$ durchläuft eine Resonanzkurve nach Abb. 28a mit gleichem Aussehen wie $|\mathfrak{U}|$ nach (158) bei konstantem Strom. Von Interesse ist die normierte Resonanzkurve (Abb. 21)

$$K = \frac{|\mathfrak{R}|}{R_R} = \frac{1}{\sqrt{1 + (\varDelta x)^2}}\,;$$

mit

$$\varDelta x = \frac{Y_R}{G_R}\, 2v = \frac{1}{d_K}\, 2v\,. \tag{167}$$

Die Bandbreite b_K liegt zwischen den Punkten $\varDelta x = 1$ und $\varDelta x = -1$. Dort ist $K = 1/\sqrt{2} \approx 0{,}7$. Im Bereich zwischen $\varDelta x = 1/2$ und $\varDelta x = -1/2$ ist der Kurvenwert praktisch konstant gleich 1, d. h. $|\mathfrak{R}| = R_R$. In größerem Abstand von der Resonanz verläuft die Kurve annähernd nach der Funktion $1/\varDelta x$. Abb. 28b zeigt die Phase φ des $\mathfrak{R}$ nach (163), die gleich der negativen Phase $\vartheta = \operatorname{arc\,tg} \{[\omega C - 1/(\omega L)]/G_R\}$ des $\mathfrak{G}$ nach (154) ist. Im Resonanzpunkt ($\varphi = 0$) wechselt die Phase vom induktiven zum kapazitiven Bereich. Die aus

(164) zu gewinnende Wirkkomponente R und Blindkomponente X des $\mathfrak{R}$ lauten nach (15) und (165) in der Umgebung der Resonanzfrequenz mit d_K nach (160) und v nach (122)

$$\left.\begin{aligned} R &= R_R \frac{1}{1 + (2\,v/d_K)^2}\,; \\ X &= -\,R_R \frac{2\,v/d_K}{1 + (2\,v/d_K)^2} \end{aligned}\right\} \quad (|\,v\,| < 0{,}1). \qquad (168)$$

R und X sind in Abb. 29 für ein Zahlenbeispiel dargestellt. R durchläuft eine etwas andersartige Resonanzkurve als $|\,\mathfrak{R}\,|$.

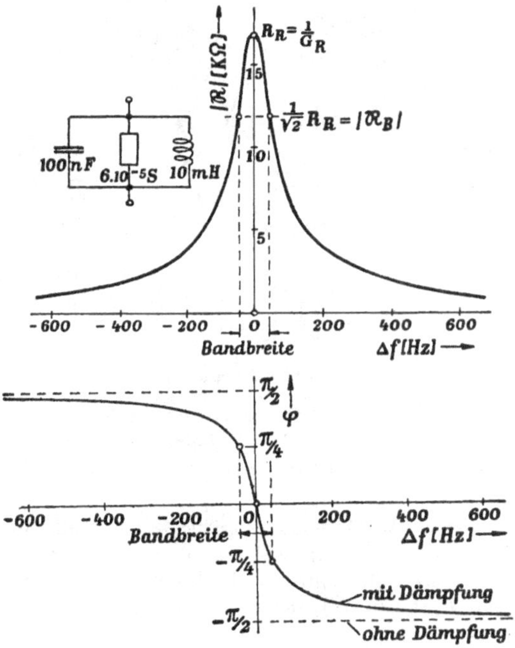

Abb. 28. Absolutwert (a) und Phase (b) des Widerstandes eines Parallelresonanzkreises

Der Blindwiderstand X überschreitet weder im positiven noch im negativen Bereich eine gewisse Größe X_{max}. Während X sonst mit wachsender Frequenz wächst, besitzt es in der Umgebung der Resonanz einen abnehmenden Kurventeil. Im Resonanzpunkt ist $X = 0$. Man vergleiche die ungedämpfte Kurve, die im Resonanzpunkt von $+\infty$ nach $-\infty$ springt (Abb. 24b). Dieser Sprung wird durch die Verluste in den

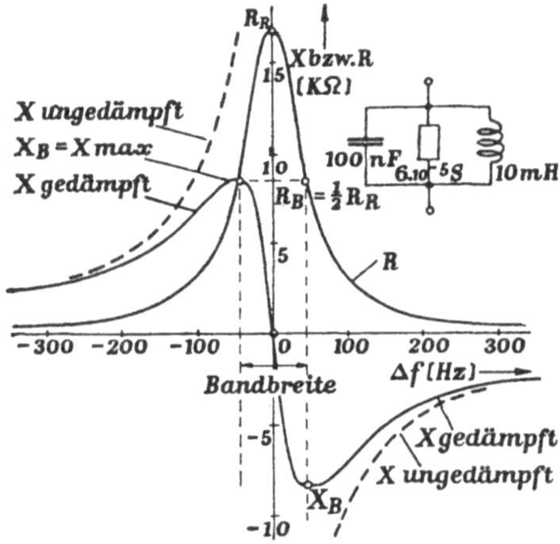

Abb. 29. Blindwiderstand und Wirkwiderstand eines Parallelresonanzkreises

absinkenden Kurventeil verwandelt. Die Bandbreite war nach (159) durch die Verstimmung Δf gegeben, bei der $|\Re|$ auf $R_R/\sqrt{2}$ abgefallen ist (Abb. 28a). Dort ist $\Delta x = \pm 1$ und nach (168)

$$R = R_B = R_R/2;\quad X = X_B = \pm R_R/2;\ \text{vgl. Abb. 29.} \tag{169}$$

Wirkwiderstand und Blindwiderstand sind bei dieser Verstimmung also gleich groß und gleich dem halben Resonanzwiderstand R_R (Abb. 29); der komplexe Kreiswiderstand bei dieser Frequenz

$$\Re_B = \frac{R_R}{2}(1 \pm \mathrm{j}) \tag{170}$$

hat nach (56) die Phase $\pm \pi/4$ (Abb. 28b):

$$\mathfrak{R}_B = \frac{R_R}{\sqrt{2}} e^{\pm j\pi/4}. \tag{171}$$

In diesen Punkten $\Delta x = \pm 1$ erreicht die Blindkomponente X ihre Extremwerte

$$X_{\max} = \pm \frac{1}{2} R_R = \pm \frac{1}{2\, d_K \cdot Y_R} \tag{172}$$

nach (165). Die maximal erreichbare Blindkomponente ist also bei gegebenem Blindleitwert Y_R eine Frage der Kreisdämpfung. Dieses $X_{\max}$, und damit die Kreisdämpfung, ist auch maßgebend für den Umfang der Abweichung des wirklichen X nach (168) von dem entsprechenden Verlauf beim ungedämpften Kreis (Abb. 29).

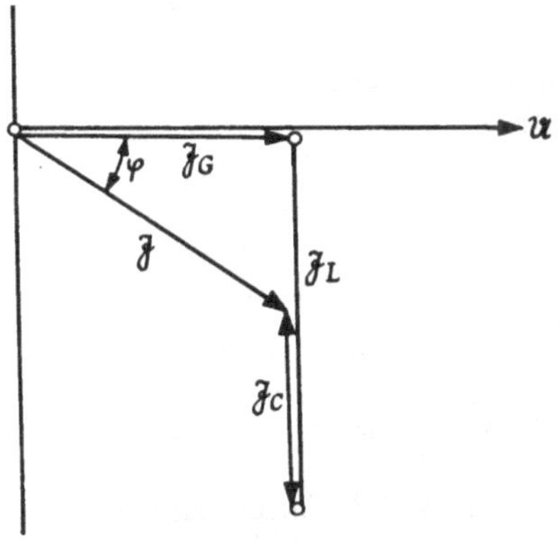

Abb. 30. Zeigerdiagramm für Parallelresonanz

Abb. 30 gibt das Zeigerdiagramm für die Spannung und die Ströme der Schaltung der Abb. 27 mit einem Verlustleitwert für eine Frequenz, die unterhalb der Resonanzfrequenz liegt, wobei also

$$\omega C < \frac{1}{\omega L}$$

ist. Man beginnt mit dem Zeiger der Spannung $\mathfrak{U}$, die an dem Resonanzkreis liegt, und legt diesen Zeiger auf die reelle Achse. Der in die Schaltung fließende Strom $\mathfrak{J}$ teilt sich in 3 Ströme auf: den Strom $\mathfrak{J}_C$ durch die Kapazität, den Strom $\mathfrak{J}_G$ durch den Wirkleitwert und den Strom $\mathfrak{J}_L$ durch die Induktivität. Der Zeiger $\mathfrak{J}_G$ liegt parallel zu $\mathfrak{U}$ auf der reellen Achse. Der Zeiger $\mathfrak{J}_L$ steht senkrecht auf $\mathfrak{U}$ und zeigt nach unten (Phasendifferenz $\pi/2$). Der Zeiger $\mathfrak{J}_L$ steht ebenfalls senkrecht auf $\mathfrak{U}$, zeigt aber nach oben (Phasendifferenz $-\pi/2$). Nach obiger Voraussetzung ist $|\mathfrak{J}_C| < |\mathfrak{J}_L|$. Der Summenzeiger

$$\mathfrak{J} = \mathfrak{J}_G + \mathfrak{J}_L + \mathfrak{J}_C$$

zeigt also schräg nach unten. Die Länge des Stromzeigers ist nach (13a)

$$|\mathfrak{J}| = |\mathfrak{U}| \cdot \sqrt{G_R^2 + \left(\omega C - \frac{1}{\omega L}\right)^2}. \tag{173}$$

Die Phasendifferenz φ zwischen Spannung und Strom berechnet man aus

$$\operatorname{tg} \varphi = \frac{\frac{1}{\omega L} - \omega C}{G_R}. \tag{174}$$

Wesentlich übersichtlicher werden diese ganzen Verhältnisse, wenn man sich den Verlauf des $\mathfrak{R}$ in der komplexen Widerstandsebene vergegenwärtigt. Näheres in IV,3 (Abb. 53 u. 54). Das Verhalten des Parallelresonanzkreises bei konstanter Frequenz und verändertem C findet man in (219) bis (224).

III,6. Mehrfachresonanzen

Wenn mehr als 2 Blindwiderstände kombiniert werden, entstehen Schaltungen, die mehrere Resonanzfrequenzen besitzen können. Im folgenden werden einige einfache Kombinationen aus 3 Blindwiderständen betrachtet. Die Verluste werden dabei vernachlässigt. Solange die Verluste klein sind, kann man sie dann den Regeln von IV,5 näherungsweise auswerten.

Aus dem Serienresonanzkreis der Abb. 15 entsteht durch Zuschalten eines dritten Blindwiderstandes nur dann eine neuartige Kombination, wenn dieser Blindwiderstand parallel zur Schaltung liegt. Ein in Abb. 15 in Serie geschalteter Blindwiderstand würde nur wieder einen einfachen Serienresonanzkreis ergeben. Als Beispiel wird die Schaltung der Abb. 31 betrachtet. Zur Berechnung des Gesamtblindwider-

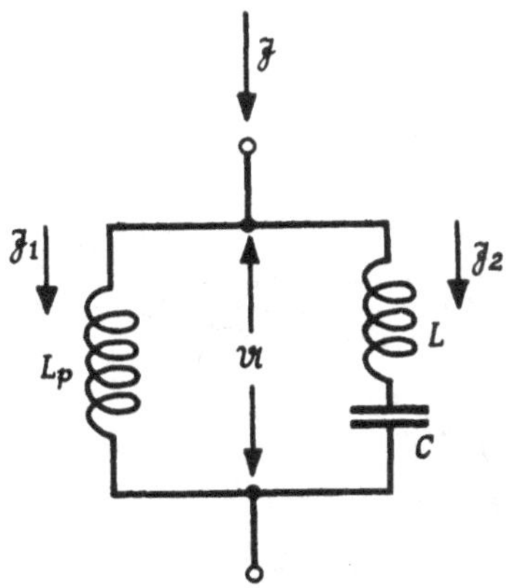

Abb. 31. Schaltung aus 3 Blindwiderständen

standes muß man mit Leitwerten arbeiten. Man addiert den Leitwert

$$\mathrm{j}\,Y_S = -\mathrm{j}\,\frac{1}{\omega L - \dfrac{1}{\omega C}} \tag{175}$$

des Serienresonanzkreises und den Leitwert $-\mathrm{j}/(\omega L_P)$ der parallelgeschalteten Induktivität. Das Y_S ist der negative Reziprokwert des X aus Abb. 16 und in Abb. 32a gezeichnet. Diese Kurve hat die gleiche Form wie das X in Abb. 24b. Ferner findet man in Abb. 32a die Kurve $-1/(\omega L_P)$. Addiert man diese Leitwerte, so erhält man den Summenleitwert Y der Abb. 32b. Der negative Reziprokwert des Y ist der gesuchte Gesamtwiderstand X nach Abb. 32c. An der Stelle, an der in

Abb. 32a das $Y_S = -1/(\omega L_P)$ ist, erhält man in Abb. 32b $Y = 0$ oder in Abb. 32c $X = \infty$, also eine Resonanzfrequenz f_{R1}, bei der das Verhalten der Schaltung ähnlich wie bei einem Parallelresonanzkreis ist. An die Stelle der Kapazität der Abb. 23 tritt hier der kapazitive (positive) Blindleitwert des Serienresonanzkreises. Die Nullstelle des Blindwider-

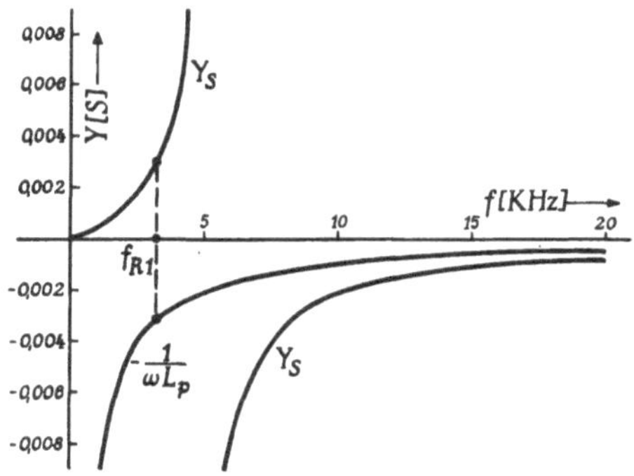

Abb. 32a

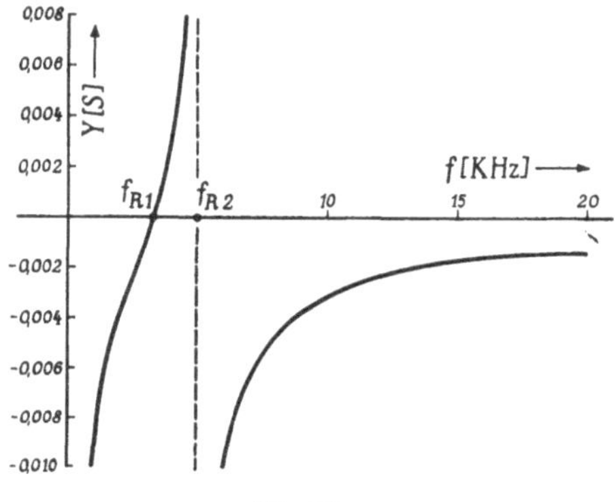

Abb. 32b

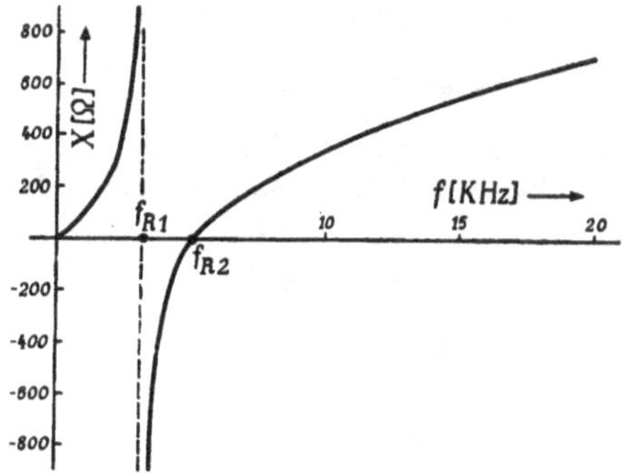

Abb. 32 c

Abb. 32. Konstruktion des Gesamtwiderstandes der Schaltung nach Abb. 31

standes bei der Frequenz f_{R2}, die der Serienresonanzkreis bereits in Abb. 16 zeigt, bleibt hier bestehen.

Die Berechnung wird am einfachsten, wenn man von der Spannung $\mathfrak{U}$ an dieser Kombination (Abb. 31) ausgeht. Der in die Schaltung eintretende Strom teilt sich in einen Strom $\mathfrak{J}_1$ durch L_P

$$\mathfrak{J}_1 = \frac{\mathfrak{U}}{\mathrm{j}\,\omega L_P} = -\mathrm{j}\,\frac{\mathfrak{U}}{\omega L_P} \tag{176}$$

und einen Strom $\mathfrak{J}_2$ durch den Serienresonanzkreis:

$$\mathfrak{J}_2 = \mathrm{j}\,\mathfrak{U}\,Y_S = -\mathrm{j}\,\mathfrak{U}\cdot\frac{1}{\omega L - \dfrac{1}{\omega C}}. \tag{177}$$

Die Teilspannungen $\mathfrak{U}_L$ und $\mathfrak{U}_C$ an L und C berechnet man nach (118) und (119). Bei gegebenem Gesamtstrom $\mathfrak{J} = \mathfrak{J}_1 + \mathfrak{J}_2$ ist die Gesamtspannung

$$\mathfrak{U} = \frac{\mathrm{j}\,\mathfrak{J}}{\dfrac{1}{\omega L_P} + \dfrac{1}{\omega L - \dfrac{1}{\omega C}}}. \tag{178}$$

Aus $Y_S = +1/(\omega L_P)$ folgt die Resonanzfrequenz f_{R1}:

$$\omega_{R1} = \frac{1}{\sqrt{(L + L_P)\, C}}. \tag{179}$$

Die Resonanzfrequenz f_{R2} ist durch (112) gegeben. Den Gesamtblindwiderstand X kann man in folgende Normalform bringen:

$$\begin{aligned} X &= \frac{1}{\dfrac{1}{\omega L_P} + \dfrac{1}{\omega L - \dfrac{1}{\omega C}}} \\ &= \frac{\omega L_P \left(\omega L - \dfrac{1}{\omega C}\right)}{\omega\,(L_P + L) - \dfrac{1}{\omega C}} \\ &= \frac{L_P \cdot L}{L_P + L} \cdot \omega \cdot \frac{\omega^2 - \omega_{R2}^2}{\omega^2 - \omega_{R1}^2}, \end{aligned} \tag{180}$$

also in ein Produkt aus einem frequenzunabhängigen Glied, der Kreisfrequenz ω und einem Quotienten, in dessen Zähler das Quadrat der Serienresonanzfrequenz, in dessen Nenner das Quadrat der Parallelresonanzfrequenz steht. Die Größe $L_P \cdot L / (L_P + L)$ ist eine neue Induktivität, die rein formal aus der Parallelschaltung von L_P und L entsteht.

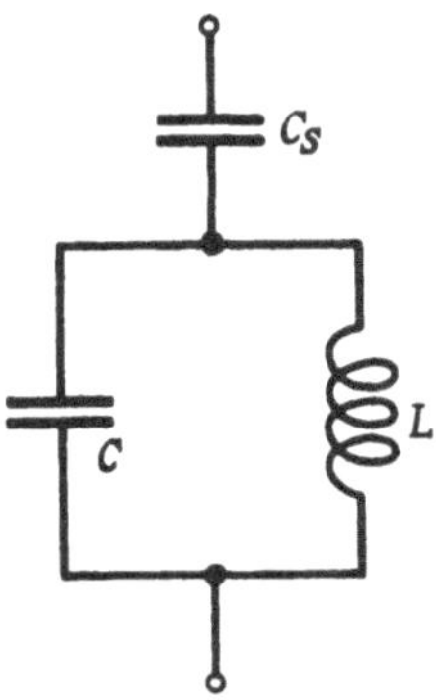

Abb. 33. Schaltung aus 3 Blindwiderständen

Ein weiteres Beispiel mit 3 Blindwiderständen zeigt eine Schaltung nach Abb. 33 mit einem Verhalten, das prinzipiell anders als das Verhalten der Schaltung nach Abb. 31 ist. Der Parallelresonanzkreis der Abb. 23 ist durch eine Serienkapazität C_S ergänzt worden. Dem Blindwiderstand X des Parallelkreises nach Abb. 24b ist der

Blindwiderstand $X_C = -1/(\omega C_S)$ der Serienkapazität zuzuschalten. Den Gesamtwiderstand X_{ges} der Schaltung der Abb. 33

$$\mathrm{j}\,X_{ges} = -\mathrm{j}\left[\frac{1}{\omega C_S} + \frac{1}{\omega C - \dfrac{1}{\omega L}}\right] \tag{181}$$

zeigt Abb. 34 für die Zahlenwerte der Abb. 24 mit $C_S = 180\mathrm{nF}$. An der Stelle, an der der Blindwiderstand X des Parallelresonanzkreises gleich $1/(\omega C_S)$ ist, entsteht $X_{ges} = 0$, also

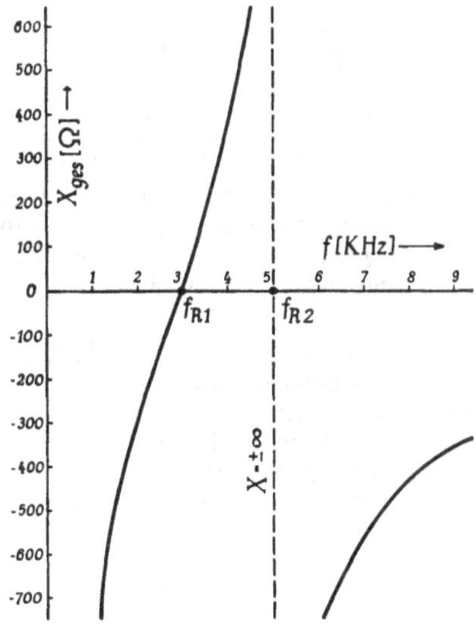

Abb. 34. Gesamtwiderstand der Schaltung nach Abb. 33

eine Resonanzfrequenz f_{R1}, bei der das Verhalten der Schaltung ähnlich wie bei einem Serienresonanzkreis ist. An die Stelle der Induktivität in Abb. 15 tritt der induktive Blindwiderstand des Parallelresonanzkreises. Die Unendlichkeitsstelle des Blindwiderstandes in Abb. 34, die der Parallelresonanzkreis bereits in Abb. 24 zeigt, bleibt hier bei der Frequenz f_{R2} bestehen. Aus $X_{ges} = 0$ folgt für die Resonanzfrequenz f_{R1}:

$$\omega_{R1} = \frac{1}{\sqrt{L\,(C + C_S)}}. \tag{182}$$

Die Resonanzfrequenz f_{R2} ist weiterhin durch (112) gegeben. Die Formel für X_{ges} kann man mit Hilfe dieser Resonanzfrequenzen in folgende normierte Form bringen:

$$X_{ges} = -\frac{\omega C_S + \omega C - \dfrac{1}{\omega L}}{\omega C_S\left(\omega C - \dfrac{1}{\omega L}\right)} \tag{183}$$

$$= \frac{C_S + C}{C_S \cdot C} \cdot \left(-\frac{1}{\omega}\right) \cdot \frac{\omega^2 - {\omega_{R1}}^2}{\omega^2 - {\omega_{R2}}^2},$$

also in ein Produkt aus einem frequenzabhängigen Glied, der negativ reziproken Frequenz und einem Quotienten, in dessen Zähler das Quadrat der Serienresonanzfrequenz ω_{R1} und in dessen Nenner das Quadrat der Parallelresonanzfrequenz ω_{R2} steht.

Für die Frequenzabhängigkeit des Blindwiderstandes und des Blindleitwerts beliebiger Kombinationen verlustfreier Blindwiderstände gibt es einige einfache Regeln, die aus den bisher entwickelten Kurven leicht erkannt werden können. Ein allgemeiner Beweis ist hier zwar nicht möglich, aber der Nutzen dieser Regeln für die praktische Anwendung ist so groß, daß sie hier angegeben werden sollen: Sowohl der Widerstand wie der Leitwert wachsen stets mit wachsender Frequenz; an ihren Unendlichkeitsstellen springen sie von ∞ nach $-\infty$. Beispiele in den Abb. 16, 24, 32 und 34. Wenn man n Blindwiderstände kombiniert, so treten maximal $(n-1)$ Resonanzfrequenzen auf, im allgemeinen jedoch weniger. Wenn man möglichst viele Resonanzstellen erzeugen will, wechsle man möglichst oft mit Serien- und Parallelschaltung ab (wie in Abb. 31 und Abb. 33) und mache die Anzahl der verwendeten Induktivitäten und die Anzahl der verwendeten Kapazitäten möglichst gleich groß. Auf eine Nullstelle des Widerstandes oder des Leitwerts folgt (wenn überhaupt) eine Unendlichkeitsstelle (Pol) und umgekehrt Bezeichnet man die Resonanzfrequenzen in der Reihenfolge wachsender Frequenz mit arabischen Ziffern als Indizes, so ist der Blindwiderstand nur in 2 normierten Formen möglich. 1. Form:

$$X_{ges} = A \cdot \omega \frac{(\omega^2 - \omega_{R2}^2)(\omega^2 - \omega_{R4}^2)\dots}{(\omega^2 - \omega_{R1}^2)(\omega^2 - \omega_{R3}^2)\dots}. \qquad (184)$$

Beispiele hierzu sind die reine Induktivität nach (81), der Parallelresonanzkreis nach (162) und die Schaltung der Abb. 33. Alle Schaltungen, die dieses Verhalten zeigen, sind daran zu erkennen, daß sie bei Gleichstrom ($f = 0$) den Widerstand Null haben. Die niedrigste Resonanzfrequenz ist eine Unendlichkeitsstelle. 2. Form:

$$X_{ges} = -B \cdot \frac{1}{\omega} \frac{(\omega^2 - \omega_{R1}^2)(\omega^2 - \omega_{R3}^2)\dots}{(\omega^2 - \omega_{R2}^2)(\omega^2 - \omega_{R4}^2)\dots}. \qquad (185)$$

Beispiele hierzu sind die reine Kapazität nach (88), der Serienresonanzkreis nach (110) und die Schaltung nach Abb. 31. Alle diese Schaltungen sind daran zu erkennen, daß sie bei der Frequenz Null mit dem Wert $-\infty$ beginnen, also für Gleichstrom keinen Durchgang haben. Ihre niedrigste Resonanzfrequenz ergibt eine Nullstelle des X_{ges}. Wenn X_{ges} eine dieser beiden Formen hat, hat der zugehörige Leitwert $Y_{ges} = -\cdot 1/X_{ges}$ jeweils die andere normierte Form.

Praktisch wichtig sind auch Kombinationen von Blindwiderständen, die nur bei konstanter Frequenz betrieben werden, bei denen aber einer der Blindwiderstände verändert wird. Als Beispiel soll die Schaltung der Abb. 31 bei der Frequenz ω mit veränderlichem C berechnet werden. Für $C = 0$ wirkt nur L_P und der Widerstand j $X_{ges} =$ j ωL_P. Mit wachsendem C hat der aus L und C bestehende Kreis nach Abb. 16 zunächst einen kapazitiven (negativen) Blindwiderstand, bzw. positiven Blindleitwert, so daß $X_{ges} > \omega L_P$ wird. Es gibt einen Wert des C, genannt C_∞, bei dem der Blindwiderstand der LC-Serienschaltung entgegengesetzt gleich dem Blindwiderstand des L_P ist. Dann entsteht eine Unendlichkeitsstelle des X_{ges}, also eine Resonanz von der Art der Parallelresonanz. Den Verlauf des X_{ges} mit wachsendem C zeigt Abb. 35. Nach (179) ist das für diese Resonanz erforderliche

$$C_\infty = \frac{1}{\omega^2 (L_P + L)}. \tag{186}$$

Wenn das C weiter wächst, überwiegt der kapazitive Leitwert der LC-Serienschaltung und X_{ges} wird kapazitiv (negativ). Für einen bestimmten Wert des C, genannt C_0, tritt Serien-

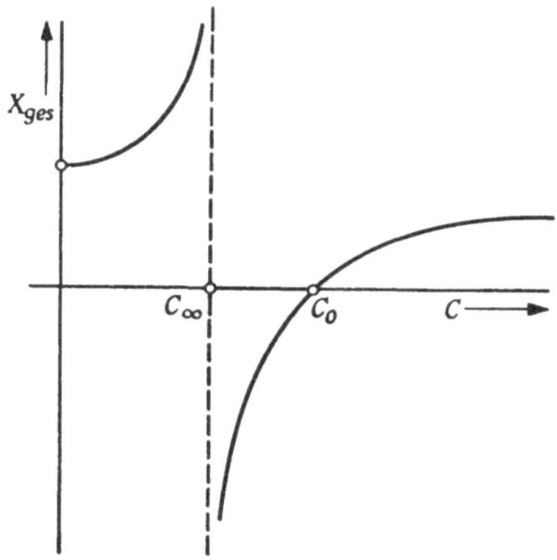

Abb. 35. Schaltung der Abb. 31 mit veränderlichem C

resonanz zwisehen L und C ein, und es wird $X_{ges} = 0$. Für noch größere Kapazitäten crhält die LC-Serienschaltung einen induktiven Leitwert und X_{ges} besteht aus der Parallelschaltung zweier induktiver Leitwerte, so daß $X_{ges} < \omega L_P$ bleibt.

III,7. Technische Wechselstromwiderstände

Induktive Blindwiderstände: Wenn man einen induktiven Blindwiderstand darstellen will, so geschieht dies durch Spulen mit und ohne Eisenkern, bei sehr kleinen L-Werten bereits durch kurze Drahtstücke. In III,3 wurde gezeigt, daß man sich dem Idealbild stets nur *annähern* kann, weil die unvermeidlichen Verluste eine Wirkkomponente hinzufügen. Eine zweite Störung der idealen Induktivität, deren Frequenzverhalten durch (81) beschrieben wird, stellt die Eigenkapazität der Spule dar. Zwischen den Drähten der Spule sowie zwischen der Spule und ihrem Eisenkern oder ihrer Abschirmung bestehen Kapazitäten, die durch die an der Spule liegenden Spannungen aufgeladen werden, also elektrische Energiespeicher sind und Blindkomponenten mit gegenläufigem Frequenzgang nach (86) ergeben. Das Verhalten einer technischen Induktivität kann man etwa durch das Schaltbild der Abb. 36 beschreiben. In diesem Schaltbild bedeutet das Spulenzeichen die in dem Gesamtgebilde enthaltene, auf dem Umsatz von magnetischer Feldenergie beruhende Blindkomponente, deren Widerstand sich nach (81) verhält und die Parallelkapazität (Eigenkapazität) den in der Spule befindlichen elektrischen Energiespeicher, dessen Widerstand in Abhängigkeit von der Frequenz durch (86) bestimmt wird. Eine technische Induktivität verhält sich also wie ein Parallelresonanzkreis, den man normalerweise weit unterhalb der Resonanzfrequenz betreibt, wo nach Abb. 24b der Widerstand nahezu allein durch das j X_L bedingt wird. Je größer jedoch L ist, desto größer wird die verwendete Drahtmenge, desto größer auch die „Eigenkapazität". Die Resonanzfrequenz nach (112) wird auch „Eigenfrequenz" genannt. Die Herstellung *großer* induktiver Blindwiderstände ohne nennenswerte Eigenkapazität ist schwierig. Man wird sich dann bemühen, besonders kapazitätsarme Wicklungsarten zu benutzen. Bei Annäherung an die Eigenfrequenz einer Induktivität ist der Blindwiderstand nach Abb. 24b größer als der nach (81) be-

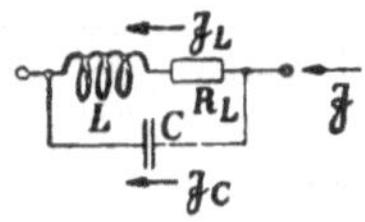

Abb. 36. Ersatzbild einer technischen Induktivität

rechnete. Ebenso ist auch der Verlustfaktor größer und übersteigt innerhalb der Bandbreite nach Abb. 29 sogar den Wert 1 ($R > |X|$). Die erhöhten Verluste entstehen dadurch, daß der Strom $|\mathfrak{I}_L|$ in der Induktivität nach (148) größer als der nach außen wirksame Strom $|\mathfrak{I}|$ ist (Abb.36), also die Leistung $P = {}^1/_2 \, |\mathfrak{I}_L|^2 \cdot R_L$ statt $P = {}^1/_2 \, |\mathfrak{I}|^2 \cdot R_L$ verbraucht wird und auch noch zusätzliche Verluste in der Parallelkapazität auftreten. Im Resonanzpunkt ist die induktive Wirkung völlig kompensiert, und für noch höhere Frequenzen wirkt praktisch überhaupt nur noch die Eigenkapazität an Stelle der beabsichtigten Induktivität.

Kapazitive Blindwiderstände: Wenn man einen kapazitiven Blindwiderstand herstellen will, so geschieht dies durch räumlich ausgedehnte Leiter, zwischen denen sich Luft oder ein Dielektrikum befindet, In III,3 wurde gezeigt, daß das gewünschte Idealgebilde wegen der unvermeidlichen Verluste stets nur angenähert erreicht wird. Eine zweite Störung der idealen Kapazität, deren Frequenzverhalten durch (86) beschrieben wird, stellt die Induktivität der die Kapazität bildenden Leiter und der unvermeidlichen Zuleitungen dar. Der Ladestrom besitzt magnetische Felder und der Widerstand besitzt daher auch Komponenten induktiver Natur, deren Frequenzgang durch (81) bestimmt wird. Das Verhalten einer technischen Kapazität wird recht gut durch das Schaltbild der Abb. 37 beschrieben. In diesem Schaltbild bedeutet das Kapazitätszeichen den Anteil der durch Umsatz elektrischer Energie entstehenden Blindkomponente, deren Frequenzabhängigkeit durch (86) beschrieben wird, und das Spulenzeichen den in dem Gebilde erfolgenden Umsatz an magnetischer Feldenergie, der eine Widerstandskomponente nach (81) hervorruft. Eine technische Kapazität wirkt also wie ein Serienresonanzkreis nach Abb. 19, der bei Frequenzen betrieben werden muß, die weit unterhalb der Resonanzfrequenz liegen. Nur dann wird nach Abb. 16 sein Widerstand im wesentlichen durch den Widerstand j X_C der Kapazität

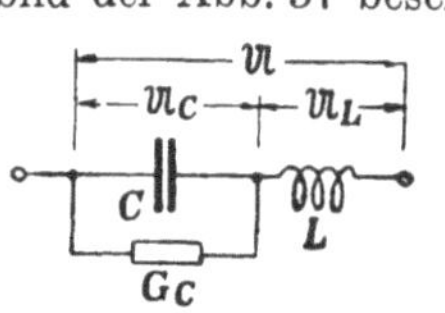

Abb. 37. Ersatzbild einer technischen Kapazität

bestimmt. Je größer die Kapazität ist, desto größer ist im allgemeinen die Ausdehnung der beteiligten Leiter, desto größer auch die störende Induktivität. Die Resonanzfrequenz der Schaltung der Abb. 37 nennt man die Eigenfrequenz des Kondensators. Man wird sich um einen induktionsarmen Aufbau bemühen, um die Eigenfrequenz zu erhöhen. Bei Annäherung an die Eigenfrequenz ist der resultierende Blindwiderstand nach Abb. 16, absolut genommen, kleiner als der nach (86) berechnete. Ebenso ist auch der Verlustfaktor größer als der Verlustfaktor der Kapazität allein und innerhalb der Bandbreite sogar größer als 1. Dies ist zum Teil auf die vergrößerte Spannung an der Kapazität ($|\mathfrak{U}_C| > |\mathfrak{U}|$; vgl. Abb. 37), zum Teil auf die Verluste in der Induktivität zurückzuführen. Im Resonanzpunkt ist die kapazitive Wirkung vollständig kompensiert, und für höhere Frequenzen wirkt praktisch nur noch die Zuleitungsinduktivität an Stelle der ursprünglich beabsichtigten Kapazität.

Wirkwiderstände [11]: Wirkwiderstände wird man aus Leitern geringer Leitfähigkeit herstellen. Bei niedrigen Frequenzen benutzt man üblicherweise in Spulenform aufgewickelte Drähte. Sehr störend ist bei solchen Drahtwiderständen die Induktivität des Drahtes, der meist als Zylinderspule gewickelt ist. Sein Blindwiderstand $j\omega L$ erscheint als Serienwiderstand jX_L zum beabsichtigten Wirkwiderstand (Abb. 38), der dadurch einen Phasenfehler φ erhält. Das Gebilde erscheint als komplexer Widerstand mit positivem Phasenwinkel

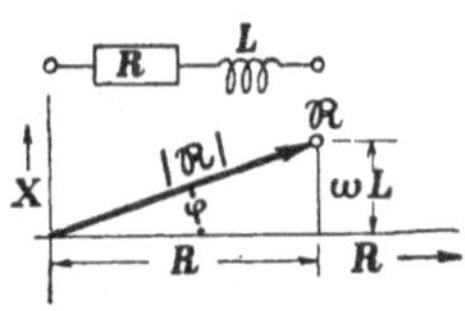

Abb. 38. Wirkwiderstand mit Eigeninduktivität

$$\mathfrak{R} = R + j\omega L = |\mathfrak{R}| \cdot e^{j\varphi}. \tag{187}$$

Es interessiert in der Praxis nur der Fall, bei dem ωL klein gegen R ist; dann besteht die Näherungsformel:

$$|\mathfrak{R}| = \sqrt{R^2 + (\omega L)^2} = R\sqrt{1 + \mathrm{tg}^2\varphi} \approx R \quad (\varphi < 0{,}2). \tag{188}$$

Für kleine φ kann man $\mathrm{tg}^2\,\varphi$ neben 1 vernachlässigen, so daß der Absolutwert $|\mathfrak{R}|$ in erster Näherung gleich dem Wirkwiderstand R ist. Für Fälle, in denen die Phase des $\mathfrak{R}$ nicht erwünscht ist, wird man induktionsarme Wicklungen benutzen.

Besonders induktionsarme Widerstände ergeben die neuzeitlichen Schichtwiderstände, bei denen auf einen keramischen Zylinder eine dünne Schicht Platin oder Kohle als leitender Zylinder aufgebracht ist.

Bei *sehr großen* Widerständen muß man berücksichtigen, daß zwischen den einzelnen Teilen des Widerstandes und gegenüber der Umgebung Streukapazitäten bestehen. Diese wirken so, als ob parallel zum Wirkwiderstand R eine Kapazität C liegt (Abb. 39a). Der komplexe Leitwert lautet dann

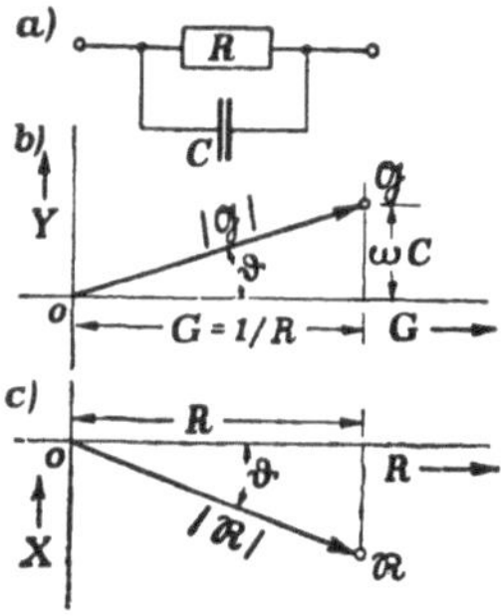

Abb. 39. Wirkwiderstand mit Eigenkapazität

$$\mathfrak{G} = \frac{1}{R} + \mathrm{j}\,\omega C = |\,\mathfrak{G}\,| \cdot e^{\mathrm{j}\vartheta}. \tag{189}$$

Der Leitwert hat einen Phasenfehler (Abb. 39b)

$$\operatorname{tg}\vartheta = \omega C \cdot R. \tag{190}$$

Dann ist für kleine Phasenfehler näherungsweise

$$|\,\mathfrak{G}\,| = \sqrt{(1/R^2) + (\omega C)^2} = \frac{1}{R}\sqrt{1 + \operatorname{tg}^2\vartheta} \approx \frac{1}{R}, \tag{191}$$

denn das kleine $\operatorname{tg}^2\vartheta$ kann neben 1 vernachlässigt werden. Der Absolutwert des Widerstandes ist nach (191) näherungsweise

$$|\,\mathfrak{R}\,| = \frac{1}{|\,\mathfrak{G}\,|} \approx R, \tag{192}$$

ist also bei kleinen Phasenfehlern gleich dem Wirkwiderstand R. Die Phase des $\mathfrak{R}$ ist nach (201) gleich $(-\vartheta)$ (Abb. 39c). Genau genommen hat also jeder Widerstand sowohl induktive wie kapazitive Komponenten, die bei hohen Frequenzen nicht zu vernachlässigen sind. Für mittlere Widerstandswerte (etwa 30 bis 200 Ω) ist es durch geeignete Anordnung des Widerstandsgebildes möglich, dem Wirkwiderstand eine solche

Induktivität und Kapazität zu geben, daß die induktive Phase φ nach (187) und die kapazitive Phase ϑ nach (189) *gleich* sind. Da sie, auf den Widerstand bezogen, entgegengesetztes Vorzeichen haben (Abb. 38 und Abb. 40c), können sie sich dann gegenseitig aufheben. Dieses Prinzip, die Wirkung einer Parallelkapazität durch eine Serieninduktivität zu kompensieren, ist von erheblicher Bedeutung und wird in VI,3 noch eingehender erörtert (Abb. 99).

In den Schaltbildern der Abb. 36, 37, 38 und 39 wird ein gegebenes elektrisches Gebilde durch ein sogenanntes *Ersatzbild* beschrieben. Das Spulenzeichen bedeutet dann nicht etwa das technische Gebilde einer Spule, sondern einen gedachten Widerstand, der ein idealer Blindwiderstand nach (81) ist, ebenso das Kapazitätszeichen einen idealen Blindwiderstand, dessen Frequenzverhalten durch (86) gegeben ist. Ein Ersatzbild ist also eine Schaltung aus idealen Widerständen, dessen komplexer Widerstand möglichst genau mit dem tatsächlichen komplexen Widerstand des gegebenen technischen Gebildes übereinstimmen soll. Außerdem gibt es natürlich auch Aufklärung über die physikalischen Ursachen, die dieses Widerstandsverhalten bedingen.

IV. Das Rechnen mit komplexen Widerständen

IV,1. Die Umrechnung Widerstand-Leitwert

Widerstand $\mathfrak{R}$ und Leitwert $\mathfrak{G}$ sind zwei verschiedene Darstellungsformen des Verhaltens des gleichen Gegenstandes. Wenn man das Prinzip verfolgen will, jeweils die zur Lösung einer Aufgabe günstigste Form der komplexen Größen zu benutzen, wird man im Rahmen größerer Aufgaben mehrfach die Darstellung wechseln müssen. Man wird z. B. teilweise mit Wirk- und Blindwiderstand rechnen, teilweise aber auf die Leitwertdarstellung übergehen wollen. Dieser Übergang erfordert stets eine gewisse Rechenarbeit, die sehr häufig zu leisten ist. Wenn man die Vorteile des Leitwertbegriffs voll ausnutzen will, muß dieser Übergang in eine möglichst einfache Form gebracht werden, damit nicht die durch den Leitwert ersparte Rechenarbeit durch die Arbeit des Umrechnens wieder verlorengeht.

Gegeben sei der Widerstand $\mathfrak{R} = R + \mathrm{j}\,X$. Gesucht ist sein Leitwert $\mathfrak{G} = G + \mathrm{j}\,Y = 1/\mathfrak{R}$. Den Reziprokwert einer komplexen Zahl findet man in (15):

$$\mathfrak{G} = \frac{R - \mathrm{j}\,X}{R^2 + X^2}\,; \quad G = \frac{R}{R^2 + X^2}\,; \quad Y = -\frac{X}{R^2 + X^2} \qquad (193)$$

mit den Sonderfällen für reine Wirkwiderstände ($X = 0$): $\mathfrak{G} = G = 1/R$. Zu beachten ist vor allem, daß die Blindkomponente beim Übergang zu Leitwerten ihr Vorzeichen ändert. Wenn der komplexe Widerstand ein Wirkwiderstand mit sehr kleiner Blindkomponente ist ($X < 0{,}1\,R$) (Abb. 38), kann man in (193) X^2 neben R^2 vernachlässigen und erhält die einfacheren Näherungsformeln

$$G = \frac{1}{R}\,; \quad Y = -\frac{X}{R^2} \quad (X < 0{,}1\,R)\,. \qquad (194)$$

G berechnet sich also so, als ob X nicht vorhanden wäre. Wenn es sich um einen Blindwiderstand mit kleiner Wirkkomponente handelt ($R < 0{,}1\,X$) (Abb. 14), kann man in (193) R^2 neben X^2 vernachlässigen und es bleibt die Näherung

$$G = \frac{R}{X^2}\,; \quad Y = -\frac{1}{X} \quad (R < 0{,}1\,X)\,. \qquad (195)$$

Y berechnet sich dann so, als ob R nicht vorhanden wäre; vgl. (108).

Physikalisch bedeutet die Umrechnung von $\mathfrak{R} = R + \mathrm{j}\,X$ in den Leitwert $\mathfrak{G} = 1/\mathfrak{R} = G + \mathrm{j}\,Y$, daß man die Serienschaltung eines Wirkwiderstandes R und eines Blindwiderstandes $\mathrm{j}\,X$ durch eine Parallelschaltung eines Wirkleitwerts G und eines Blindleitwerts $\mathrm{j}\,Y$, d. h. durch eine völlig *gleichwertige Parallelschaltung* eines Wirkwiderstandes $R_p = 1/G$ und eines Blindwiderstandes $\mathrm{j}\,X_p = -\mathrm{j}\,1/Y$ ersetzt (Abb. 40). Gleichwertig bedeutet, daß bei gleicher Spannung $\mathfrak{U}$

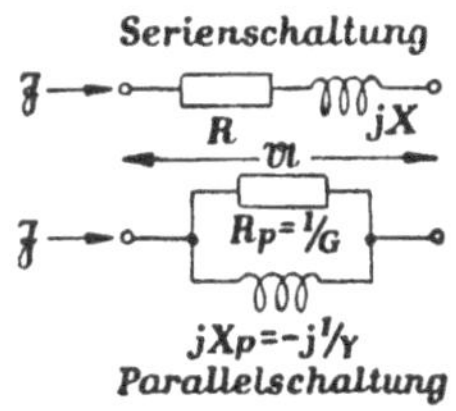

Abb. 40. Gleichwertige Serien- und Parallelschaltung

an beiden Gebilden der gleiche Strom $\mathfrak{J}$ durch die jeweilige Gesamtschaltung fließt. Bei gegebenem R und X muß nach (193)

$$R_p = \frac{R^2 + X^2}{R} = R\left[1 + \left(\frac{X}{R}\right)^2\right] = R + \frac{X^2}{R}, \quad (196)$$

$$X_p = \frac{R^2 + X^2}{X} = X\left[1 + \left(\frac{R}{X}\right)^2\right] = X + \frac{R^2}{X} \quad (197)$$

sein. R_p ist also stets größer als R und umso größer, je größer X ist. X_p ist stets größer als X und umso größer, je größer R ist. Aus $R^2 + X^2 = |\mathfrak{R}|^2$ nach (56) erhält man mit (196) und (197) die wichtigen Gleichungen

$$R \cdot R_p = |\mathfrak{R}|^2; \qquad X \cdot X_p = |\mathfrak{R}|^2. \quad (198)$$

Der Absolutwert $|\mathfrak{R}|$ ist das geometrische Mittel zwischen R und R_p sowie zwischen X und X_p. Für Wirkwiderstände R mit kleiner Blindkomponente bleibt nach (194) nur das erste Glied von (196) und das zweite Glied von (197):

$$R_p = R;\ X_p = \frac{R^2}{X};\ X = \frac{R^2}{X_p}\ (X < 0{,}1\,R;\ X_p > 10\,R). \quad (199)$$

Für Blindwiderstände j X mit kleiner Wirkkomponente bleibt nach (195) nur das zweite Glied in (196) und das erste Glied in (197):

$$R_p = \frac{X^2}{R};\ X_p = X;\ R = \frac{X^2}{R_p}\ (R < 0{,}1\,X;\ R_p > 10\,X). \quad (200)$$

Die jeweilige Hauptkomponente bleibt also in diesen Sonderfällen erhalten; vgl. auch (188) und (191). Die Gleichungen geben auch die umgekehrte Rechnung von der Parallelschaltung zur Serienschaltung.

Die Umrechnung nach (193) bzw. (196) und (197) läßt sich durch folgende *geometrische Konstruktion* ersetzen (Abb. 41): $\mathfrak{R}$ ist ein Punkt in der komplexen Zahlenebene mit den rechtwinkligen Koordinaten R und X. Man legt durch $\mathfrak{R}$ einen Kreis, dessen Mittelpunkt auf der reellen Achse liegt und der durch den Nullpunkt 0 geht. Der Kreis schneidet die reelle Achse in R_p, was bewiesen werden soll. Man betrachte das rechtwinklige Dreieck $0\,\mathfrak{R}\,R_p$. Die Seite $0\,\mathfrak{R}$ ist gleich $|\mathfrak{R}|$.

Im rechtwinkligen Dreieck muß der Satz der elementaren Geometrie gelten: Das Quadrat einer Kathete ist gleich dem Produkt der Hypothenuse und der Projektion dieser Kathete auf die Hypothenuse: $|\mathfrak{R}|^2 = R \cdot R_p$, was in (198) bereits bewiesen wurde. Ferner legt man durch $\mathfrak{R}$ einen Kreis, dessen Mittelpunkt auf der imaginären Achse liegt und der durch den Nullpunkt geht. Dieser Kreis schneidet die imaginäre Achse in X_p. Der Beweis erfolgt im rechtwinkligen Dreieck $0\,\mathfrak{R}\,X_p$ nach dem gleichen Kathetensatz unter Benutzung von (198). Es muß sein: $|\mathfrak{R}|^2 = X \cdot X_p$. Abb. 41 zeigt diese Konstruktion für ein positives X. Bei negativem X erfolgt die gleiche Konstruktion unterhalb der reellen Achse. In der Zeichnung findet man die Leitwertkomponenten als Reziprokwerte $G = 1/R_p$ und $Y = -1/X_p$. Die Punkte R_p, $\mathfrak{R}$ und X_p liegen auf einer Geraden senkrecht zum Vektor $\mathfrak{R}$. Die Zusammenhänge zwischen den Polarkoordinaten von $\mathfrak{R}$ und $\mathfrak{G}$ lauten nach (17) und (62)

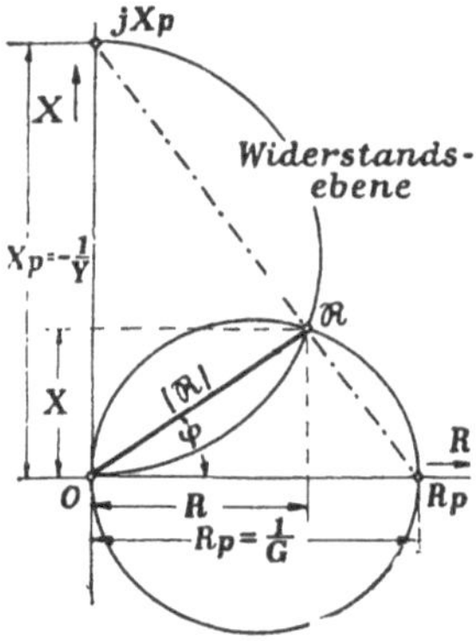

Abb. 41. Zerlegung eines Widerstandes in seine Parallelschaltung

$$|\mathfrak{G}| = \frac{1}{|\mathfrak{R}|}\,; \quad \vartheta = -\varphi\,. \tag{201}$$

Auch diese Werte findet man unmittelbar aus Abb. 41, da $|\mathfrak{R}|$ der Abstand zwischen $\mathfrak{R}$ und 0 ist und der Winkel φ zwischen dem Vektor $\mathfrak{R}$ und der waagerechten Achse liegt.

Wenn umgekehrt der *Leitwert* $\mathfrak{G} = G + \mathrm{j}\,Y$ gegeben ist, findet man die Komponenten R und X des zugehörigen komplexen $\mathfrak{R} = 1/\mathfrak{G}$ in Analogie zu (193) als

$$R = \frac{G}{G^2 + Y^2} = \frac{G}{|\mathfrak{G}|^2}\,; \quad X = -\frac{Y}{G^2 + Y^2} = -\frac{Y}{|\mathfrak{G}|^2}\,. \tag{202}$$

Auch hier ist der Vorzeichenwechsel der Blindkomponente zu

beachten. Wenn der Leitwert $\mathfrak{G}$ als Punkt in der komplexen Ebene gegeben ist (Abb. 42), kann man durch eine Konstruktion wie in Abb. 41 die Komponenten R und X sowie φ und $|\mathfrak{R}|$ finden. Ein Diagramm, das alle diese Formeln und Beziehungen im praktischen Gebrauch leicht anzuwenden gestattet, wird in IV,2 entwickelt.

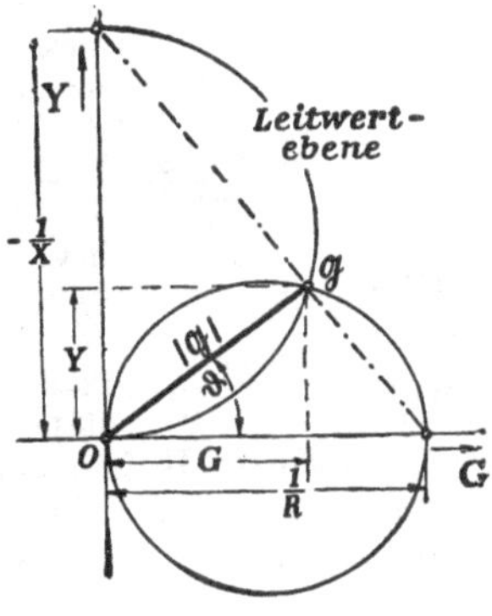

Abb. 42. Geometrische Konstruktion zur Umrechnung von $\mathfrak{G}$ in $\mathfrak{R}$

Die Kreise der Abb. 41 lassen sich auch für eine einfache Lösung der folgenden Aufgabe verwenden. Gegeben ist nach Abb. 40 unten ein Wirkwiderstand R_p, dem eine Induktivität L mit demBlindwiderstand $X_p = \omega L$ parallelgeschaltet ist. Gesucht ist der komplexe Widerstand $\mathfrak{R}$ dieser Parallelschaltung, d. h. die Komponenten R und X der gleichwertigen Serienschaltung nach Abb. 40 oben. Nach Abb. 41 trägt man den gegebenen Punkt R_p auf der reellen Achse und das gegebene X_p auf der imaginären Achse auf. Dae gesuchte $\mathfrak{R}$ ist dann der Schnittpunkt der beiden gezeichneten Kreise, die durch den Nullpunkt gehen und deren Mittelpunkte auf der jeweiligen Achse liegen. Die rechtwinkligen Koordinaten des Punktes $\mathfrak{R}$ sind die gesuchten Komponenten R und X. Die zugehörigen Formeln erhält man durch (202), wenn man dort $G = 1/R_p$ und $Y = -1/X_p$ setzt:

$$R = \frac{R_p}{1 + \left(\frac{R_p}{X_p}\right)^2}; \quad X = \frac{X_p}{1 + \left(\frac{X_p}{R_p}\right)^2}. \tag{203}$$

IV,2. Das Kreisdiagramm

Kreise konstanten Wirkleitwerts: Es werden die in Abb. 41 gezeichneten Kreise näher betrachtet. Zunächst der Kreis durch $\mathfrak{R}$, dessen Mittelpunkt auf der reellen Achse liegt

(Abb. 43). Nicht nur der Punkt $\mathfrak{R}$ der Abb. 41, sondern auch alle anderen Punkte $\mathfrak{R}_n$, die auf diesem Kreis liegen, geben mit Hilfe des gleichen Kreises das g l e i c h e R_p, aber ein verschiedenes X_p. D. h. alle diese komplexen Widerstände geben bei der Umrechnung auf Leitwerte den gleichen Wirkleitwert $G = 1/R_p$. Man nennt den Kreis daher einen Kreis konstanten Wirkleitwerts, kurz auch G - K r e i s. Wenn man wie in Abb. 44 eine systematische Folge solcher G-Kreise zeichnet und an jeden Kreis den zugehörigen G-Wert schreibt, hat man die komplexe Widerstandsebene mit einer Kreisschar bedeckt, mit deren Hilfe man zu jedem komplexen Widerstandswert $\mathfrak{R}$ leicht das G finden kann. Der G-Wert jedes Kreises ist der Reziprokwert $1/R_p$ des Punktes R_p, in dem dieser Kreis

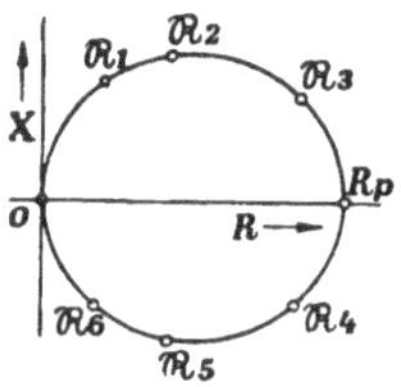

Abb. 43. Kreis konstanten Wirkleitwerts

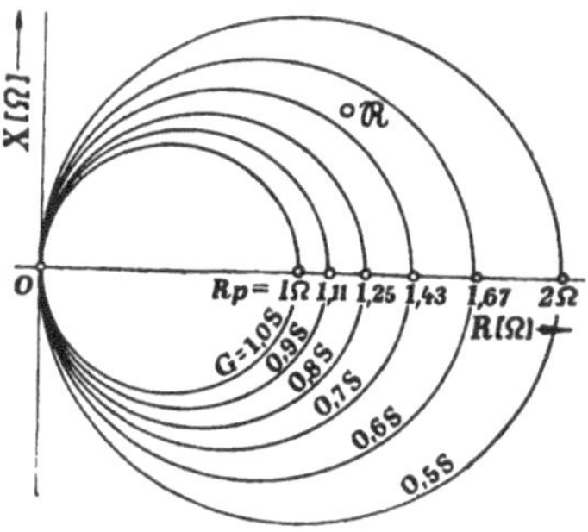

Abb. 44. G-Kreise

die reelle Achse schneidet. Zeichnet man in Abb. 44 den zu untersuchenden Punkt $\mathfrak{R}$ ln bas Kreissystem, so findet man aus den G-Werten der beiden benachbarten Kreise durch Interpolation leicht das G des Punktes $\mathfrak{R}$ mit einer für die Praxis völlig ausreichenden Genauigkeit (im Beispiel $G = 0{,}67$ S).

Kreise konstanten Blindleitwerts: Es wird nun der Kreis der Abb. 41 betrachtet, dessen Mittelpunkt auf der imaginären Achse liegt (Abb. 45). Nicht nur der Punkt $\mathfrak{R}$ der Abb. 41, sondern auch alle anderen Punkte $\mathfrak{R}_n$, die auf diesem Kreise liegen, geben nach der gleichen Konstruktion das gleiche X_p. D. h. alle diese komplexen Widerstände geben bei der Umrechnung auf Leitwerte den gleichen Blindleitwert $Y = -1/X_p$. Man bezeichnet den Kreis daher auch als Kreis konstanten Blindleitwerts, kurz als Y-Kreis. In Abb. 46 ist eine systematische Folge solcher Y-Kreise gezeichnet und jeder Kreis mit dem betreffenden Y-Wert versehen. Der Y-Wert des Kreises ist der negative Reziprokwert $(-1/X_p)$ des Ortes X_p, in dem der Kreis die imaginäre Achse schneidet. Zeichnet man in Abb. 46 den gewünschten Punkt $\mathfrak{R}$ in das Kreissystem, so findet man aus den Y-Werten der beiden benachbarten Kreise durch Interpolation leicht das Y des Punktes $\mathfrak{R}$ mit einer durchaus befriedigenden Genauigkeit (im Beispiel $Y = -0{,}63$ S). Die positiven Y-Werte liegen unterhalb der reellen Achse. Die Kreise der Abb. 44 und die Kreise der Abb. 46 schneiden sich überall unter einem rechten Winkel.

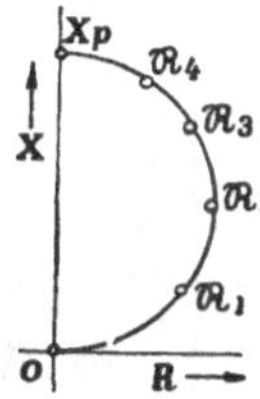

Abb. 45. Kreis konstanten Blindleitwerts

Das Kreisdiagramm für Widerstände: Abb. 47 zeigt ein vollständiges Kreisdiagramm, das aus den übereinander gezeichneten Kreisscharen der Abb. 44 und 46 besteht. Man denke sich das Bild durch ein rechtwinkliges Koordinatennetz mit den Koordinaten R und X als Untergrund ergänzt. Legt man einen gegebenen komplexen Widerstand $\mathfrak{R}$

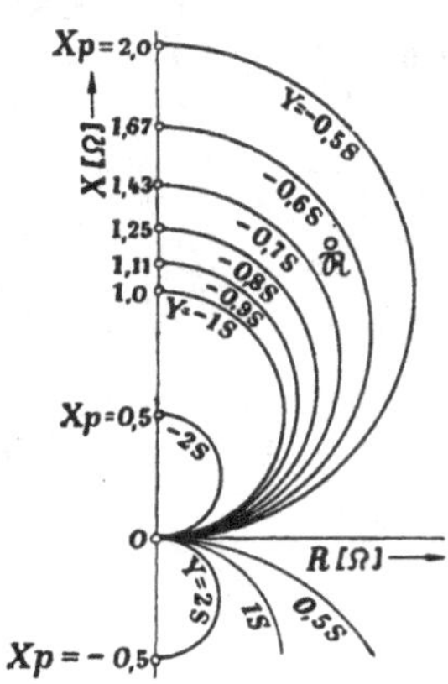

Abb. 46. Y-Kreise

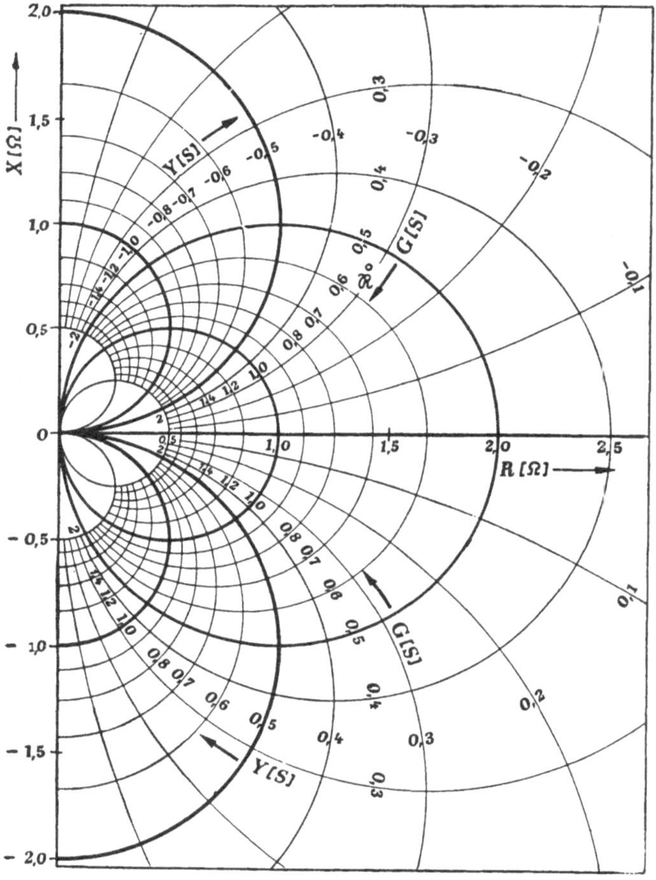

Abb. 47. Kreisdiagramm zur Umrechnung von $\mathfrak{R}$ in $\mathfrak{G}$

in das Diagramm, so kann man an dem durch $\mathfrak{R}$ gehenden G-Kreis seinen Wirkleitwert G nach Abb. 44 und an dem durch $\mathfrak{R}$ gehenden Y-Kreis seinen Blindleitwert Y nach Abb. 46 ablesen. Im Zahlenbeispiel der Abb. 47 ist $\mathfrak{R} = 1{,}4 + \mathrm{j}\,0{,}8\ \Omega$; $G = 0{,}54$ S; $Y = -0{,}31$ S. Damit hat die in IV,1 gestellte Aufgabe eine einfache graphische Lösung gefunden. Man kann mit einem so gezeichneten Diagramm stets nur in einem beschränkten Widerstandsbereich eine genügende Ablesegenauigkeit erreichen. Die Kreise häufen sich einerseits nach Abb. 44 und 46 in der Umgebung des Nullpunkts, so daß die Ablesegenauigkeit für kleine Widerstandswerte schlecht wird. In Abb. 47 sind daher auch innerhalb der Kreise $G = 2$ S und $Y = \pm 2$ S keine Kreise mehr gezeichnet. Ebenso werden die Kreise für kleine Leitwerte sehr groß, haben große Abstände und sind durch die begrenzte Zeichenebene nicht mehr voll zu erfassen. Abb. 47 zeigt längs der reellen Achse den Bereich von 0,5 Ω bis 2,5 Ω, längs der imaginären Achse von $-\mathrm{j}\,2\ \Omega$ bis $+\mathrm{j}\,2\ \Omega$. Ein brauchbares Diagramm dieser Art wird etwa die Ausmaße 25 cm $\times$ 40 cm haben. Da es nicht schwierig ist, ein solches Diagramm zu zeichnen, kann man Diagramme für die verschiedensten Widerstandsbereiche vorrätig halten. Es ist jedoch fast immer möglich, mit einem einzigen Diagramm auszukommen. Z. B. könnte man das Diagramm der Abb. 47 ohne Änderung auch für den Bereich 5 bis 25 Ω verwenden. Man dividiert dann lediglich die Komponenten des gegebenen Widerstandes $\mathfrak{R}$ vorher durch 10, so daß die so dividierten Werte im Bereich des Diagramms liegen. Man darf dann nur nicht vergessen, daß die aus dem Diagramm abgelesenen G-Werte und Y-Werte sich auf die dividierten Widerstandswerte beziehen und noch durch 10 dividiert werden müssen, um den Widerständen zu entsprechen, von denen man ursprünglich ausgegangen ist. Ganz allgemein kann man, auch bei den später beschriebenen weiteren Anwendungen, alle benutzten Widerstandswerte durch eine reelle Zahl Z dividieren, also mit geeignet abgeänderten komplexen Zahlen

$$\mathfrak{R}' = \mathfrak{R}/Z \tag{204}$$

rechnen, um mit den Werten $\mathfrak{R}'$ in einem geeigneten Bereich des Diagramms zu bleiben. Die abgelesenen Leitwertzahlen ergeben den Leitwert $\mathfrak{G}' = 1/\mathfrak{R}' = Z/\mathfrak{R}$ des $\mathfrak{R}'$; das gesuchte $\mathfrak{G}$ ist dann

$$\mathfrak{G} = \frac{1}{\mathfrak{R}} = \frac{\mathfrak{G}'}{Z}. \tag{205}$$

Man darf dann also nur beim Endresultat nicht vergessen, das gewonnene $\mathfrak{G}'$ durch Z zu dividieren, also die Zahl Z wieder in der richtigen Weise zu eliminieren.

Zahlenbeispiel: $\mathfrak{R} = 140 + \mathrm{j}\,80\,\Omega$; $Z = 100$; $\mathfrak{R}' = 1{,}4 + \mathrm{j}\,0{,}8\,\Omega$; abgelesen $\mathfrak{G}' = 0{,}54 - \mathrm{j}\,0{,}31$ S; $\mathfrak{G} = \mathfrak{G}'/100 = 0{,}0054 - \mathrm{j}\,0{,}0031$ S.

Ein solches Diagramm kann man auch benutzen, um zu einem gegebenen Leitwert $\mathfrak{G}$ die Komponenten des zugehörigen Widerstandes $\mathfrak{R} = 1/\mathfrak{G}$ zu finden. Bei gegebenem G und Y ist $\mathfrak{R}$ der Schnittpunkt der beiden zu den Werten G und Y gehörenden Kreise.

Das Kreisdiagramm für Leitwerte: Die äußerliche Gleichheit der Abb. 41 und 42 gestattet es, die gleichen Kreissysteme auch für Leitwerte aus Abb. 42 zu entwickeln und für die Umrechnung eines gegebenen Leitwerts $\mathfrak{G}$ in einen Widerstand $\mathfrak{R}$ zu verwenden. Der Leitwert $\mathfrak{G}$ wird im rechtwinkligen Koordinatensystem durch G und Y als Punkt festgelegt. Die früheren G-Kreise sind jetzt Kreise konstanten Wirkwiderstandes, genannt R-Kreise, weil alle Punkte $\mathfrak{G}$ eines solchen Kreises den gleichen Wert R ergeben. Ebenso werden die früheren Y-Kreise jetzt Kreise konstanten Blindwiderstandes, genannt X-Kreise. Für einen durch seine Komponenten G und Y gegebenen Leitwertspunkt $\mathfrak{G}$ findet man das gesuchte R und X als Parameter der beiden durch $\mathfrak{G}$ gehenden Diagrammkreise.

Das allgemeine Kreisdiagramm: Da das Kreisdiagramm der Abb. 47 also sehr umfangreiche Verwendung findet, kann man auch neutrale Bezeichnungen einführen (Abb. 48). Die Koordinate längs der reellen Achse sei mit a_1, die Koordinate längs der imaginären Achse mit a_2 bezeichnet. Das rechtwinklige Koordinatensystem dient also nach Abb. 2 zur

Darstellung einer komplexen Zahl $\mathfrak{a} = a_1 + j\,a_2$. Gesucht ist die reziproke komplexe Zahl $\mathfrak{b} = b_1 + j\,b_2 = 1/\mathfrak{a}$. Die Diagrammkreise, deren Mittelpunkte auf der reellen Achse liegen (frühere G-Kreise), haben als Parameter den Realteil b_1

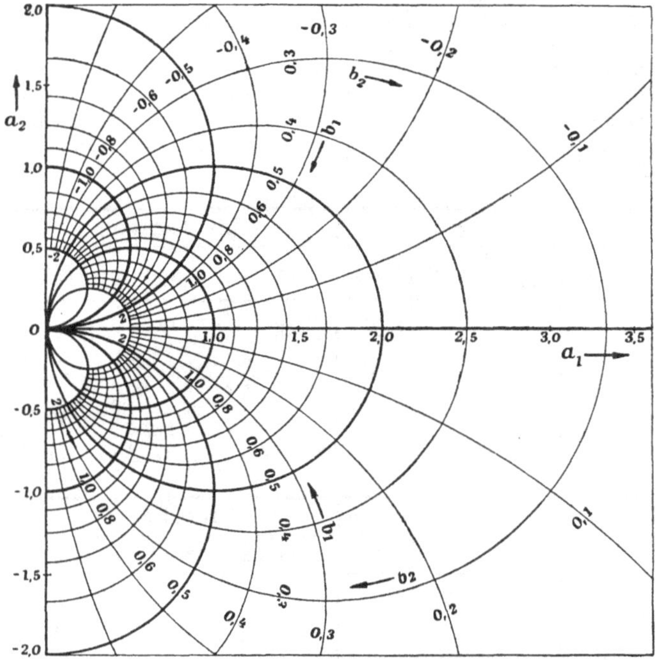

Abb. 48. Allgemeines Kreisdiagramm

des $\mathfrak{b}$; die Diagrammkreise, deren Mittelpunkte auf der imaginären Achse liegen (frühere Y-Kreise), haben als Parameter den Imaginärteil b_2 des $\mathfrak{b}$.

Dabei ist nach Abb. 41 und 47 das b_1 der Reziprokwert des Wertes a_1, in dem der Kreis die reelle Achse schneidet. Ferner ist b_2 der negative Reziprokwert des Wertes a_2, in dem der betreffende Kreis die imaginäre Achse schneidet. Das Diagramm kann dann in folgender Weise benutzt werden: 1. im Originalbereich zur Berechnung des Leitwerts $\mathfrak{G}$ aus $\mathfrak{R}$; 2. in beliebigen Bereichen mit Reduktionsfaktor Z zur Berechnung eines Leitwerts $\mathfrak{G}$ aus $\mathfrak{R}$ auf dem Umweg über $\mathfrak{R}' = \mathfrak{R}/Z$ und $\mathfrak{G} = \mathfrak{G}'/Z$; 3. im Originalbereich zur Berechnung des Widerstandes $\mathfrak{R}$ aus gegebenem $\mathfrak{G}$; 4. in beliebigen Bereichen mit Reduktionsfaktor Z zur Berechnung des Widerstandes $\mathfrak{R}$ aus $\mathfrak{G}$ auf dem Umweg über $\mathfrak{G}' = \mathfrak{G} \cdot Z$ und $\mathfrak{R} = \mathfrak{R}' \cdot Z$. Die Bedeutung der einzelnen Koordinaten bei diesen Aufgaben gibt die folgende Tabelle:

	Gegeben			Ins Diagramm		
	komplex	reell	imag.	$\mathfrak{a}$	a_1	a_2
1.	$\mathfrak{R}$	R	X	$\mathfrak{R}$	R	X
2.	$\mathfrak{R}$	R	X	$\mathfrak{R}' = \frac{\mathfrak{R}}{Z}$	$R' = \frac{R}{Z}$	$X' = \frac{X}{Z}$
3.	$\mathfrak{G}$	G	Y	$\mathfrak{G}$	G	Y
4.	$\mathfrak{G}$	G	Y	$\mathfrak{R}' = \mathfrak{G} \cdot Z$	$G' = G \cdot Z$	$Y' = Y \cdot Z$

	Aus dem Diagramm			Resultat		
	$\mathfrak{b}$	b_1	b_2	komplex	reell	imag.
1.	$\mathfrak{G}$	G	Y	$\mathfrak{G}$	G	Y
2.	$\mathfrak{G}'$	G'	Y'	$\mathfrak{G} = \mathfrak{G}'/Z$	$G = G'/Z$	$Y = Y'/Z$
3.	$\mathfrak{R}$	R	X	$\mathfrak{R}$	R	X
4.	$\mathfrak{R}'$	R'	X'	$\mathfrak{R} = \mathfrak{R}' \cdot Z$	$R = R' \cdot Z$	$X = X' \cdot Z$

Zahlenbeispiel: $\mathfrak{a} = 1{,}15 + j\,0{,}77$. Zu diesem Punkt gehören die Parameter $b_1 = 0{,}6$ und $b_2 = -0{,}4$ der Diagrammkreise, also der Reziprokwert $\mathfrak{b} = 0{,}6 - j\,0{,}4$. Dieser Punkt löst also in den 4 Fällen die Aufgaben:

1. $\mathfrak{R} = 1{,}15 + \mathrm{j}\,0{,}77\ \Omega$ ergibt $\mathfrak{G} = 0{,}6 - \mathrm{j}\,0{,}4$ S.
2. $\mathfrak{R} = 1150 + \mathrm{j}\,770\ \Omega$ mit $Z = 1000$ ergibt
   $\mathfrak{G} = 0{,}0006 - \mathrm{j}\,0{,}0004$ S.
3. $\mathfrak{G} = 1{,}15 + \mathrm{j}\,0{,}77$ S ergibt $\mathfrak{R} = 0{,}6 - \mathrm{j}\,0{,}4\ \Omega$.
4. $\mathfrak{G} = 0{,}0115 + \mathrm{j}\,0{,}0077$ S mit $Z = 100$ ergibt
   $\mathfrak{R} = 60 - \mathrm{j}\,40\ \Omega$.

Ausgehend von diesen einfachen Aufgaben kann das Diagramm für eine Fülle weiterer kombinierter Probleme benutzt werden, wobei es geometrisch anschauliche Zusammenhänge aufzeigt, die erfahrungsgemäß oft von Nutzen sind (vgl. Abb. 50–52, 58 und 59, 98 und 99, 108 und 112). Dieses Diagramm ist daher für die Berechnung der Wechselstromschaltungen eines der wesentlichsten Hilfsmittel, das eingehend studiert werden sollte. Bei der praktischen Anwendung sollte man die in Abb. 48 gezeichneten Kreissysteme durch ein andersfarbiges, rechtwinkliges Koordinatennetz für die Koordinaten a_1 und a_2 als Untergrund ergänzen, um die Punkte a leicht einzeichenen zu können.

IV,3. Serien- und Parallelschaltung

Gegeben sei ein Widerstand $\mathfrak{R} = 50 + \mathrm{j}\,30\ \Omega$. Es soll die Veränderung dieses Widerstandswertes durch verschiedene elementare Schaltmaßnahmen mit Hilfe des Kreisdiagramms der Abb. 47 berechnet werden. Abb. 49 zeigt die bezifferten Schaltvorgänge und Abb. 50 die Vorgänge in der Widerstandsebene. 1. Serienschaltung eines induktiven Blindwiderstandes $\mathrm{j}\,X_L = \mathrm{j}\,30\,\Omega$. Der Punkt $\mathfrak{R}$ bewegt sich senkrecht nach oben nach $\mathfrak{R}_1 = \mathfrak{R} + \mathrm{j}\,X_L = 50 + \mathrm{j}\,60\,\Omega$. 2. Serienschaltung eines kapazitiven Blindwiderstandes $\mathrm{j}\,X_C = -\mathrm{j}\,25\,\Omega$. Der Punkt $\mathfrak{R}$ wird senkrecht nach unten nach $\mathfrak{R}_2 = \mathfrak{R} + \mathrm{j}\,X_C = 50 + \mathrm{j}\,5\,\Omega$ verschoben. 3. Serienschaltung eines Wirkwiderstandes $R_S = 25\,\Omega$. Der Punkt bewegt sich auf einer waagerechten Geraden nach $\mathfrak{R}_3 = \mathfrak{R} + R_s = 75 + \mathrm{j}\,30\,\Omega$. 4. Parallelschaltung eines induktiven Blindwiderstandes. Man rechnet mit Leitwerten. Den Leitwert von $\mathfrak{R}$ gewinnt man nach IV,2 mit Hilfe des Diagramms der Abb.

47. Es ist $G = 0{,}0148$ S und $Y = -0{,}009$ S. Den Leitwert des parallel geschalteten Blindwiderstandes $\mathrm{j}\,X_L = \mathrm{j}\,100\,\Omega$ berechnet man als $\mathrm{j}\,Y_L = -\mathrm{j}\cdot 1/X_L = -\mathrm{j}\,0{,}01$ S. Der Wirkleitwert G bleibt bei Parallelschaltung eines Blindwiderstandes erhalten. Der Punkt $\mathfrak{R}$ wandert also im Diagramm auf einem Kreis $G =$ const nach $\mathfrak{R}_4$, und zwar gegen den Uhrzeigersinn, weil $Y_4 = Y + Y_L = -0{,}019$ S weiter ins Negative gewandert ist. Da der Leitwert G sich nicht ändert, braucht sein Wert nicht abgelesen zu werden. Dagegen sucht man Y, addiert Y_L und findet $\mathfrak{R}_4$ auf dem G-Kreis dort, wo der zu Y_4 gehörende Y-Kreis den G-Kreis schneidet (Abb. 50). 5. Parallelschaltung eines kapazitiven Widerstandes $\mathrm{j}\,X_C = -\mathrm{j}\,150\,\Omega$. Man rechnet mit Leitwerten: $\mathrm{j}\,Y_C = -\mathrm{j}/X_C = \mathrm{j}\,0{,}0067$ S. $\mathfrak{R}$ wandert wie im Fall 4 auf einem Kreis $G =$ const, aber im Uhrzeigersinn, weil der Blindleitwert $Y_5 = Y + Y_C = -0{,}0023$ S wegen des positiven Y_C positiver wird. $\mathfrak{R}_5$ liegt auf dem zu $\mathfrak{R}$ gehörenden G-Kreis dort, wo der zu Y_5 gehörende Y-Kreis den G-Kreis schneidet (Abb. 50). 6. Parallelschaltung eines Wirkwiderstandes $R_p = 120\,\Omega$. Man rechnet mit Leitwerten. Die Leitwerte des $\mathfrak{R}$ entnimmt man der Abb. 47 wie in Fall 4. Der Leitwert des R_p ist $G_p = 1/R_p = 0{,}0083$ S. Bei Parallelschaltung eines Wirkwiderstandes ändert sich der Blindleitwert nicht; der Wert Y braucht also nicht abgelesen zu werden. $\mathfrak{R}$ wandert auf einem Kreis $Y =$ const nach $\mathfrak{R}_6$, und zwar stets in Richtung zum Nullpunkt des Koordinaten-

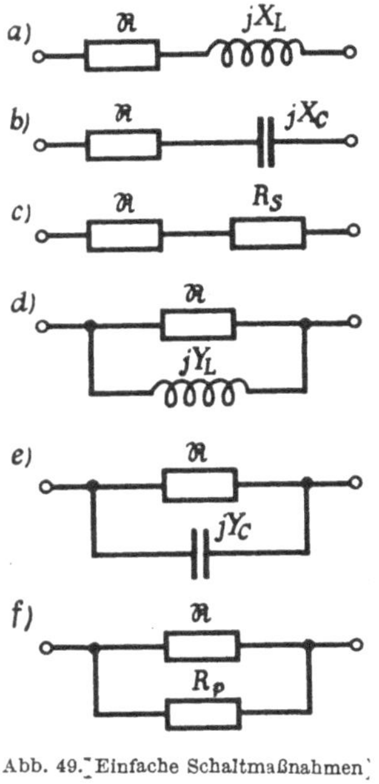

Abb. 49. Einfache Schaltmaßnahmen

systems, (Abb. 50). Der Wirkleitwert G_6 des $\mathfrak{R}_6$ ist die Summe $G + G_p = 0{,}023$ S. $\mathfrak{R}_6$ liegt auf dem zu $\mathfrak{R}$ gehörenden Y-Kreis dort, wo der zu G_6 gehörende G-Kreis diesen Y-Kreis schneidet. Abb. 50 zeigt die gleichen Schaltvorgänge auch an einem Widerstand $\mathfrak{R}' = 40 - \mathrm{j}\,33{,}5\,\Omega$ mit kapazitiver Blindkomponente, der in die Punkte $\mathfrak{R}_1'$ bis $\mathfrak{R}_6'$ verwandelt wird.

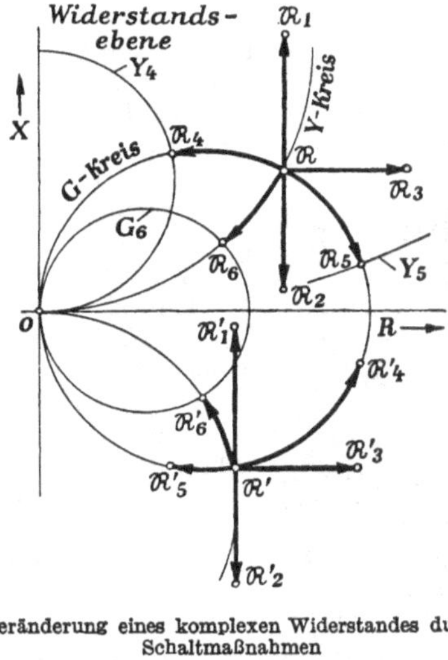

Abb. 50. Veränderung eines komplexen Widerstandes durch einfache Schaltmaßnahmen

Am Schluß von IV,2 wurde gezeigt, wie man das Diagramm der Abb. 48 für Leitwerte benutzen kann. Der komplexe Leitwert $\mathfrak{G} = 0{,}01 + \mathrm{j}\,0{,}008$ S soll durch elementare Schaltvorgänge verändert werden (Abb. 51). 1. Parallelschaltung eines induktiven Blindwiderstandes $\mathrm{j}\,X_L = \mathrm{j}\,100\,\Omega$ bzw. Blindleitwerts $\mathrm{j}\,Y_L = -\mathrm{j}\cdot 1/X_L = -\mathrm{j}\,0{,}01$ S. Der Punkt $\mathfrak{G}$ bewegt sich senkrecht nach unten nach $\mathfrak{G}_1 = \mathfrak{G} + \mathrm{j}\,Y_L = 0{,}01 - \mathrm{j}\,0{,}002$ S. 2. Parallelschaltung eines kapazitiven Widerstandes $\mathrm{j}\,X_C = -\mathrm{j}\,100\,\Omega$ bzw. Leitwerts $\mathrm{j}\,Y_C = \mathrm{j}\,0{,}01$ S. Der Punkt $\mathfrak{G}$ bewegt sich senkrecht nach oben nach $\mathfrak{G}_2 = \mathfrak{G} + \mathrm{j}\, Y_C = 0{,}01 + \mathrm{j}\, 0{,}018$ S. 3. Parallelschaltung eines Wirkwiderstandes $R_p = 100\,\Omega$ bzw. Leitwerts $G_p = 0{,}01$ S. Der Punkt $\mathfrak{G}$ wandert auf einer waagerechten Geraden nach $\mathfrak{G}_3 = \mathfrak{G} + G_p = 0{,}02 + \mathrm{j}\, 0{,}008$ S. 4. Serienschaltung eines induktiven Blindwiderstandes $\mathrm{j}\, X_L = \mathrm{j}\, 45\,\Omega$. Man rechnet mit Widerständen. Man benutze das Diagramm der Abb. 48 für Leitwerte (Fall 3 und 4 der Tabelle).

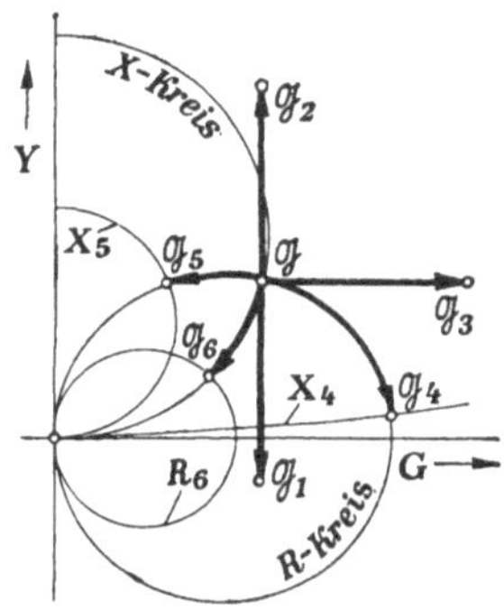

Abb. 51. Veränderung eines komplexen Leitwerts durch einfache Schaltmaßnahmen

Die früheren G-Kreise sind jetzt Kreise konstanten Wirkwiderstandes, R-Kreise, die früheren Y-Kreise Kreise konstanten Blindwiderstandes, X-Kreise. Man entnimmt dem Diagramm die Widerstandskomponenten R und X des Punktes $\mathfrak{G}$ als Parameter der beiden Diagrammkreise, die durch $\mathfrak{G}$ gehen: $R = 61\,\Omega$; $X = -49\,\Omega$. Bei Serienschaltung eines Blindwiderstandes wird der Wert R nicht geändert. $\mathfrak{G}$ wandert also auf einem R-Kreis nach $\mathfrak{G}_4$ (Abb. 51), und zwar im Uhrzeigersinn, weil X wächst. $\mathfrak{G}_4$ liegt auf dem R-Kreis dort, wo ihn der X-Kreis mit dem neuen Parameter $X_4 = X + X_L = -4\,\Omega$ schneidet. 5. Serienschaltung eines kapazitiven Blindwiderstandes $\mathrm{j}\, X_C = -\mathrm{j}\, 40\,\Omega$. $\mathfrak{G}$ wandert wieder auf seinem R-Kreis, diesmal aber gegen den Uhrzeigersinn, weil X abnimmt. $\mathfrak{G}_5$ liegt auf dem R-Kreis dort, wo ihn der X-Kreis mit dem Parameter $X_5 = X + X_C = -89\,\Omega$ schneidet. 6. Serienschaltung eines Wirkwiderstandes $R_s = 50\,\Omega$. Diesmal bleibt der Blindwiderstand konstant. $\mathfrak{G}$ wandert also auf einem X-Kreis nach $\mathfrak{G}_6$. $\mathfrak{G}_6$ liegt auf dem X-Kreis dort, wo ihn der R-Kreis mit dem Parameter $R_3 = R + R_s = 111\,\Omega$ schneidet (Abb. 51).

Es bleibt nur noch die Parallelschaltung zweier komplexer Widerstände $\mathfrak{R}_1 = 100 + \mathrm{j}\, 30\,\Omega$ und $\mathfrak{R}_2 = 168 + \mathrm{j}\, 64\,\Omega$ (Abb. 52). Man trage $\mathfrak{R}_1$ und $\mathfrak{R}_2$ ins Diagramm der Abb. 47

ein und lese die zugehörigen Leitwerte ab: $G_1 = 0{,}0092$ S; $Y_1 = -0{,}0028$ S; $G_2 = 0{,}0052$ S; $Y_2 = -0{,}002$ S. Man addiere die Komponenten nach (67) und erhält $G = G_1 + G_2 = 0{,}0144$ S und $Y = Y_1 + Y_2 = -0{,}0048$ S: G und Y geben den Leitwert $\mathfrak{G}$ der Parallelschaltung. Das zugehörige $\mathfrak{R}$ findet man im Diagramm als Schnittpunkt der Kreise mit $G = 0{,}0144$ S und $Y = -0{,}0048$ S; $\mathfrak{R} = 63 + \mathrm{j}\,21\,\Omega$ (Abb. 52).

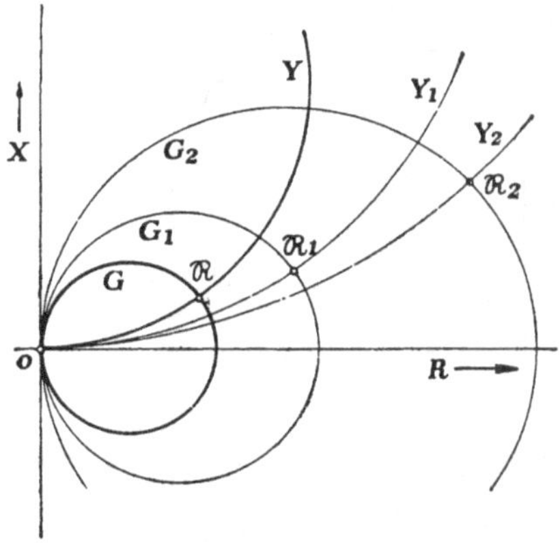

Abb. 52. Parallelschaltung beliebiger komplexer Widerstände

Das Diagramm für Parallelresonanzkreise: Die Erfahrungen der Abb. 52 sollen nun zur Darstellung des komplexen Widerstandes $\mathfrak{R}$ eines Parallelresonanzkreises nach (164) in der komplexen Widerstandsebene benutzt werden.

$$\mathfrak{R} = R + \mathrm{j}\,X = \frac{1}{G_R + \mathrm{j}\,Y} = \frac{1}{G_R + \mathrm{j}\left(\omega C - \dfrac{1}{\omega L}\right)}\,. \tag{206}$$

Der Widerstand $\mathfrak{R}$ ist die Parallelschaltung eines konstanten Wirkleitwerts G_R (Wirkwiderstandes $R_R = 1/G_R$) und eines Blindleitwerts j Y, dessen Frequenzabhängigkeit durch (206) gegeben ist. Nach Abb. 44 liegen alle diese Punkte auf dem gleichen G-Kreis, der durch den Punkt R_R der reellen Achse geht (Abb. 53). R_R ist der Resonanzwiderstand des Kreises, der bei der Resonanzfrequenz erreicht wird. Der Ort des $\mathfrak{R}$ auf dem Kreis wird durch Y bestimmt, ist also frequenzabhängig. Der Kreis wird mit wachsender Frequenz im Uhr-

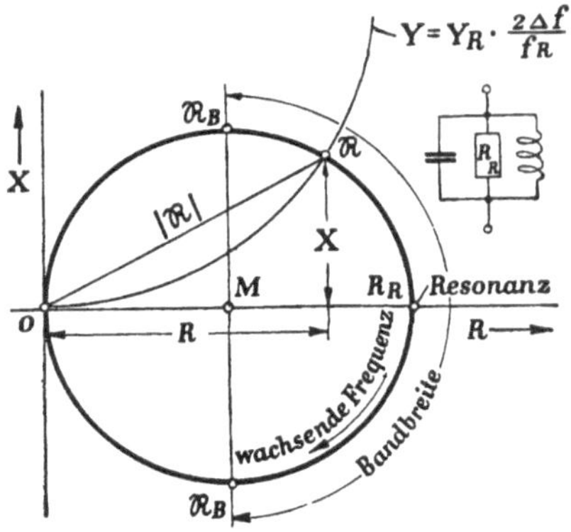

Abb. 53. Widerstand eines Parallelresonanzkreises

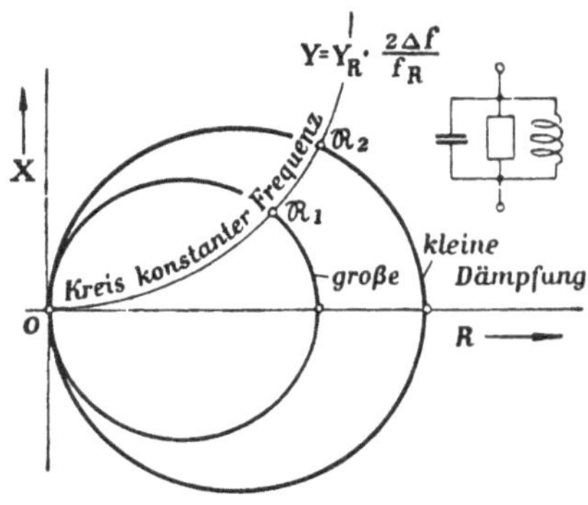

Abb. 54. Resonanzkreise mit verschiedener Dämpfung und gleichem Resonanzblindwiderstand

zeigersinn durchlaufen (Y wächst). Die beiden Punkte $\mathfrak{R}_B$, die nach (170) die Bandbreite (Abb. 28) bestimmen, liegen senkrecht über und unter dem Mittelpunkt M des Kreises ($R_B = R_R/2$; $X_B = \pm R_R/2$). Der Abstand $|\mathfrak{R}|$ des jeweiligen Punktes $\mathfrak{R}$ vom Nullpunkt gibt den Verlauf der Resonanzkurven nach (158) und (166). Man verfolge die durch die abgeleiteten Formeln in III,5 gewonnenen Gesetzmäßigkeiten an Hand dieser geometrischen Veranschaulichung (vgl. auch Abb. 29). Wenn die Kreisdämpfung bei gleichbleibendem L und C kleiner wird, wächst R_R und damit der Radius des Kreises (Abb. 54). Den Ort des zu irgendeiner Frequenz gehörenden Punktes $\mathfrak{R}$ auf diesen Kreisen findet man aus dem Blindleitwert j Y mit Hilfe des zu diesem Y gehörenden Y-Kreises des Diagramms der Abb. 47. Punkte $\mathfrak{R}_1$ und $\mathfrak{R}_2$ gleicher Frequenz (gleichen Blindleitwerts) auf Widerstandskreisen verschiedener Kreisdämpfung (Abb. 54) liegen auf dem gleichen Y-Kreis. Das Diagramm der Abb. 48 ist also auch ein universelles Hilfsmittel zur Behandlung von Resonanzkreisen.

IV,4. Verlustarme Widerstandstransformation

Der Begriff der Transformation: Die Tatsache, daß es bei Wechselstrom Widerstände gibt, die einem durch sie fließenden Strom keine nennenswerte Leistung entziehen und doch große Widerstandswerte besitzen können, macht es möglich, den Wert eines komplexen Widerstandes durch Serien- oder Parallelschaltung von Blindwiderständen in einen anderen Wert zu „transformieren“, ohne daß dabei ein nennenswerter Teil der Leistung geopfert werden muß. Aus Abb. 50 geht bereits hervor, in welcher Weise man einen komplexen Widerstand $\mathfrak{R}$ mit Hilfe eines Blindwiderstandes verändern kann. Durch Serienschaltung eines passenden Blindwiderstandes kann man $\mathfrak{R}$ in jeden anderen Punkt $\mathfrak{R}'$ der senk-

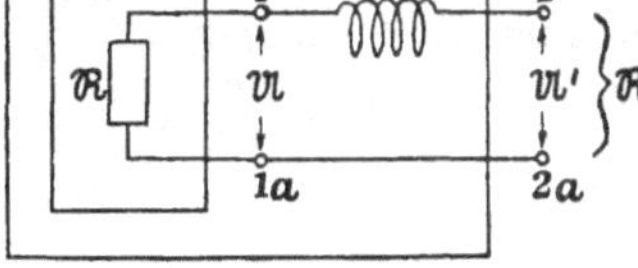

Abb. 55a. Transformation eines Zweipols durch Serienwiderstand

rechten Geraden durch $\mathfrak{R}$, durch Parallelschaltung eines Blindwiderstandes in jeden Punkt des zugehörigen G-Kreises verwandeln. Der Vorgang der Transformation lautet in exakter Definition: Der gegebene Widerstand $\mathfrak{R}$ ist irgendein Gebilde mit zwei Anschlußklemmen 1 und 1a („Zweipol"), für die man den Eingangsstrom $\mathfrak{J}$ und die Eingangsspannung $\mathfrak{U}$ messen kann (Abb. 55a). Das zugehörige $\mathfrak{R}$ ist nach (53) als Quotient $\mathfrak{U}/\mathfrak{J}$ definiert. Durch Zuschalten eines Blindwiderstandes wird daraus ein neuer Zweipol mit den Anschlußklemmen 2 und 2a, dem Eingangsstrom $\mathfrak{J}'$ und der Eingangsspannung $\mathfrak{U}'$. Der neue Zweipol besitzt dann den Widerstand $\mathfrak{R}'$.

Wenn die Transformation mit Hilfe eines Parallelwiderstandes erfolgt, gilt das Schema der Abb. 55b.

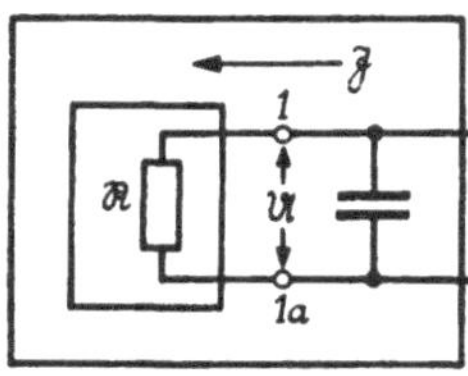

Abb. 55b. Transformation eines Zweipols durch Parallelwiderstand

Transformation der Ströme und Spannungen: Bei der Serienschaltung nach Abb. 55a bleibt der Strom ungeändert: $\mathfrak{J} = \mathfrak{J}'$. Die Spannung wird geändert. Wichtig ist der Quotient

$$\frac{\mathfrak{U}'}{\mathfrak{U}} = \frac{|\,\mathfrak{U}'\,|}{|\,\mathfrak{U}\,|} \cdot e^{j(\chi' - \chi)} = \frac{\mathfrak{R} + j\,\omega L}{\mathfrak{R}}. \tag{207}$$

Den Quotienten der Absolutwerte erhält man sehr einfach aus folgender Überlegung: Wegen der Verlustfreiheit des Serienblindwiderstandes ist die Wirkleistung P, die in die Klemmen 2 und 2a des $\mathfrak{R}'$ eintritt, die gleiche wie die, die in die Klemmen 1 und 1a des $\mathfrak{R}$ eintritt, nach (74) also

$$P = \frac{1}{2}\,|\,\mathfrak{U}'\,|^2 \cdot G' = \frac{1}{2}\,|\,\mathfrak{U}\,|^2 \cdot G\,, \tag{208}$$

wobei G' der Wirkleitwert des $\mathfrak{R}'$ und G der Wirkleitwert des $\mathfrak{R}$ ist. Daher wird

$$\frac{|\mathfrak{U}'|}{|\mathfrak{U}|} = \sqrt{\frac{G}{G'}}\,. \tag{209}$$

Dabei können G' und G aus (193) berechnet oder zu gegebenem $\mathfrak{R}'$ und $\mathfrak{R}$ aus dem Diagramm der Abb. 49 entnommen werden. Nach (18) und (207) ist die Phasendifferenz $(\chi' - \chi)$ der beiden Spannungen gleich der Phasendifferenz der beiden komplexen Widerstände $\mathfrak{R}' = \mathfrak{R} + \mathrm{j}\,\omega L$ und $\mathfrak{R}$. Den Differenzwinkel findet man in der komplexen Widerstandsebene nach Abb. 56a.

Bei der Parallelschaltung nach Abb. 55b bleibt die Spannung ungeändert: $\mathfrak{U} = \mathfrak{U}'$. Der Strom wird geändert. Wichtig ist der Quotient

$$\frac{\mathfrak{J}'}{\mathfrak{J}} = \frac{|\mathfrak{J}'|}{|\mathfrak{J}|} \cdot e^{\mathrm{j}(\psi' - \psi)} = \frac{\mathfrak{G} + \mathrm{j}\,\omega C}{\mathfrak{G}}\,. \tag{210}$$

Diese Gleichung folgt aus $\mathfrak{J}' = \mathfrak{G}' \cdot \mathfrak{U}'$ und $\mathfrak{J} = \mathfrak{G} \cdot \mathfrak{U}$, wobei $\mathfrak{G}'$ der Leitwert des $\mathfrak{R}'$ und $\mathfrak{G}$ der Leitwert des $\mathfrak{R}$ ist. Der Quotient der Absolutwerte ergibt sich wie in (208) aus der Gleichheit der Wirkleistung in $\mathfrak{R}'$ und $\mathfrak{R}$, nach (71) also

$$P = \frac{1}{2}\,|\,\mathfrak{J}'\,|^2 \cdot R' = \frac{1}{2}\,|\,\mathfrak{J}\,|^2 \cdot R\,, \tag{211}$$

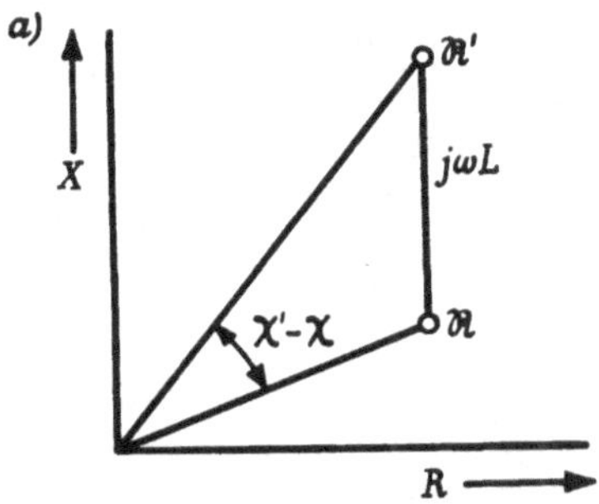

Abb. 56a; Phasendifferenzen zur Abb. 55a

wobei R' der Wirkwiderstand des $\mathfrak{R}'$ und R der Wirkwiderstand des $\mathfrak{R}$ ist. Dann wird

$$\frac{|\mathfrak{J}'|}{|\mathfrak{J}|} = \sqrt{\frac{R}{R'}}\,. \tag{212}$$

Nach (18) und (210) ist die Phasendifferenz $(\psi' - \psi)$ der beiden Ströme gleich der Phasendifferenz der beiden kom-

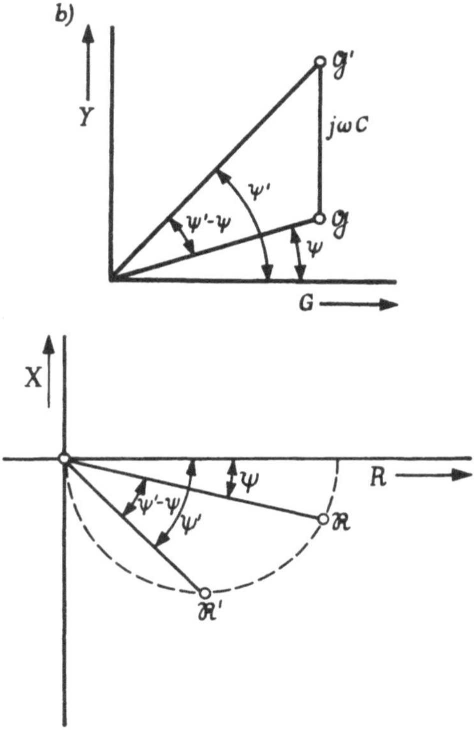

Abb. 56b und c: Phasendifferenzen zur Abb. 55b

plexen Leitwerte $\mathfrak{G}' = 1/\mathfrak{R}'$ und $\mathfrak{G} = 1/\mathfrak{R}$. Den Differenzwinkel findet man in der komplexen Leitwertebene nach Abb. 56b, und zwar ist $(\psi' - \psi)$ positiv, wenn wie in Abb. 56b der Endpunkt $\mathfrak{G}'$ höher liegt als der Ausgangspunkt $\mathfrak{G}$. Transformiert man Abb. 56b in die Widerstandsebene, so wird nach Abb. 56c aus $\mathfrak{G}'$ das $\mathfrak{R}'$ und aus $\mathfrak{G}$ das $\mathfrak{R}$. Der Winkel $(\psi' - \psi)$ liegt weiterhin zwischen den Strecken vom Nullpunkt nach $\mathfrak{R}$ und $\mathfrak{R}'$, weil nach (201) die Phasenwinkel der Widerstände gleich den negativen Phasenwinkeln der Leitwerte sind. Wenn jedoch die Transformation durch Parallelschaltung in der Widerstandsebene gezeichnet wird, muß man darauf achten, daß $(\psi' - \psi)$ positiv ist, wenn die Drehung von $\mathfrak{R}$ nach $\mathfrak{R}'$ im Uhrzeigersinn erfolgt.

Wenn bei den Schaltungen der Abb. 57 die Transformation in 2 Schritten erfolgt, so kann man die Regeln der Abb. 56 einzeln auf die beiden Transformationsschritte anwenden. Dabei gibt derjenige Transformationsschritt, der eine Serienschaltung bedeutet, nur eine Veränderung der Spannungsphase nach Abb. 56a, und derjenige Transformationsschritt, der eine Parallelschaltung eines Blindwiderstandes enthält, nur eine Veränderung der Stromphase nach Abb. 56b oder c. Wenn man die Wirkung der Transformation nach Abb. 50 in der Widerstandsebene verfolgt, kann man nach (209), (212) und Abb. 56 auf einfachste Weise die Änderungen von Strom und Spannung nach Absolutwert und Phase verfolgen.

Transformation mit zwei Blindwiderständen: Die Möglichkeiten der Transformation mit *einem* Blindwiderstand sind nicht sehr umfassend. Mit Hilfe *zweier* passend gewählter und passend angeordneter Blindwiderstände läßt sich dagegen fast jede gewünschte Transformation ausführen. Abb. 57 zeigt die möglichen Transformationsschaltungen aus zwei Blindwiderständen. Mit den Schaltungen a und b erreicht man nicht mehr als mit einem einzigen Blindwiderstand. Wenn man allgemeinere Transformationen ausführen will, muß stets der eine Blindwiderstand als Serienwiderstand, der andere als Parallelwiderstand geschaltet werden. Abb. 58 gibt die Anwendung der Schaltung der Abb. 57i zur Transformation eines komplexen Widerstandes $\mathfrak{R}_2 = 70 + j\,120\,\Omega$ in den komplexen Widerstand $\mathfrak{R}_1 = 150 + j\,40\,\Omega$. Man transformiert $\mathfrak{R}_2$ durch die Parallelkapazität C_2 auf einem G-Kreis nach Abb. 50, Fall 5, in den Wert $\mathfrak{R}'$, der senkrecht über $\mathfrak{R}_1$ liegt,

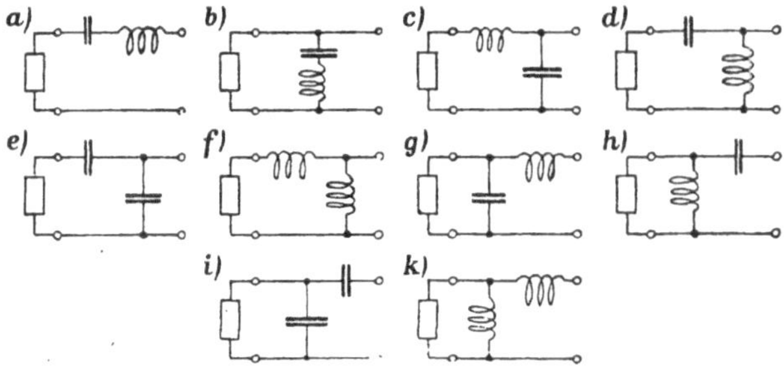

Abb. 57. Transformationsschaltungen aus zwei Blindwiderständen

und dann durch die Serienkapazität C_1 nach Abb. 50, Fall 2, senkrecht nach unten nach $\mathfrak{R}_1$. Quantitativ kann man diese Aufgabe lösen, wenn man die Punkte $\mathfrak{R}_1$ und $\mathfrak{R}_2$ ins Diagramm der Abb. 47 einträgt. Dann findet man $\mathfrak{R}' = 150 + j\,137\,\Omega$ leicht als Schnittpunkt des durch $\mathfrak{R}_2$ gehenden G-Kreises mit der senkrechten Geraden durch $\mathfrak{R}_1$. Den Leitwert $Y_{C2} = 0{,}0029$ S der Parallelkapazität C_2 findet man als Differenz der Blindleitwerte $Y_2 = -\,0{,}0062$ S und $Y' = -\,0{,}0033$ S der beiden Punkte $\mathfrak{R}_2$ und $\mathfrak{R}'$, die man als Parameter der durch diese Punkte gehenden Y-Kreise abliest. Aus Y_{C2} erhält man C_2 bei gegebener Frequenz nach (83) bzw. (85). Der Widerstand $X_{C1} = -\,97\,\Omega$ der Serienkapazität C_1 ist unmittelbar der Abstand der beiden Punkte $\mathfrak{R}'$ und $\mathfrak{R}_1$ (die Differenz ihrer Blindkomponenten). Man erhält daraus C_1 bei gegebener Frequenz nach (86) und (87).

Abb. 59 gibt die Transformation eines komplexen Widerstandes $\mathfrak{R}_2 = 80 + j\,30\,\Omega$ in den reellen Widerstand $\mathfrak{R}_1 = R_1 = 200\,\Omega$ mit Hilfe der Schaltung Abb. 57c. $\mathfrak{R}_2$ wird durch die Serieninduktivität L senkrecht nach oben nach $\mathfrak{R}'$ transformiert (Abb. 50, Fall 1), dann durch die Parallelkapazität C (Abb. 50, Fall 5) auf einem Kreis G = const nach $\mathfrak{R}_1$. Quantitativ löst man diese Aufgabe mit Hilfe des Diagramms der Abb. 47. Man trägt die Punkte $\mathfrak{R}_1$ und $\mathfrak{R}_2$ ins Diagramm ein und findet $\mathfrak{R}' = 80 + j\,98\,\Omega$ als Schnittpunkt des zu $\mathfrak{R}_1$ gehörenden G-Kreises mit der senkrechten Geraden durch $\mathfrak{R}_2$. Der Blindwiderstand $X_L = 68\,\Omega$ der Serieninduktivität ist die Differenz der Imaginärteile von $\mathfrak{R}'$ und $\mathfrak{R}_2$. Der Blindleitwert Y_C =

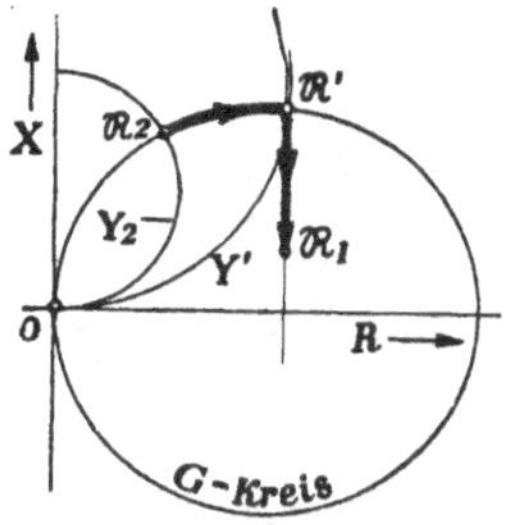

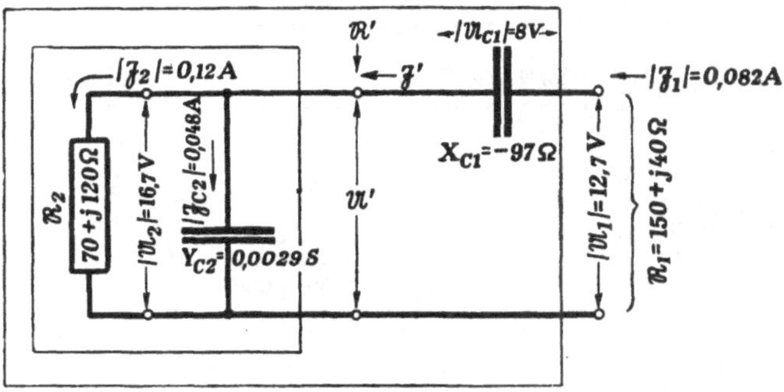

Abb. 58. Beispiel einer verlustfreien Transformation

0,0061 S ist die Differenz der Blindleitwerte von $\mathfrak{R}_1$ ($Y_1 = 0$) und $\mathfrak{R}'$ ($Y' = -0{,}0061$ S). Y' liest man an dem durch $\mathfrak{R}'$ gehenden Y-Kreis ab.

Transformationsbereiche: Bei beliebig vorgegebenem $\mathfrak{R}_1$ und $\mathfrak{R}_2$ gibt es unter den Schaltungen der Abb. 57 stets eine, im allgemeinen sogar mehrere, die diese Transformation ermöglichen. Mit Hilfe von Abb. 50 kann man sich eine Übersicht über die mit den einzelnen Schaltungen möglichen Transformationsbereiche schaffen. Die Schaltungen Abb. 57c bis f:

Der Serienblindwiderstand verschiebt $\mathfrak{R}$ auf der senkrechten Geraden, und zwar erreicht man jeden Punkt oberhalb von $\mathfrak{R}$ mit einem induktiven, jeden Punkt unterhalb von $\mathfrak{R}$ mit einem kapazitiven Widerstand. Jeden Punkt dieser senkrechten Geraden durch $\mathfrak{R}$ kann man durch den folgenden Parallelblindwiderstand beliebig auf dem durch ihn laufenden G-Kreis verschieben, und zwar gegen den Uhrzeigersinn mit einem induktiven (Abb. 50, Fall 4), im Uhrzeigersinn mit einem kapazitiven

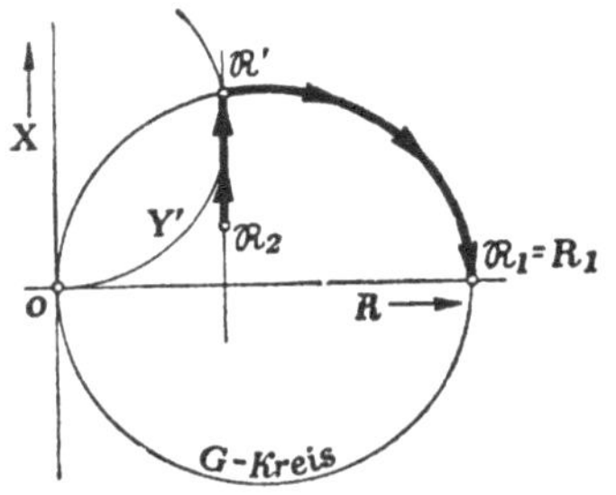

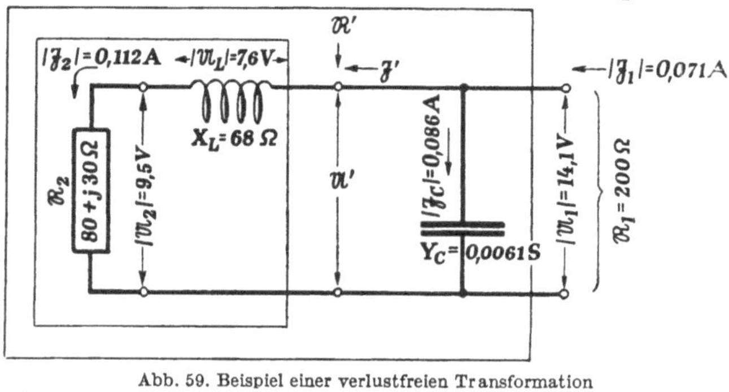

Abb. 59. Beispiel einer verlustfreien Transformation

Blindwiderstand (Abb. 50, Fall 5). Die Schaltungen Abb. 57g bis k: Der Parallelwiderstand kann das gegebene $\mathfrak{R}$ in jeden Punkt des durch $\mathfrak{R}$ gehenden G-Kreises transformieren, und zwar gegen den Uhrzeigersinn mit einem induktiven, im Uhrzeigersinn mit einem kapazitiven Parallelwiderstand. Den auf diesem G-Kreis liegenden Zwischenpunkt ($\mathfrak{R}'$ in Abb. 58) kann man dann durch den folgenden Serienblindwiderstand beliebig senkrecht nach oben oder unten verschieben, nach oben durch induktive, nach unten durch kapazitive Serienwiderstände.

Ströme und Spannungen in der Transformationsschaltung: Für die praktische Dimensionierung der Blindwiderstände muß man auch ihre strom- und spannungsmäßige Belastung kennen. Für Transformationsschaltungen aus Blindwiderständen, die als verlustfrei angesehen werden können, gibt das Diagramm der Abb. 47 eine sehr einfache Methode zur Berechnung der Ströme und der Spannungen für die einzelnen Widerstände der Schaltung mit Hilfe der Wirkleistung. Wenn die Wirkkomponente R eines komplexen Widerstandes $\mathfrak{R}$ und die in ihn eintretende Wirkleistung gegeben ist, berechnet sich der Strom durch $\mathfrak{R}$ nach (71) als $|\mathfrak{I}| = \sqrt{2P/R}$. Wenn sein bei gegebenem $\mathfrak{R}$ aus dem Diagramm leicht ablesbarer Wirkleitwert G gegeben ist, erhält man auch die Spannung an diesem Widerstand nach (74) als $|\mathfrak{U}| = \sqrt{2P/G}$. Ein komplexer Widerstand $\mathfrak{R}_2$ werde nun durch Serien- oder Parallelschaltung eines Blindwiderstandes in einen anderen Wert $\mathfrak{R}'$ und dann durch Vorschalten eines weiteren Blindwiderstandes in einen Wert $\mathfrak{R}_1$ transformiert (Abb. 58 und 59). Wie in (208) und (211) ist die in diese Widerstände eintretende Wirkleistung P überall die gleiche und daher

Strom in $\mathfrak{R}_2$:	Strom in $\mathfrak{R}'$:	Strom in $\mathfrak{R}_1$:	
$|\mathfrak{I}_2| = \sqrt{2P/R_2}$;	$|\mathfrak{I}'| = \sqrt{2P/R'}$;	$|\mathfrak{I}_1| = \sqrt{2P/R_1}$,	(213)
Spannung an $\mathfrak{R}_2$:	Spannung an $\mathfrak{R}'$:	Spannung an $\mathfrak{R}_1$:	
$|\mathfrak{U}_2| = \sqrt{2P/G_2}$;	$|\mathfrak{U}'| = \sqrt{2P/G'}$;	$|\mathfrak{U}_1| = \sqrt{2P/G_1}$.	(214)

Wenn der Transformationsweg wie in Abb. 58 und 59 ins Kreisdiagramm eingetragen ist, so daß man in jedem Stadium der Transformation die Werte R und G leicht entnehmen kann, ist also die Berechnung von $|\mathfrak{U}|$ und $|\mathfrak{I}|$ für alle Zwischenpunkte sehr einfach. Zunächst soll das Beispiel der Abb. 58 betrachtet werden: Für $P = 1/2$ Watt ist der Scheitelwert $|\mathfrak{I}_2| = \sqrt{1/R_2} = 0{,}12$ A. Man entnimmt dem Diagramm $G_2 = 0{,}0036$ S und erhält den Scheitelwert $|\mathfrak{U}_2| = \sqrt{1/G_2} =$ 16,7 V. Dieses $|\mathfrak{U}_2|$ liegt ebenfalls an der Parallelkapazität C_2 mit dem Leitwert $Y_{C2} = 0{,}0029$ S. Durch C_2 fließt dann der

Strom $|\mathfrak{J}_{C2}| = |\mathfrak{U}_2| \cdot Y_{C2} = 0{,}048$ A. Es interessiert ferner der Strom $|\mathfrak{J}_1|$ durch die Serienkapazität C_1, der gleich dem Strom durch den Eingangswiderstand $\mathfrak{R}_1$ ist. Da $\mathfrak{R}_1$ die gleiche Leistung $P = {}^1/_2$ Watt aufnimmt, berechnet man $|\mathfrak{J}_1|$ aus der Wirkkomponente R_1 des $\mathfrak{R}_1$: $|\mathfrak{J}_1| = \sqrt{1/R_1} = 0{,}082$ A. Die Eingangsspannung der Schaltung berechnet man aus dem Wirkleitwert $G_1 = 0{,}0062$ S des $\mathfrak{R}_1$ als $|\mathfrak{U}_1| = \sqrt{1/G_1} = 12{,}7$ V. Die Spannung $|\mathfrak{U}_{C1}|$ an der Serienkapazität C_1 mit dem Blindwiderstand $X_{C1} = -97\,\Omega$ ist $|\mathfrak{U}_{C1}| = |\mathfrak{J}_1| \cdot |X_{C1}| = 8$ V. Diese Werte multipliziere man mit $\sqrt{2\,P}$, wenn die Wirkleistung nicht ${}^1/_2$ Watt beträgt, sondern eine beliebige Größe P hat. Ströme und Spannungen im Beispiel der Abb. 59: Es sei wieder $P = {}^1/_2$ Watt. Der Strom $|\mathfrak{J}_2|$ in $\mathfrak{R}_2$: $|\mathfrak{J}_2| = \sqrt{1/R_2} = 0{,}112$ A. Die Spannung $|\mathfrak{U}_2| = \sqrt{1/G_2} = 9{,}5$ V. Der Strom durch die Serieninduktivität L ist wieder $|\mathfrak{J}_2|$, die Spannung an dem induktiven Widerstand $\mathrm{j}\,X_L = \mathrm{j}\,68\,\Omega$ also $|\mathfrak{U}_L| = |\mathfrak{J}_2| \cdot X_L = 7{,}6$ V. Der Strom $|\mathfrak{J}_1|$ am Eingang der Schaltung ergibt sich aus dem Widerstand R_1 des $\mathfrak{R}_1$: $|\mathfrak{J}_1| = \sqrt{1/R_1} = 0{,}071$ A, ebenso die Spannung am Eingang aus dem Wirkleitwert G_1 des Eingangswiderstandes: $|\mathfrak{U}_1| = \sqrt{1/G_1} = 14{,}1$ V. $|\mathfrak{U}_1|$ ist auch die Spannung an der Parallelkapazität mit dem Leitwert $\mathrm{j}\,Y_C = \mathrm{j}\,0{,}0061$ S. Der Strom durch C ist also $|\mathfrak{J}_C| = |\mathfrak{U}_1| \cdot Y_C = 0{,}086$ A.

Auch die Änderung der Phasenwinkel kann man an den Beispielen leicht erkennen. In Abb. 58 ergibt die Parallelschaltung des C_2, d. h. die Transformation von $\mathfrak{R}_2$ nach $\mathfrak{R}'$ nach Abb. 56c ein positives $(\psi' - \psi)$ für die Änderung der Phase des Stromes (Phasendifferenz zwischen $\mathfrak{J}_1$ und $\mathfrak{J}_2$). Die Serienschaltung des C transformiert von $\mathfrak{R}'$ nach $\mathfrak{R}_1$, ändert also nach Abb. 56a nur die Phase der Spannung. Die Phasendifferenz $(\chi' - \chi)$ zwischen $\mathfrak{U}_1$ und $\mathfrak{U}_2$ ist negativ und aus dem Dreieck $0\,\mathfrak{R}'\,\mathfrak{R}_1$ zu entnehmen. In Abb. 59 ergibt die Serienschaltung des L eine Transformation von $\mathfrak{R}_2$ nach $\mathfrak{R}_1$ und eine positive Phasendifferenz $(\chi' - \chi)$ zwischen $\mathfrak{U}_1$ und $\mathfrak{U}_2$, die sich nach Abb. 56a aus dem Dreieck $0\,\mathfrak{R}'\,\mathfrak{R}_2$ ergibt. Dagegen ergibt die Parallelschaltung des C eine Transformation von

$\mathfrak{R}'$ nach R_1 und eine positive Phasendifferenz $(\psi' - \psi)$ zwischen $\mathfrak{J}_1$ und $\mathfrak{J}_2$, die sich nach Abb. 56c aus dem Dreieck $0\,\mathfrak{R}'\,R_1$ ergibt.

IV,5. Ankopplung an Resonanzkreise

Im Zusammenhang mit Elektronenröhren, die wegen ihrer kleinen Ströme stets hochohmige Gebilde darstellen, kommt es sehr oft vor, daß man Widerstände mittlerer Größe (etwa 20 bis 500 Ω) in sehr große Widerstände (etwa 10^4 bis $10^5\,\Omega$) transformieren muß, und umgekehrt. In diesem Fall braucht man für die Transformationsschaltungen der Abb. 57 meist Blindwiderstände extremer Größenordnung, die nach III,7 oft mit störenden Nebenerscheinungen behaftet sind. Außerdem müssen dann die Werte der zur Transformation benutzten Blindwiderstände *sehr genau* eingehalten werden. Praktisch bedeutet dies, daß man veränderliche, genau einstellbare Blindwiderstände braucht, die am einfachsten durch die bekannten Plattendrehkondensatoren dargestellt werden. Man benutzt also Schaltungen aus unveränderlichen Blindwiderständen, in die an geeigneten Stellen veränderliche Kapazitäten eingefügt sind, und kommt dann zu den im folgenden betrachteten Schaltungen, deren Hauptbestandteil ein Parallelresonanzkreis nach III,4 ist, der in der Umgebung seiner Resonanzfrequenz betrieben wird.

Die Transformation eines sehr kleinen Wirkwiderstandes in einen sehr großen reellen Widerstand: Die Schaltungen zeigt Abb. 60. Betrachtet wird hier die Schaltung Abb. 60a, bei der der zu transformierende Widerstand R_2 im induktiven Zweig

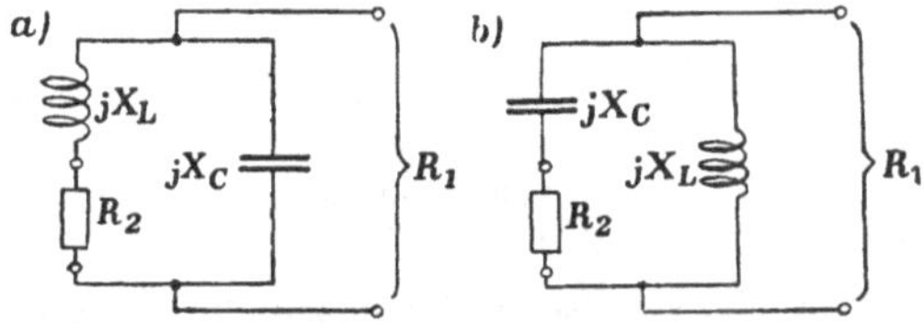

Abb. 60. Transformation sehr kleiner Widerstände in sehr große

liegt. R_2 sei so klein, daß $R_2 < 0{,}1\ X_L$ ist. Dann benutzt man (200) und ersetzt die Serienschaltung von R_2 und j X_L formal durch die Parallelschaltung der Widerstände j X_L und

$$R_1 = X_L^2/R_2 \quad (R_2 < 0{,}1\ X_L)\,. \tag{215}$$

Parallel dazu schaltet man die Kreiskapazität mit dem Blindwiderstand j X_C. Macht man $|X_C| = X_L$, bringt den Kreis also in Resonanz, so heben sich der kapazitive und der induktive Leitwert gegenseitig auf, und es bleibt nur der Wirkwiderstand R_1 nach (215) als Ergebnis der Transformation übrig. Wenn der zu transformierende Widerstand R_2 und der gewünschte Wert R_1 gegeben sind, benötigt man nach (215) zur Transformation eine Induktivität mit dem Blindwiderstand

$$X_L = \sqrt{R_1 R_2} \quad (R_2 < 0{,}1\ X_L) \tag{216}$$

und eine Kapazität mit *gleichem* Blindwiderstand. Die Schaltung der Abb. 60b verhält sich entsprechend. Im Prinzip sind diese Schaltungen identisch mit Abb. 57c und d; sie haben lediglich für sehr kleine R_2 diese besonders einfachen Gleichungen. Da $R_2 < 0{,}1\ X_L$ ist, muß nach (213) $R_1 > 10\ X_L$, der Transformationsfaktor R_1/R_2 also größer als 100 sein, wenn diese Gleichungen benutzt werden sollen. Umkehrung: *Die Transformation eines sehr großen Widerstandes R_1 in einen sehr kleinen Widerstand R_2* erfolgt nach Abb. 61 mit einer

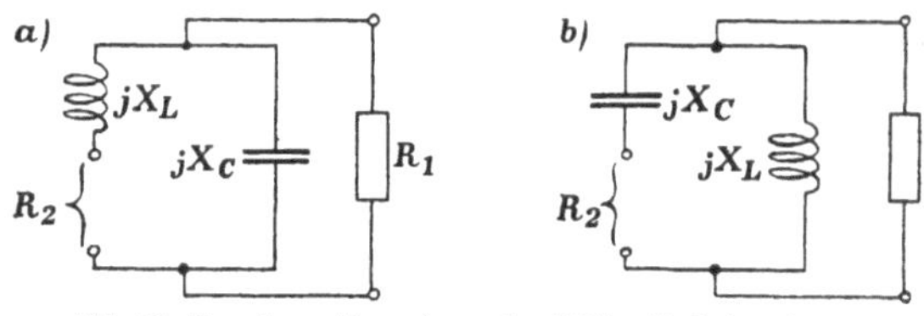

Abb. 61. Transformation sehr großer Widerstände in sehr kleine

Schaltung wie in Abb. 60, aber in umgekehrter Richtung nach den gleichen Formeln (215) und (216).

Induktive und kapazitive Teilankopplung: Wenn R_2 nicht extrem klein ist, benutzt man die Schaltungen der Abb. 62, wovon die Schaltung der Abb. 62a näher betrachtet wird. L_2 wird so klein gewählt, daß sein Blindwiderstand $X_{L2} < 0{,}1\, R_2$ ist. Die Parallelschaltung von j X_{L2} und R_2 kann man dann nach (200) in eine Serienschaltung der Widerstände $R_s = X_{L2}^2/R_2$ und j X_{L2} umrechnen. Es ist $R_s < 0{,}1\, X_{L2}$. Im in-

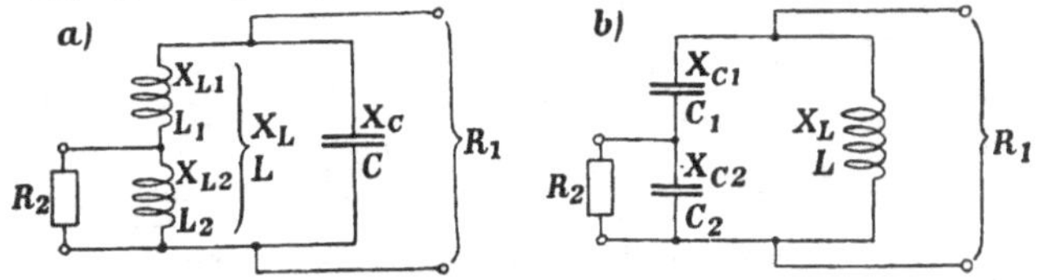

Abb. 62. Transformation mit teilgekoppelten Resonanzkreisen

duktiven Zweig liegt ferner in Serie dazu die Induktivität L_1, also der Blindwiderstand j $X_{L1} = \mathrm{j}\,\omega L_1$. Wenn dann $L_1 + L_2 = L$ die Gesamtinduktivität mit dem Blindwiderstand j $X_L = \mathrm{j}\,\omega L$ ist, besteht der induktive Zweig aus der Serienschaltung von R_s und j X_L. Diese beiden Widerstände kann man wegen der Kleinheit von R_s nach (200) wieder in eine Parallelschaltung des Wirkwiderstandes $R_1 = X_L^2/\,R_s$ und des unveränderten Blindwiderstandes j X_L umrechenn. Schaltet man nun nach Abb. 62a parallel dazu einen kapazitiven Blindwiderstand, dessen Blindwiderstand j X_C entgegengesetzt gleich j X_L ist (Parallelresonanz), so kompensiert dieses X_C das X_L, und es bleibt nur der reelle Widerstand R_1. Der Transformationsfaktor ist also:

$$\frac{R_1}{R_2} = \frac{X_L^2}{R_s\,R_2} = \left(\frac{X_L}{X_{L2}}\right)^2 = \left(\frac{L}{L_2}\right)^2 = \left(1 + \frac{L_1}{L_2}\right)^2. \qquad (217)$$

Dieser Transformationsfaktor ist *unabhängig von der Frequenz*. Die Schaltung der Abb. 62b würde nach den gleichen Überlegungen die Formel geben:

$$\frac{R_1}{R_2} = \left(\frac{X_{C1} + X_{C2}}{X_{C2}}\right)^2 = \left(\frac{C_1 + C_2}{C_1}\right)^2. \qquad (218)$$

Wenn man umgekehrt sehr große Wirkwiderstände R_1 in sehr kleine R_2 transformieren will, verwendet man die gleichen Schaltungen in umgekehrter Richtung (Abb. 63).

Wenn man die Bedingung nicht einhalten kann, daß die Wirkwiderstände sehr klein oder sehr groß gegen die Blindwiderstände sind, werden die Näherungsformeln (200) un-

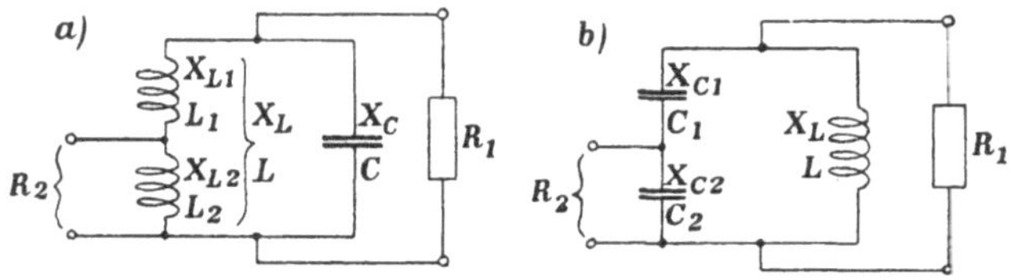

Abb. 63. Transformation mit teilgekoppelten Resonanzkreisen

genau, und man muß die exakten Formeln (196) und (197) bzw. das Kreisdiagramm der Abb. 49 benutzen.

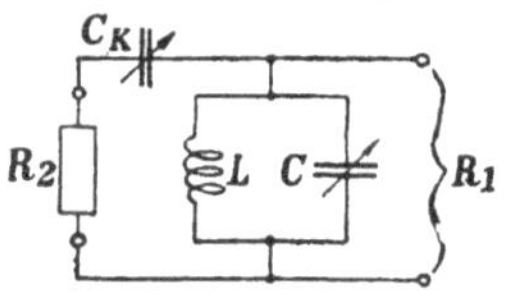

Abb. 64. Kapazitive Ankopplung an einen Resonanzkreis

Abb. 64 zeigt eine Anwendung des wichtigen Verfahrens, mit Hilfe eines Drehkondensators und einer parallelen unveränderlichen Spule sehr große und vor allen Dingen auf einfachste Weise stetig veränderliche, kapazitive und induktive Blindwiderstände herzustellen. L sei konstant und C werde verändert. Es sei

$$C = C_R + \Delta C\,, \tag{219}$$

wobei C_R der Wert der Kapazität ist, der bei gegebenem L zur Resonanz nach (114) erforderlich ist. Der Resonanzblindleitwert lautet bei der Frequenz ω

$$Y_R = \omega C_R = |\,Y_L\,| = \frac{1}{\omega L}\,. \tag{220}$$

Nach (154) ist dann der gesamte Leitwert des Kreises mit dem C nach (219)

$$\mathfrak{G} = G_R + \mathrm{j}\left(\omega C_R + \omega \cdot \Delta C - \frac{1}{\omega L}\right) = G_R + \mathrm{j}\,\omega \cdot \Delta C\,, \tag{221}$$

wobei ΔC die Veränderung der Kapazität C gegenüber dem Resonanzwert C_R angibt. Der komplexe Widerstand $\mathfrak{R}$ des

Kreises durchläuft bei Veränderung der Kapazität folgende Werte:

$$\mathfrak{R} = R + \mathrm{j}\,X = \frac{1}{\mathfrak{G}} = \frac{1}{G_R + \mathrm{j}\,\omega \cdot \Delta C} = \frac{R_R}{1 + \mathrm{j}\,\omega \cdot \Delta C \cdot R_R}. \tag{222}$$

R_R ist der Resonanzwirkwiderstand nach (165). Der Absolutwert $|\mathfrak{R}|$ durchläuft eine Resonanzkurve

$$|\mathfrak{R}| = \frac{R_R}{\sqrt{1 + (\omega \cdot \Delta C \cdot R_R)^2}} \tag{223}$$

mit der normierten Form (Abb. 21)

$$K = \frac{|\mathfrak{R}|}{R_R} = \frac{1}{\sqrt{1 + (\Delta x)^2}}\,; \quad \Delta x = \omega \cdot \Delta C \cdot R_R\,. \tag{224}$$

Für $\Delta x = \pm 1$, also für $\Delta C = \pm 1/(\omega R_R)$ ist $|\mathfrak{R}| = R_R \sqrt{2}$, und $\mathfrak{R}$ hat die Phase $\pm \pi/4$; vgl. (170) bis (172) und Abb. 28. R und X verhalten sich bei Veränderung des C genau so wie in Abb. 29 und Abb. 53 bei Veränderung der Frequenz. Der entstehende Blindwiderstand $\mathrm{j}\,X$ hat einen umso größeren Verlustfaktor R/X, je näher man der Resonanz kommt. Wenn man nach diesem Verfahren große Blindwiderstände herstellen will, bleibe man daher stets außerhalb der Bandbreite des Kreises. Man erreicht nach Abb. 29 und (172) keine beliebig großen Blindwiderstände. Im folgenden wird ein Beispiel zur Anwendung dieser Erkenntnisse gegeben: Zur Ankopplung eines niederohmigen Verbrauchers an hochohmige Resonanzkreise benutzt man oft die Schaltung der Abb. 57d. Der Verbraucher R_2 wird durch eine sehr kleine, veränderliche Kapazität C_K an einen Resonanzkreis gekoppelt (Abb. 64), dessen Kapazität etwas kleiner als die zur Resonanz erforderliche ist (ΔC negativ), so daß der verstimmte Kreis den zur Transformation benötigten induktiven Parallelwiderstand darstellt. Durch Veränderung von C_K und C kann man die Größe der transformierenden Blindwiderstände und den Transformationsfaktor leicht und genau einstellen.

IV,6. Spannungsteiler

Das Teilungsverhältnis: Ein Spannungsteiler besteht allgemein aus einer Kombination zweier komplexer Widerstände $\mathfrak{R}_1$ und $\mathfrak{R}_2$ nach Abb. 65. Der Ausgang der Schaltung ist unbelastet. An dem Gesamtwiderstand $\mathfrak{R} = \mathfrak{R}_1 + \mathfrak{R}_2$ liegt die

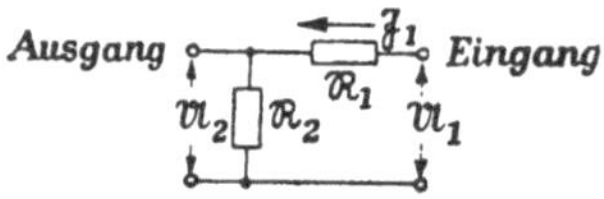

Abb. 65. Allgemeiner Spannungsteiler

gegebene Spannung $\mathfrak{U}_1$, es fließt der Strom $\mathfrak{J}_1 = \mathfrak{U}_1/\mathfrak{R}$ durch beide Widerstände, und an dem Widerstand $\mathfrak{R}_2$ liegt die gesuchte Spannung

$$\mathfrak{U}_2 = \mathfrak{J}_1 \cdot \mathfrak{R}_2 = \mathfrak{U}_1 \frac{\mathfrak{R}_2}{\mathfrak{R}_1 + \mathfrak{R}_2}\,. \tag{225}$$

Das Verhältnis $\mathfrak{U}_2/\mathfrak{U}_1$ ist also durch das Verhältnis $\mathfrak{R}_2/(\mathfrak{R}_1 + \mathfrak{R}_2)$ der komplexen Widerstände bedingt. Das „Teilungsverhältnis", lautet

$$v = \frac{|\mathfrak{U}_2|}{|\mathfrak{U}_1|} = \frac{|\mathfrak{R}_2|}{|\mathfrak{R}_1 + \mathfrak{R}_2|} = \frac{1}{|1 + \mathfrak{R}_1/\mathfrak{R}_2|}\,; \quad |\mathfrak{U}_2| = v \cdot |\mathfrak{U}_1|\,. \tag{226}$$

Wenn man die erzeugte Spannung $\mathfrak{U}_2$ praktisch ausnutzen will, muß man an die Ausgangsklemmen, d. h. parallel zu $\mathfrak{R}_2$, einen Verbraucher $\mathfrak{R}$ legen. Dadurch ändert sich die Spannung $|\mathfrak{U}_2|$, weil sich der Spannungsteilerstrom $\mathfrak{J}_1$ jetzt auf $\mathfrak{R}_2$ und $\mathfrak{R}$ verteilt, also an $\mathfrak{R}_2$ nicht mehr die unbelastete Spannung $\mathfrak{J}_1 \cdot \mathfrak{R}_2$ bestehen kann. Wenn man eine definierte, belastungsunabhängige Spannungsteilung erzeugen will, muß stets der belastende Widerstand $\mathfrak{R}$ groß gegen $\mathfrak{R}_2$ sein. Für definierte Spannungsteiler besteht daher stets das Problem, wie klein $\mathfrak{R}$ werden darf, damit der entstehende Fehler des $|\mathfrak{U}_2|$ ein praktisch zulässiges Maß nicht überschreitet.

Eine besondere Rolle spielen die **frequenzunabhängigen Spannungsteiler** (Abb. 66). Der Ohmsche Spannungsteiler (Abb. 66a) besteht aus zwei Wirkwiderständen R_1 und R_2:

$$v = \frac{R_2}{R_1 + R_2} = \frac{1}{1 + R_1/R_2}\,. \tag{227}$$

Der kapazitive Spannungsteiler (Abb. 66b) wird bei Hochfrequenz oft verwendet. Obwohl er aus frequenzabhängigen Widerständen besteht, ist die Spannungsteilung frequenzunabhängig:

$$v = \frac{1/(\omega C_2)}{1/(\omega C_1) + 1/(\omega C_2)} = \frac{C_1}{C_1 + C_2} = \frac{1}{1 + C_2/C_1}. \tag{228}$$

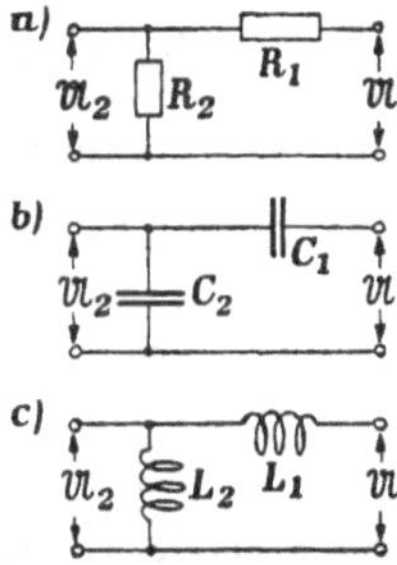
Abb. 66. Frequenzunabhängige Spannungsteiler

Seltener wird der induktive Spannungsteiler (Abb. 66c) benutzt, der auch frequenzunabhängig teilt:

$$v = \frac{\omega L_2}{\omega L_1 + \omega L_2} = \frac{L_2}{L_1 + L_2} = \frac{1}{1 + L_1/L_2}. \tag{229}$$

Ein weiterer bekannter Spannungsteiler ist das (LC)-Glied (Abb. 67), das als Verdrosselung benutzt wird, um eine Gleichstrom oder niederfrequente Wechselströme führende Leitung von Strömen hoher Frequenz zu befreien. Die Spannungsteilung lautet nach (226)

$$v = \frac{1}{1 + \omega^2 LC}. \tag{230}$$

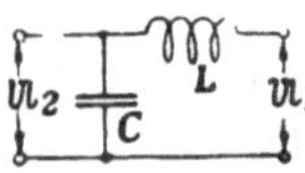
Abb. 67. Hochfrequenzsperre

Das Teilungsverhältnis sinkt mit wachsender Frequenz, solange die beteiligten Blindwiderstände nicht durch die in III,7 beschriebenen Effekte verändert werden. Näheres auch in VI,3.

V. Komplexe Behandlung der Spannungsquelle

V,1. Die Spannungsquelle

Zur vollständigen Berechnung der Vorgänge in einer Schaltung gehört die quantitative Kenntnis der Spannungsquelle. *Bei Gleichstrom* beschreibt man das Verhalten einer Spannungsquelle durch ihre Leerlaufspannung U_L und ihren Innenwiderstand R_i. Bei gegebenem Verbraucher R_a ist dann die Spannung U am Verbraucher und der Strom I im Verbraucher

$$U = U_L \frac{R_a}{R_a + R_i}\,; \quad I = U_L \frac{1}{R_a + R_i}\,. \tag{231}$$

Die vom Verbraucher aufgenommene Leistung

$$P = U \cdot I = U_L{}^2 \frac{R_a}{(R_a + R_i)^2} \tag{232}$$

erreicht ihr Maximum bei Anpassung ($R_a = R_i$):

$$P_{\max} = \frac{1}{4} \frac{U_L{}^2}{R_i}\,. \tag{233}$$

Bei Wechselstrom kommt man zu analogen Formeln. Die Spannungsquelle (Abb. 68) enthält eine elektromotorische Kraft und einen inneren Widerstand. Diese beiden Kennzeichen der Quelle sind rein formaler Natur und brauchen keinesfalls eine physikalische Bedeutung zu haben. Auf folgende Weise kommt man zu einer einwandfreien Beschreibung des Verhaltens einer Quelle: Belastet man die Quelle mit einem Widerstand $\mathfrak{R}_a$ nach Abb. 68a, so fließt ein Strom $\mathfrak{I}$ und an $\mathfrak{R}_a$ entsteht eine Spannung $\mathfrak{U}$. Im Leerlauf mit $\mathfrak{R}_a = \infty$ nach Abb. 68b fließt kein Strom und man mißt zwischen den Klemmen des Generators die Leerlaufwechselspannung mit dem reellen Momentanwert $u_L = |\,\mathfrak{U}_L\,| \cdot \cos(\omega t + \chi_L)$ und der komplexen Amplitude $\mathfrak{U}_L = |\,\mathfrak{U}_L\,| \cdot e^{j\chi_L}$; im Kurzschluß mit $\mathfrak{R}_a = 0$ nach Abb. 68c mißt man den Kurzschlußstrom mit dem reellen Momentanwert $i_K = |\,\mathfrak{I}_K\,| \cdot \cos(\omega t + \psi_K)$ und der komplexen Amplitude $\mathfrak{I}_K = |\,\mathfrak{I}_K\,| \cdot e^{j\psi_K}$. Der Innenwiderstand wird in sinngemäßer Er-

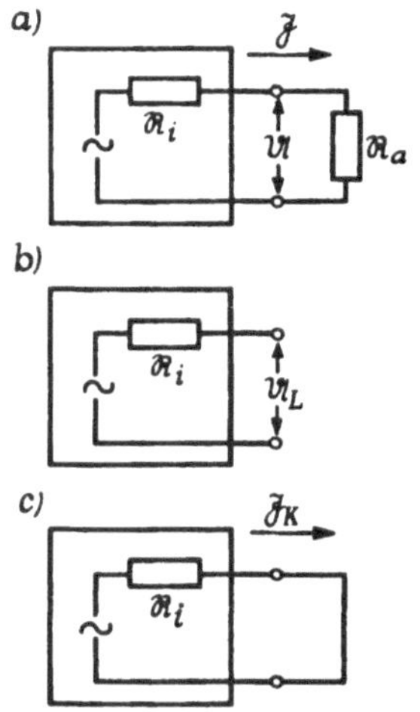

Abb. 68. Spannungsquelle

weiterung der Gleichstromformeln als komplexer Widerstand $\mathfrak{R}_i$ durch folgende Definition festgelegt:

$$\mathfrak{R}_i = R_i + \mathrm{j}\, X_i = \frac{\mathfrak{U}_L}{\mathfrak{I}_K} = \frac{|\,\mathfrak{U}_L\,|}{|\,\mathfrak{I}_K\,|}\, e^{\mathrm{j}(\chi_L - \psi_K)} = |\,\mathfrak{R}_i\,| \cdot e^{\mathrm{j}\varphi_i}\,. \tag{234}$$

Der Absolutwert des komplexen Innenwiderstandes gibt das Verhältnis des Absolutwerts der Leerlaufspannung zum Absolutwert des Kurzschlußstroms, seine Phase die Differenz der Phasen von Leerlaufspannung und Kurzschlußstrom. Entzieht der Verbraucher $\mathfrak{R}_a = R_a + \mathrm{j}\, X_a$ (Abb. 68a) der Spannungsquelle einen Strom $\mathfrak{I}$, so entsteht an $\mathfrak{R}_i$ der Spannungsabfall $\mathfrak{R}_i \cdot \mathfrak{I}$, und an $\mathfrak{R}_a$ liegt die Spannung $\mathfrak{U}_L - \mathfrak{I} \cdot \mathfrak{R}_i = \mathfrak{U}$. Außerdem ist $\mathfrak{U} = \mathfrak{I} \cdot \mathfrak{R}_a$. Daraus ergeben sich die den Gleichstromformeln nach (231) entsprechenden Gleichungen, die das Verhalten des Stromkreises bestimmen:

$$\mathfrak{U} = \mathfrak{U}_L \frac{\mathfrak{R}_a}{\mathfrak{R}_a + \mathfrak{R}_i}\,; \quad \mathfrak{I} = \frac{\mathfrak{U}_L}{\mathfrak{R}_a + \mathfrak{R}_i}\,. \tag{235}$$

Es erweist sich meist als zweckmäßig, die elektromotorische Kraft nicht in die Rechnung einzuführen, da man in den weitaus meisten Fällen mit Spannungen rechnen kann. Man rechnet rein formal am einfachsten, wenn man sich nach Abb. 72a im Innern der Quelle zwei Klemmen 1 und 1a denkt, zwischen denen eine gedachte Spannung $\mathfrak{U}_L$ liegt, die unabhängig von der Belastung durch den Strom $\mathfrak{I}$ ist. $\mathfrak{R}_i$ und $\mathfrak{R}_a$ bilden einen Spannungsteiler nach Abschn. IV,6, wobei an $\mathfrak{R}_a$ nach (225) die Spannung $\mathfrak{U}$ nach (235) entsteht.

Die reelle Scheinleistung lautet nach (77) in Analogie zu (232)

$$S = \frac{1}{2}\,|\,\mathfrak{U}_L\,|^2 \cdot \left|\,\frac{\mathfrak{R}_a}{(\mathfrak{R}_a + \mathfrak{R}_i)^2}\,\right|\,. \tag{236}$$

Die Wirkleistung im Verbraucher lautet nach (6), (11) und (72)

$$\begin{aligned} P &= \frac{1}{2}\,|\,\mathfrak{I}\,|^2 \cdot R_a = \frac{1}{2}\,\frac{|\,\mathfrak{U}_L\,|^2 \cdot R_a}{|\,\mathfrak{R}_a + \mathfrak{R}_i\,|^2} \\ &= \frac{1}{2}\,\frac{|\,\mathfrak{U}_L\,|^2 \cdot R_a}{(R_a + R_i)^2 + (X_a + X_i)^2}\,. \end{aligned} \tag{237}$$

Gegenüber der Gleichstromformel (232) tritt also wie in (73) der Faktor $^1/_2$ auf, daneben aber im Nenner die Größe $(X_i + X_a)^2$, die den Einfluß der Blindkomponenten des Innenwiderstandes und des Verbrauchers angibt. Es interessieren die Bedingungen für *maximale Leistung bei gegebenem Innenwiderstand* $\mathfrak{R}_i$: 1. Bei gegebenen Wirkkomponenten $(R_i + R_a)$ wird P am größten, wenn der Nenner am kleinsten ist. Wenn man die Blindkomponente $\mathrm{j}\,X_a$ verändert, wird der Nenner am kleinsten, wenn $X_i + X_a = 0$, also

$$X_a = -X_i \tag{238}$$

ist. 2. Wenn die Bedingung (238) erfüllt ist, besteht bis auf den Faktor $^1/_2$ die Gleichstromformel (232), und maximale Leistung gibt es wie bei Gleichstrom für

$$R_a = R_i \tag{239}$$

(Anpassung). Es ist dann

$$P_{\max} = \frac{1}{8} \frac{|\mathfrak{U}_L|^2}{R_i} \tag{240}$$

und nach (237) also allgemein

$$P = P_{\max} \frac{4\,R_a\,R_i}{(R_a + R_i)^2 + (X_a + X_i)^2}. \tag{241}$$

Das Wirkleistungsdiagramm: Zur Auswertung der relativ komplizierten Formel (241) hat A. Weißfloch ein einfaches Kreisdiagramm angegeben, das im folgenden abgeleitet werden soll. Der jeweils betrachtete Widerstand $\mathfrak{R}_a$ sei in der Widerstandsebene als Punkt $\mathfrak{R}_a$ mit den rechtwinkligen Koordinaten R_a und X_a dargestellt (Abb. 69). Es sollen jetzt

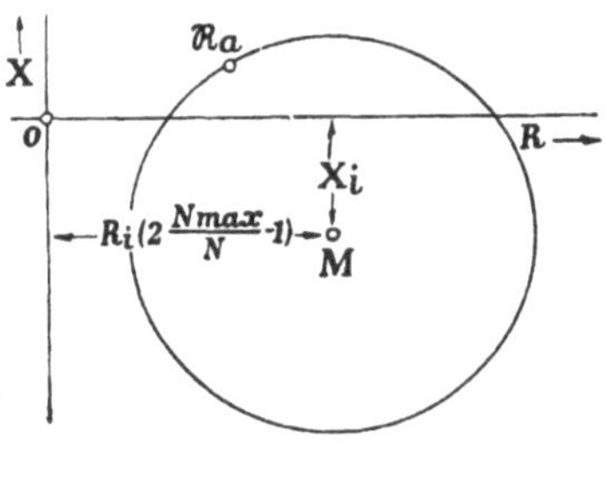

Abb. 69.
Kreis konstanter Wirkleistung

alle Punkte $\mathfrak{R}_a$ gesucht werden, die aus der Spannungsquelle mit dem Innenwiderstand $\mathfrak{R}_i$ die *gleiche* Leistung P entnehmen. Die Verbindungslinie all dieser Punkte ist eine Kurve in der komplexen Zahlenebene, die durch eine Gleichung zwischen den Koordinaten R_a und X_a des $\mathfrak{R}_a$ festgelegt wird. Die Gleichung dieser Kurve ist (241), wobei jetzt P und $P_{\max}$ als gegebene konstante Zahlen anzusehen sind. Diese Gleichung soll so umgebaut werden, daß man den Charakter der Kurve durch Vergleich mit bekannten Kurvengleichungen erkennen kann. Aus (241) folgt

$$(R_a + R_i)^2 + (X_a + X_i)^2 = 4\, R_a R_i \frac{P_{\max}}{P}. \tag{242}$$

Eine einfache Umstellung ergibt daraus die Kreisgleichung:

$$\left[R_a - R_i \left(2\frac{P_{\max}}{P} - 1\right)\right]^2 + (X_a + X_i)^2 = 4\frac{P_{\max}}{P}\left(\frac{P_{\max}}{P} - 1\right) R_i^2. \tag{243}$$

Der Mittelpunkt dieses Kreises hat die rechtwinkligen Koordinaten

$$R_M = R_i \left(2\frac{P_{\max}}{P} - 1\right); \quad X_M = -X_i. \tag{244}$$

Er hat den Radius

$$r = 2\, R_i \sqrt{\frac{P_{\max}}{P}\left(\frac{P_{\max}}{P} - 1\right)}. \tag{245}$$

Einen solchen Kreis zeigt Abb. 69. In Abb. 70 ist eine Serie solcher Kreise mit verschiedenem $P/P_{\max}$ gezeichnet. Für $P/P_{\max} = 1$, also $P = P_{\max}$, ist $r = 0$. Dort erhält man nach (244) den Einzelpunkt $R_M = R_i$ und $X_M = -X_i$ wie in (238) und (239). Um diesen Punkt herum liegen alle Kreise mit $P/P_{\max} < 1$. Die Mittelpunkte der Kreise liegen nach (244) alle auf der waagerechten Geraden $X_M = -X_i$; sie wandern mit abnehmendem $P/P_{\max}$ nach rechts. Für $P/P_{\max} = 0$, also $P = 0$, erhält man die imaginäre Achse ($r = \infty$; $R_M = \infty$). Wenn nun ein bestimmtes $\mathfrak{R}_a$ gegeben ist, trage man es als Punkt in Abb. 70 ein und findet aus den

Parametern der beiden benachbarten Kreise das zugehörige P / P_{max}. Das P_{max} berechnet man für die gegebene Quelle aus (240) und dann $P = P_{max} \cdot P / P_{max}$. Für das in Abb. 70

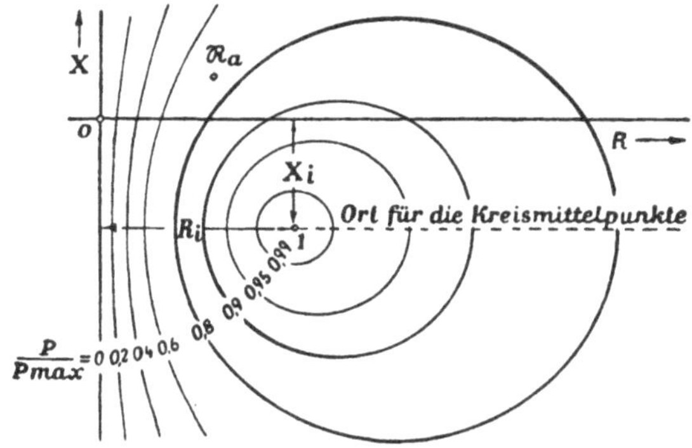

Abb. 70. Kreise konstanter Wirkleistung

gezeichnete $\mathfrak{R}_a$ ist $P / P_{max} = 0{,}72$. Wenn man für alle Quellen das gleiche Kreisdiagramm verwenden will, führt man eine neutrale komplexe Zahl

$$\mathfrak{A} = A_1 + \mathrm{j}\, A_2 \tag{246}$$

mit $A_1 = \dfrac{R_a}{R_i}$ und $A_2 = \dfrac{X_a + X_i}{R_i}$ ein.

Dann ist statt (241), nachdem Zähler und Nenner durch R_i^2 geteilt wurde

$$\frac{P}{P_{max}} = \frac{4\, A_1}{(A_1 + 1)^2 + A_2^2} \,. \tag{247}$$

Die Kreise konstanter Wirkleistung nach (243) haben die Gleichung

$$\left[A_1 - \left(2\,\frac{P_{max}}{P} - 1\right)\right]^2 + A_2^2 = 4\,\frac{P_{max}}{P}\left(\frac{P_{max}}{P} - 1\right). \tag{248}$$

Diese Kreise zeigt Abb. 71. Man berechnet also $\mathfrak{A}$ nach (246), trägt den Punkt $\mathfrak{A}$ in Abb. 74 ein und liest dort P / P_{max} ab.

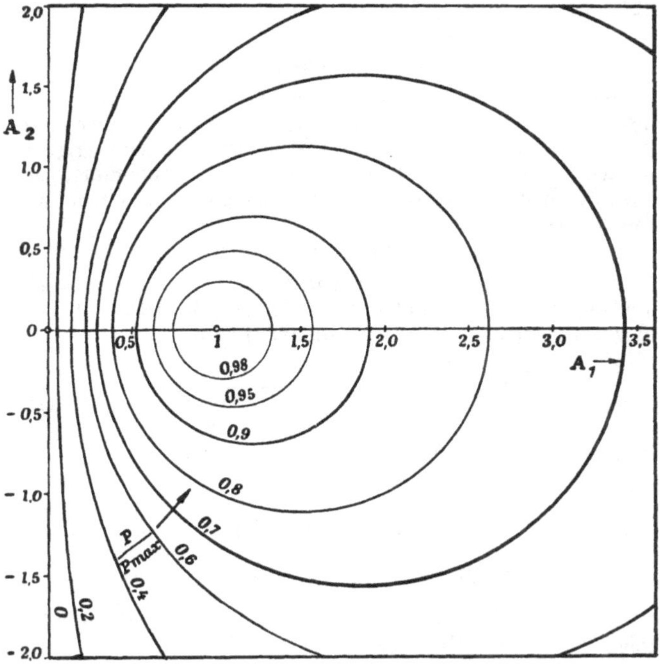

Abb. 71. Wirkleistungsdiagramm

Zur Anwendung des Diagramms auf Leitwerte vgl. Abschn. V,2.

In vielen Fällen, wenn die Phasen von Strom und Spannung nicht interessieren, berechnet man Strom und Spannung nach (213) und (214) auf dem Umweg über die Wirkleistung:

Zunächst erhält man $P_{\max}$ nach (240) zur gegebenen Spannungsquelle, daraus bei gegebenem $\mathfrak{R}_a$ nach Abb. 71 $P/P_{\max}$ und P, dann nach (213) den Strom $|\mathfrak{J}|$ durch $\mathfrak{R}_a$ und nach (214) die Spannung $|\mathfrak{U}|$ an $\mathfrak{R}_a$.

V,2. Die Stromquelle

Wenn die Schaltung nicht durch ihre Widerstandskomponenten, sondern durch Leitwertkomponenten gegeben ist, wird die Anwendung der Gl. (235) bis (241) zu schwierig. Es ist dann zweckmäßig, nicht mehr die Leerlaufspannung, sondern den Kurzschlußstrom $\mathfrak{J}_K$ als Ausgangspunkt zu benutzen. Nach (234) ist

$$\mathfrak{J}_K = \mathfrak{U}_L/\mathfrak{R}_i; \qquad \mathfrak{U}_L = \mathfrak{J}_K \cdot \mathfrak{R}_i\,. \tag{249}$$

Statt des Verbrauchers $\mathfrak{R}_a$ tritt in den folgenden Formeln sein Leitwert $\mathfrak{G}_a = 1/\mathfrak{R}_a$ und statt des Innenwiderstandes $\mathfrak{R}_i$ sein Reziprokwert $\mathfrak{G}_i = 1/\mathfrak{R}_i$ auf. Aus (235) wird dann

$$\begin{aligned}\mathfrak{J} &= \frac{\mathfrak{U}_L}{\mathfrak{R}_a + \mathfrak{R}_i} = \frac{\mathfrak{U}_L}{\mathfrak{R}_i}\,\frac{1}{1 + \mathfrak{R}_a/\mathfrak{R}_i} \\ &= \mathfrak{J}_K\,\frac{1}{1 + \mathfrak{G}_i/\mathfrak{G}_a} = \mathfrak{J}_K\,\frac{\mathfrak{G}_a}{\mathfrak{G}_a + \mathfrak{G}_i}\,;\end{aligned} \tag{250}$$

$$\begin{aligned}\mathfrak{U} &= \frac{\mathfrak{U}_L \cdot \mathfrak{R}_a}{\mathfrak{R}_a + \mathfrak{R}_i} = \frac{\mathfrak{U}_L}{\mathfrak{R}_i}\,\frac{\mathfrak{R}_a \cdot \mathfrak{R}_i}{\mathfrak{R}_a + \mathfrak{R}_i} \\ &= \mathfrak{J}_K\,\frac{1}{1/\mathfrak{R}_i + 1/\mathfrak{R}_a} = \mathfrak{J}_K\,\frac{1}{\mathfrak{G}_a + \mathfrak{G}_i}\,.\end{aligned} \tag{251}$$

Wenn man (235) mit (250) und (251) vergleicht, so fällt folgende formale Gleichheit des Formelaufbaus auf: Wenn man in (235) die Buchstaben $\mathfrak{R}_a$ und $\mathfrak{R}_i$ unmittelbar durch $\mathfrak{G}_a$ und $\mathfrak{G}_i$ ersetzt, muß man gleichzeitig $\mathfrak{U}_L$ durch $\mathfrak{J}_K$, $\mathfrak{U}$ durch $\mathfrak{J}$ und $\mathfrak{J}$ durch $\mathfrak{U}$ ersetzen. Dann erhält man aus (235) direkt (250) und (251). Dies sind dann die geeigneten Gleichungen für das Rechnen mit Leitwerten. Man gewinnt dementsprechend aus (237) durch Umtausch

$$P = \frac{1}{2}\,|\,\mathfrak{U}\,|^2 \cdot G_a = \frac{1}{2}\,\frac{|\,\mathfrak{J}_K\,|^2 \cdot G_a}{(G_a + G_i)^2 + (Y_a + Y_i)^2} \tag{252}$$

und die maximale Leistung

$$P_{max} = \frac{1}{8} \frac{|\mathfrak{J}_K|^2}{G_i} \tag{253}$$

unter den Bedingungen

$$Y_a = -Y_i; \quad G_a = G_i. \tag{254}$$

Wie in (241) ist jetzt

$$\frac{P}{P_{max}} = \frac{4 G_a G_i}{(G_a + G_i)^2 + (Y_a + Y_i)^2}. \tag{255}$$

Die formale Ähnlichkeit mit (241) läßt auch hier die Anwendung des Diagramms der Abb. 71 zur Berechnung von P / P_{max} zu. Man berechnet hier die neutrale komplexe Zahl

$$\mathfrak{A} = A_1 + \mathrm{j}\, A_2 \tag{256}$$

mit $A_1 = \frac{G_a}{G_i}$ und $A_2 = \frac{Y_a + Y_i}{G_i}$, zeichnet dieses $\mathfrak{A}$ in Abb. 71 ein und entnimmt P / P_{max}.

Physikalische Veranschaulichung der Gl. (250) *und* (251): Die Parallelschaltung zweier Leitwerte $\mathfrak{G}_a$ und $\mathfrak{G}_i$ hat den resultierenden Leitwert $(\mathfrak{G}_a + \mathfrak{G}_i)$. Fließt durch diese Kombination ein Strom $\mathfrak{J}_K$, so entsteht an ihr die Spannung $\mathfrak{U} = \mathfrak{J}_K/(\mathfrak{G}_a + \mathfrak{G}_i)$; man vergleiche (251). Durch den Teilleitwert $\mathfrak{G}_a$ fließt der Strom $\mathfrak{J} = \mathfrak{J}_K \cdot \mathfrak{G}_a/(\mathfrak{G}_a + \mathfrak{G}_i)$; man vergleiche (250). Die Gleichungen (250) und (251) kann man also auch so entstanden denken, als ob ein gegebener Strom $\mathfrak{J}_K$ durch die *Parallelschaltung* des Innenwiderstandes $\mathfrak{G}_i$ und des Verbrauchers $\mathfrak{G}_a$ fließt. Man kann sich also die Wirkung einer Quelle auch so vorstellen, als ob im Innern der Quelle nach

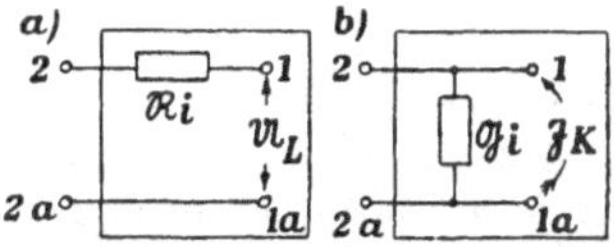

Abb. 72. Spannungsquelle (a) und Stromquelle (b)

Abb. 72b zwei Klemmen 1 und 1a wären, zwischen denen ein Strom $\mathfrak{J}_K$ fließt, der unabhängig von der außen an den

Klemmen 2 und 2a angeschlossenen Belastung ist. Parallel zu diesen Klemmen liegt der innere Leitwert der Quelle.

Im Gegensatz zu der durch Leerlaufspannung $\mathfrak{U}_L$ und Innenwiderstand $\mathfrak{R}_i$ in *Serie* zum Verbraucher dargestellten „Spannungsquelle" nach Abb. 72a nennt man dies neue, durch Kurzschlußstrom und inneren Leitwert $\mathfrak{G}_i$ *parallel* zum Leitwert $\mathfrak{G}_a$ des Verbrauchers beschriebene Gebilde eine „Stromquelle". Der Zusammenhang zwischen den Daten der Spannungsquelle und der Stromquelle lautet

$$\mathfrak{J}_K = \mathfrak{U}_L/\mathfrak{R}_i; \quad \mathfrak{U}_L = \mathfrak{J}_K/\mathfrak{G}_i; \quad \mathfrak{R}_i = 1/\mathfrak{G}_i\,. \tag{257}$$

Spannungsquelle und Stromquelle sind zwei verschiedenartige Beschreibungen des Verhaltens der gleichen Quelle und führen zum gleichen Resultat, soweit es den Strom $\mathfrak{J}$ im Verbraucher $\mathfrak{R}_a$ und die Spannung $\mathfrak{U}$ am Verbraucher betrifft. Dagegen braucht z. B. der angenommene Spannungsabfall an $\mathfrak{R}_i$ im Ersatzbild der Spannungsquelle nach Abb. 72a oder der angenommene Strom durch $\mathfrak{G}_i$ im Ersatzbild der Stromquelle nach Abb. 72b durchaus keine physikalische Realität zu sein. Man darf sie nur als formale Hilfsmittel betrachten. Eine Quelle tritt nach außen nur durch ihre zwei Ausgangsklemmen als Lieferant eines Stromes $\mathfrak{J}$ nach den genannten Gesetzen in Erscheinung. Was im Innern eines solchen Gebildes, das in Abb. 72a und b eingerahmt ist, wirklich vorgeht, interessiert für die Berechnung nicht. Die eingezeichnete Schaltung ist eben nur ein „Ersatzbild". In einem Fall denkt man sich die Spannung $\mathfrak{U}$ am Verbraucher aus der nach Abb. 72a in der Quelle zwischen den Punkten 1 und 1a vorhandenen, dort belastungsunabhängigen Leerlaufspannung $\mathfrak{U}_L$ durch den Spannungsabfall am Innenwiderstand entstanden:

$$\mathfrak{U} = \mathfrak{U}_L - \mathfrak{J} \cdot \mathfrak{R}_i; \tag{258}$$

im anderen Fall besteht nach Vertauschung der Bezeichnungen die Vorstellung, daß der Strom im Verbraucher aus dem in der Quelle nach Abb. 72b zwischen den Punkten 1 und 1a fließenden, belastungsunabhängigen Strom $\mathfrak{J}_K$ durch Abzweigung des Stromanteils entsteht, den man sich durch den inneren Leitwert $\mathfrak{G}_i$ nach Abb. 72b fließend denkt:

$$\mathfrak{J} = \mathfrak{J}_K - \mathfrak{U} \cdot \mathfrak{G}_i\,. \tag{259}$$

Die formale Ähnlichkeit der Formeln für Spannungsquelle und Stromquelle bei Vertauschen von Strom und Spannung macht das Arbeiten sehr einfach. Die Stromquelle ist im Anfang ein etwas ungewohnter Begriff, weil die der Spannungsquelle oft innewohnende physikalische Anschauung bei der Stromquelle nicht unmittelbar vorhanden ist.

Mit einer Spannungsquelle rechnet man, wenn der Verbraucher als Widerstand gegeben ist, mit einer Stromquelle, wenn der Verbraucher als Leitwert gegeben ist. Einige Beispiele, die die zweckmäßige Wahl erläutern sollen, werden im folgenden gegeben.

Innenwiderstand Null: Für $\mathfrak{R}_i = 0$ erhält man aus (235) die charakteristische Aussage

$$\mathfrak{U} = \mathfrak{U}_L \,. \tag{260}$$

Die Spannung am Verbraucher ist unabhängig vom Belastungswiderstand. Praktisch tritt dies nur in der Form auf, daß der Innenwiderstand $\mathfrak{R}_i$ sehr klein gegen alle vorkommenden Belastungswiderstände ist. Stets ist $\mathfrak{J} = \mathfrak{U}_L/\mathfrak{R}_a$. Hier rechnet man mit dem Spannungsquellenersatzbild, weil $\mathfrak{J}_K$ extrem groß, theoretisch unendlich groß wird.

Innenwiderstand unendlich: Für $\mathfrak{R}_i = \infty$ muß, wenn überhaupt Strom fließen soll, auch die Leerlaufspannung unendlich groß sein. Vernünftige Gleichungen gibt dann das Stromquellenersatzbild. Es ist $\mathfrak{G}_i = 0$, und man erhält aus (250) die charakteristische Aussage

$$\mathfrak{J} = \mathfrak{J}_K \,. \tag{261}$$

Bei $\mathfrak{R}_i = \infty$ ($\mathfrak{G}_i = 0$) ist der Strom unabhängig vom Verbraucher gleich dem Kurzschlußstrom. Die Spannung am Verbraucher $\mathfrak{R}_a$ ($\mathfrak{G}_a = 1/\mathfrak{R}_a$) lautet dann $\mathfrak{U} = \mathfrak{J}_K \cdot \mathfrak{R}_a = \mathfrak{J}_K/\mathfrak{G}_a$. In der Praxis bedeutet dies: Wenn der Innenwiderstand sehr groß gegen alle vorkommenden Verbraucher ist, ist der Strom im Verbraucher unabhängig von der Größe des Widerstandes. Ein wichtiges Beispiel von Stromquellen mit sehr hohem Innenwiderstand, wo das Stromquellenersatzbild sehr günstig ist, sind die Elektronenröhren.

Das Gleichungspaar (235) und das Gleichungspaar (250) und (251) können wegen ihres formal gleichen Aufbaus ineinander übergeführt werden, wenn man Strom und Spannung, Widerstand und Leitwert vertauscht. Dies ermöglicht ein für die Praxis sehr bedeutsames, arbeitssparendes Verfahren. Wenn man eine bestimmte Schaltung quantitativ berechnet

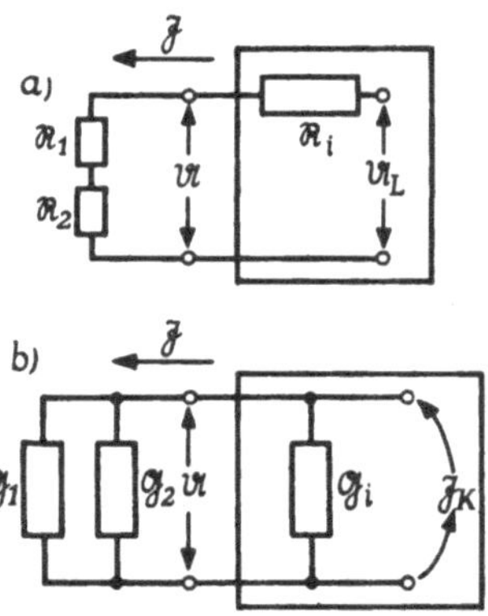

Abb. 73. Duale Schaltungen

hat und die entsprechenden Formeln besitzt, kann man in diesen Formeln Strom durch Spannung, Spannung durch Strom, Widerstand durch Leitwert und Leitwert durch Widerstand ersetzen und erhält dadurch ein neues, quantitativ richtiges Formelsystem, das das Verhalten einer anderen Schaltung ohne zusätzliche Rechnung beschreibt. Diese zweite Schaltung nennt man „die zur ersten Schaltung duale Schaltung". Diese Dualität verdoppelt also die Erkenntnisse, die mit einer Berechnung gewonnen werden können. Es bleibt lediglich die Aufgabe, die duale Schaltung richtig zu zeichnen. Abb. 73 zeigt den einfachsten Fall einer Dualität: Das Duale zur Spannungsquelle in Abb. 73a ist die Stromquelle der Abb. 73b. Der Verbraucher in Abb. 73a ist die Serienschaltung zweier Verbraucher $\mathfrak{R}_1$ und $\mathfrak{R}_2$. Es ist dann in Abb. 73a

$$\mathfrak{I} = \frac{\mathfrak{U}_L}{\mathfrak{R}_i + \mathfrak{R}_1 + \mathfrak{R}_2}\,; \quad \mathfrak{U} = \frac{\mathfrak{U}_L\,(\mathfrak{R}_1 + \mathfrak{R}_2)}{\mathfrak{R}_i + \mathfrak{R}_1 + \mathfrak{R}_2}\,. \tag{262}$$

Die hierzu dualen Gleichungen sind

$$\mathfrak{U} = \frac{\mathfrak{J}_K}{\mathfrak{G}_i + \mathfrak{G}_1 + \mathfrak{G}_2}\,; \quad \mathfrak{J} = \frac{\mathfrak{J}_K\,(\mathfrak{G}_1 + \mathfrak{G}_2)}{\mathfrak{G}_i + \mathfrak{G}_1 + \mathfrak{G}_2}\,. \tag{263}$$

Dies sind die Gleichungen einer Stromquelle mit zwei parallelgeschalteten Verbrauchern $\mathfrak{G}_1$ und $\mathfrak{G}_2$. Bei Anwendung des Dualitätsprinzips wird also aus einer Serienschaltung eine Parallelschaltung und umgekehrt. Etwas kompliziertere duale Schaltungen zeigt Abb. 92, wobei man in Abb. 92a z. B. die Klemmen 1 und 1a mit einer Spannungsquelle und in Abb. 92b die gleichen Klemmen mit einer dualen Stromquelle speist. In Abb. 92a schaltet man an die Klemmen 2 und 2a den Verbraucher als Widerstand, in Abb. 92b als Leitwert.

Wenn man sich nicht nur für eine einzige Frequenz interessiert, sondern das Verhalten der Schaltung in einem größeren Frequenzbereich studieren will, kann man in vielen Fällen auch eine frequenzunabhängige Dualität erreichen. Wenn man alle Induktivitäten durch Kapazitäten ersetzt und umgekehrt, wird beim Übergang zur dualen Schaltung aus dem Widerstand j ωL der Leitwert j ωC und aus dem Widerstand $-$ j $1/(\omega C)$ der Leitwert $-$ j $1/(\omega L)$, so daß auch die Frequenzabhängigkeit der Bestandteile erhalten bleibt. Duale Schaltungen in diesem Sinne sind Abb. 98 und Abb. 99 bei Belastung mit einem reinen Wirkwiderstand und einer Quelle mit reellem Innenwiderstand.

V,3. Transformierte Spannungsquelle

Ebenso wie man nach IV,3 und IV,4 einen komplexen Verbraucher $\mathfrak{R}$ durch Serien- oder Parallelschaltung komplexer Widerstände in einen anderen komplexen Widerstand verwandelte, kann man auch das Verhalten einer Spannungsquelle durch derartige Schaltmaßnahmen verändern.

Veränderung einer Quelle durch Serienschaltung eines Widerstandes: Die Quelle, die nach dem Vorbild der Abb. 72 als rechteckiges Kästchen mit zwei Anschlußklemmen 2 und 2a dargestellt ist, wird durch Vorschalten eines Widerstandes $\mathfrak{R}$ nach Abb. 74 in eine neue Quelle verwandelt, die nun das Verhalten der Kombination bezüglich der neuen Ausgangsklemmen 3 und 3a beschreiben soll. Man benutzt das Spannungsquellenersatzbild. Im Leerlauf, d. h. ohne Belastungswiderstand besteht die *gleiche Leerlaufspannung* wie vorher. Der Strom bei Kurzschluß an den neuen Klemmen 3 und 3a ist jetzt $\mathfrak{I}_K' = \mathfrak{U}_L/(\mathfrak{R}_i + \mathfrak{R})$, der Innenwiderstand der gesamten Quelle also nach der Definition (234)

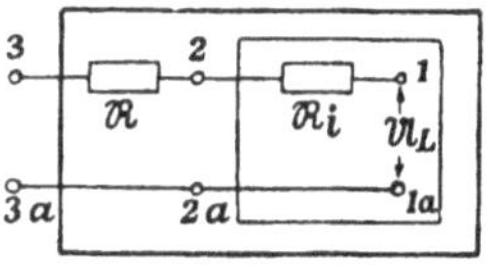

Abb. 74. Spannungsquelle mit Serienwiderstand

$$\mathfrak{R}_i' = \mathfrak{U}_L/\mathfrak{I}_K' = \mathfrak{R}_i + \mathfrak{R}\,. \tag{264}$$

Wenn man einen unendlich großen Innenwiderstand erzeugen will (d. h. praktisch ein $\mathfrak{R}_i'$, das sehr groß gegen den Belastungswiderstand $\mathfrak{R}_a$ ist), vergrößert man den vorhandenen Innenwiderstand $\mathfrak{R}_i$ nach (264) durch Vorschalten eines sehr großen $\mathfrak{R}$ und stellt das zusätzliche $\mathfrak{R}$ oft durch eine sehr kleine Kapazität C mit dem sehr großen Widerstand $\mathrm{j}\,X_C = -\mathrm{j}\,1/(\omega C)$ dar.

Veränderung einer Quelle durch Parallelschaltung eines Widerstandes: Man rechnet am besten mit dem Stromquellenersatzbild (Abb. 75). Die ursprüngliche Quelle ist durch ihren Kurzschlußstrom $\mathfrak{I}_K$ und ihren inneren Leitwert $\mathfrak{G}_i$ beschrieben. Schaltet man einen zusätzlichen Leitwert $\mathfrak{G}$ an die Klemmen 2 und 2a, so entsteht eine neue Quelle mit den Klemmen 3 und 3a (Abb. 75). Legt man an die neuen Ausgangsklemmen einen Kurzschluß, so fließt der *gleiche Kurzschlußstrom* $\mathfrak{I}_K$ wie bei der früheren Quelle. Es ist also lediglich der innere Leitwert durch die Parallelschaltung verändert worden. Die neue Leerlaufspannung ist nach (251) $\mathfrak{U}_L' = \mathfrak{I}_K/(\mathfrak{G}_i + \mathfrak{G})$, also der neue innere Leitwert als Quotient des Kurzschlußstroms und der Leerlaufspannung

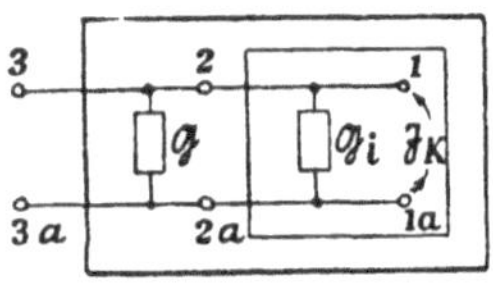

Abb. 75. Stromquelle mit Parallelwiderstand

$$\mathfrak{G}_i' = \mathfrak{U}_L'/\mathfrak{I}_K = \mathfrak{G}_i + \mathfrak{G}\,. \tag{265}$$

Dies ist die bekannte Methode, um den Innenwiderstand einer Quelle zu verkleinern. Wenn man für Meßzwecke eine

Quelle mit $\mathfrak{R}_i = 0$ (praktisch soll $\mathfrak{R}_i$ sehr klein gegen alle vorkommenden Belastungswiderstände sein) erzeugen will, benutzt man ein sehr großes zusätzliches $\mathfrak{G}$, z. B. eine sehr große Kapazität parallel zu den Ausgangsklemmen einer gegebenen Quelle.

Allgemeine Transformation einer Quelle: Aus diesen beiden elementaren Schaltvorgängen kann man die komplizierteren Transformationen zusammensetzen. Wenn man z. B. vor die Spannungsquelle einen Spannungsteiler nach Abb. 76 schaltet, so zerlegt man diesen Vorgang in zwei Schritte. Zunächst schaltet man $\mathfrak{R}_1$ nach (264) in *Serie* zu $\mathfrak{R}_i$, wobei sich die Leerlaufspannung $\mathfrak{U}_L$ nicht ändert (Abb. 77a). Der neue Innenwiderstand ist $(\mathfrak{R}_i + \mathfrak{R}_1)$ und der neue Kurzschlußstrom nach (235) $\mathfrak{J}_K' = \mathfrak{U}_L/(\mathfrak{R}_i + \mathfrak{R}_1)$. Dann geht man auf das Stromquellenersatzbild über (Abb. 77b). Den inneren Leitwert $\mathfrak{G}_i' = 1/(\mathfrak{R}_i + \mathfrak{R}_1)$ gewinnt man mit Hilfe des Kreisdiagramms der Abb. 47, in dem man die Änderung des $\mathfrak{R}_i$ durch die einzelnen Schaltvorgänge genau so verfolgt wie bei der in IV,3 beschriebenen Widerstandstransformation. *Parallel* zu dieser Stromquelle liegt dann der Leitwert $\mathfrak{G}_2 = 1/\mathfrak{R}_2$ (Abb. 77c), der sich nach (265) bei unverändertem Kurzschlußstrom addiert. Die endgültige Stromquelle hat also den Kurzschlußstrom $\mathfrak{J}_K'$ und den inneren Leitwert $\mathfrak{G}_i'' =_i' \mathfrak{G}_i' + \mathfrak{G}_2$ an den Klemmen 4 und 4a.

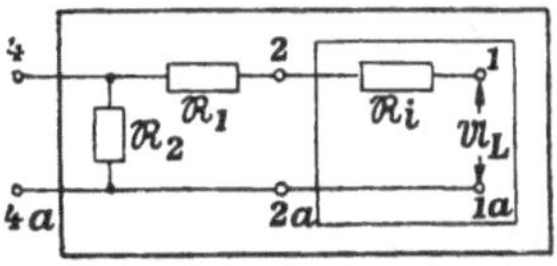

Abb. 76. Spannungsquelle mit Spannungsteiler

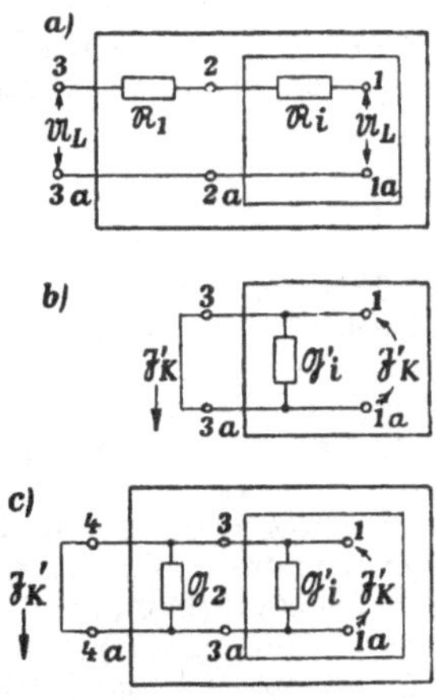

Abb. 77. Zur Berechnung der Transformation der Abb. 76

Als Spannungsquelle hat sie die Leerlaufspannung $\mathfrak{U}_L'' = \mathfrak{I}_K'/\mathfrak{G}_i''$ und den Innenwiderstand $\mathfrak{R}_i'' = 1/\mathfrak{G}_i''$.

Besonders einfach sind wieder die Verhältnisse bei der Transformation mit Blindwiderständen, weil diese praktisch ohne Leistungsverlust erfolgt. Wenn eine Spannungsquelle mit der Leerlaufspannung $\mathfrak{U}_L$ und der Wirkkomponente R_i des Innenwiderstandes $\mathfrak{R}_i$ durch Blindwiderstände in eine Spannungsquelle mit der Leerlaufspannung $\mathfrak{U}_L'$ und der Wirkkomponente R_i' des neuen Innenwiderstandes $\mathfrak{R}_i'$ transformiert wird, so bleibt die maximal entnehmbare Wirkleistung die gleiche. Nach (240) ist also

$$P_{\max} = \frac{1}{8}\frac{|\mathfrak{U}_L|^2}{R_i} = \frac{1}{8}\frac{|\mathfrak{U}_L'|^2}{R_i'}. \tag{266}$$

Also wird

$$|\mathfrak{U}_L'|/|\mathfrak{U}_L| = \sqrt{R_i'/R_i}. \tag{267}$$

Ebenso kann man bei verlustfreier Transformation einer Stromquelle den neuen Kurzschlußstrom nach (253) aus den Wirkkomponenten der inneren Leitwerte berechnen:

$$|\mathfrak{I}_K'|/|\mathfrak{I}_K| = \sqrt{G_i'/G_i}. \tag{268}$$

V,4. Kompliziertere Netzwerke

Eine Schaltung, die in beliebig komplizierter Weise aus Quellen, Blindwiderständen und Verbrauchern aufgebaut ist, nennt man auch ein Netzwerk. Wenn ein Netzwerk mehrere Quellen enthält und aus linearen Widerständen besteht (d. h. die komplexen Widerstände unabhängig von der Stromstärke sind), berechnet man die entstehenden Ströme und Spannungen nach dem Überlagerungssatz: Man betrachtet jeweils nur die Wirkung *einer* Quelle und schaltet die Wirkung der anderen rein formal dadurch aus, daß man bei Verwendung des Spannungsquellenersatzbildes nach Abb. 72a zwischen die Klemmen 1 und 1a einen Kurzschluß legt und die Spannung $\mathfrak{U}_L$ fortfallen läßt, oder bei Verwendung des Stromquellenersatzbildes nach Abb. 72b den Strom $\mathfrak{I}_K$ fortfallen läßt (wobei jedoch zwischen die Klemmen 1 und 1a kein Kurzschluß zu legen ist, sondern die Klemmen offen bleiben).

Dann berechnet man für jede Quelle einzeln die in der Schaltung erzeugten Ströme und Spannungen und addiert abschließend die entsprechenden Werte für alle Quellen. Ein Netzwerk mit mehreren Quellen benötigt daher keine Rechenregeln, die über das hinaus gehen, was für *eine* Quelle an Regeln existiert. Lediglich für die beiden folgenden Sonderfälle ist es zweckmäßig, einfache Formeln zu kombinieren.

Serienschaltung zweier Spannungsquellen: Bei der Serienschaltung von Spannungsquellen ist es zweckmäßig, mit dem Spannungsquellenersatzbild nach Abb. 72a zu arbeiten. Abb. 78 zeigt die Serienschaltung zweier Quellen mit den

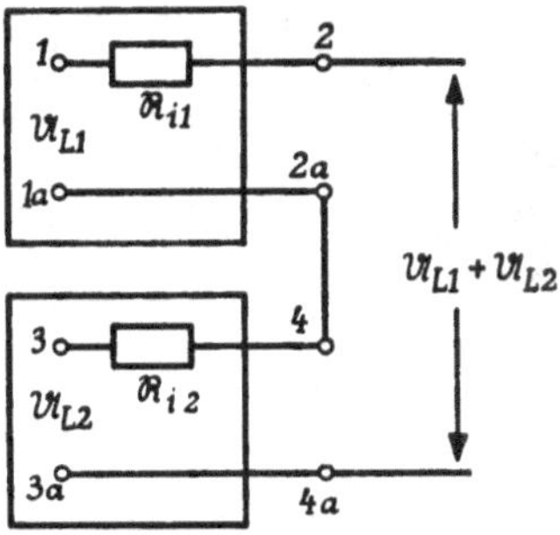

Abb. 78. Serienschaltung zweier Quellen

Leerlaufspannungen $\mathfrak{U}_{L1}$ und $\mathfrak{U}_{L2}$ und den Innenwiderständen $\mathfrak{R}_{i1}$ und $\mathfrak{R}_{i2}$. Sie bilden zusammen eine neue Quelle mit den Klemmen 2 und 4a. Nach dem Überlagerungssatz erzeugt die erste Quelle zwischen den Punkten 2 und 4a die Leerlaufspannung $\mathfrak{U}_{L1}$, wenn die zweite Quelle zwischen 3 und 3a kurzgeschlossen ist. Der Innenwiderstand ist dann $\mathfrak{R}_{i1}+\mathfrak{R}_{i2}$. Ebenso erzeugt die zweite Quelle zwischen 2 und 4a die Leerlaufspannung $\mathfrak{U}_{L2}$, wenn die erste Quelle zwischen 1 und 1a kurzgeschlossen ist. Die resultierende Leerlaufspannung zwischen 2 und 4a ist die Summe $\mathfrak{U}_{L1}+\mathfrak{U}_{L2}$ der beiden einzelnen Leerlaufspannungen.

Parallelschaltung zweier Quellen: Bei der Parallelschaltung arbeitet man zweckmäßig mit dem Stromquellenersatzbild der Abb. 72b. Abb. 79 zeigt die Parallelschaltung zweier Quellen. Die inneren Leitwerte $\mathfrak{G}_{i1}$ und $\mathfrak{G}_{i2}$ liegen parallel

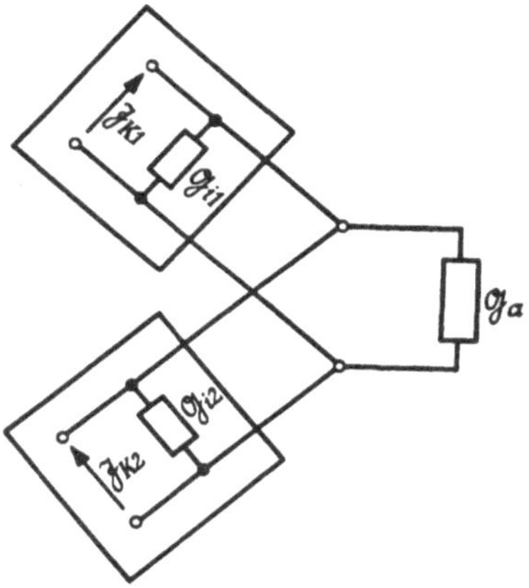

Abb. 79. Parallelschaltung zweier Quellen

zum Verbraucher $\mathfrak{G}_a$. Durch diese 3 Leitwerte fließt die Summe $\mathfrak{J}_{K1} + \mathfrak{J}_{K2}$ der Kurzschlußströme beider Quellen. Beide Quellen zusammen wirken wie eine Quelle mit dem inneren Leitwert $\mathfrak{G}_{i1} + \mathfrak{G}_{i2}$ und dem Kurzschlußstrom $\mathfrak{J}_{K1} + \mathfrak{J}_{K2}$. Wenn man das Verhalten dieser Parallelschaltung mit dem Spannungsquellenersatzbild berechnen würde, würden die Formeln sehr kompliziert. Auch bei der Berechnung von Netzwerken ist die Wahl der zweckmäßigsten Methode von großer Bedeutung.

Knotenregel und Maschenregel: Nach den vorhergehenden Erläuterungen kann man sich im folgenden auf Netzwerke mit nur einer Quelle beschränken, Beispiel in Abb. 80. Unter einem Knotenpunkt oder einem Verzweigungspunkt versteht man einen Punkt der Schaltung, in dem mehr als zwei

Leitungen zusammenlaufen. Der Knotenpunkt K_2 der Abb. 80 ist in Abb. 81 als Beispiel besonders gezeichnet. Unter einer Masche versteht man einen in sich geschlossenen Ring von

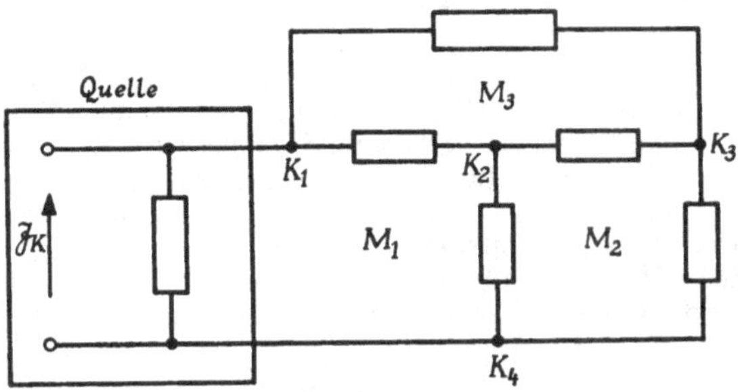

Abb. 80. Netzwerk mit Quelle

Widerständen innerhalb der Schaltung. Die Schaltung der Abb. 80 hat 3 Maschen M_1 bis M_3, von denen M_3 in Abb. 82 besonders gezeichnet ist. Die Masche M_1, die die Quelle in

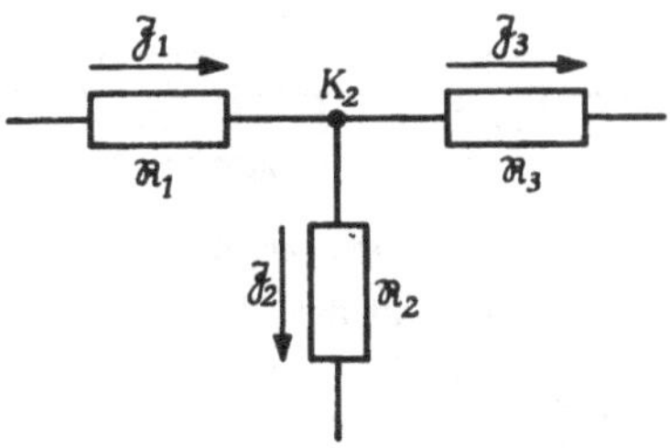

Abb. 81. Knotenpunkt

Form eines Stromquellenersatzbildes enthält, ist in Abb. 83 gezeichnet. Um die Vorzeichen der folgenden Gleichungen eindeutig festlegen zu können, müssen Bezugspfeile eingetragen werden. Jeder Zweig (Bereich zwischen benachbarten Knotenpunkten) der Schaltung benötigt einen Bezugspfeil. Die Richtung der Bezugspfeile ist frei wählbar und gibt die

Stromrichtung in dem betreffenden Zweig an, die in den folgenden Gleichungen positiv gezählt wird. Wählt man im gezeichneten Knotenpunkt der Abb. 81 die gezeichneten Bezugspfeile der Ströme, so gilt

$$\mathfrak{I}_1 = \mathfrak{I}_2 + \mathfrak{I}_3 \tag{269}$$

oder allgemein: Die Summe der in den Knotenpunkt hineinfließenden Ströme ist gleich der Summe der aus dem Knotenpunkt herausfließenden Ströme (Knotenregel). Eine solche Gleichung kann man für jeden Knotenpunkt aufstellen. An jedem Widerstand $\mathfrak{R}_n$ der Schaltung, der vom Strom $\mathfrak{I}_n$ durchflossen wird, entsteht eine Spannung $\mathfrak{U}_n = \mathfrak{I}_n \cdot \mathfrak{R}_n$. Für jede Masche muß nun ein frei wählbarer Umlaufsinn festgelegt werden; Beispiel in Abb. 82. Man addiert nun

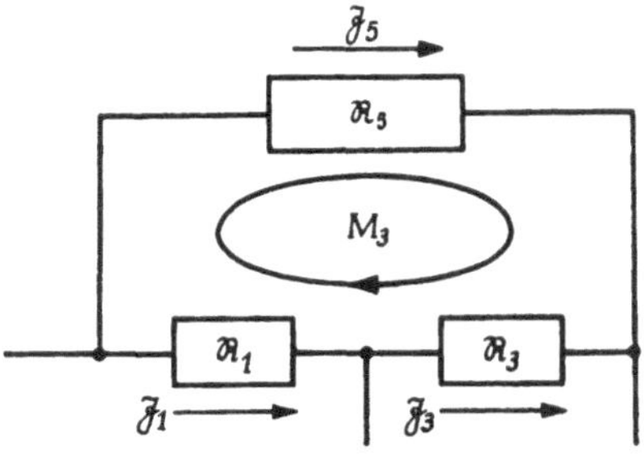

Abb. 82. Masche ohne Quelle

sämtliche Spannungen der an der Masche beteiligten Widerstände, wobei die Spannung positiv gezählt wird, wenn der Bezugspfeil des Stromes mit dem Umlaufsinn der Masche übereinstimmt, und die Spannung negativ gezählt wird, wenn der Bezugspfeil des Stromes gegen den Umlaufsinn der Masche geht. Wenn die Masche keine Quelle enthält, muß die Summe der Spannungen Null sein. In Abb. 82 gilt (Maschenregel)

$$\mathfrak{I}_5 \mathfrak{R}_5 - \mathfrak{I}_1 \mathfrak{R}_1 - \mathfrak{I}_3 \mathfrak{R}_3 = 0 \,. \tag{270}$$

Für jede quellenfreie Masche kann man eine solche Gleichung aufstellen. Von besonderem Interesse ist die Masche M_1, die

die Quelle enthält und in Abb. 83 dargestellt ist. In komplizierteren Netzen hat das Stromquellenersatzbild gewisse Vorteile, so daß es hier verwendet wird. Es ist lediglich zu beachten, daß dann die Quelle einen inneren Knotenpunkt K_i hat, für den mit den in Abb. 83 gezeichneten Bezugspfeilen

$$\mathfrak{J}_K = \mathfrak{J}_i + \mathfrak{J} \tag{271}$$

gilt. Der Kurzschlußstrom $\mathfrak{J}_K$ teilt sich in den inneren Querstrom $\mathfrak{J}_i$ durch $\mathfrak{R}_i$ und den nach außen in Erscheinung treten-

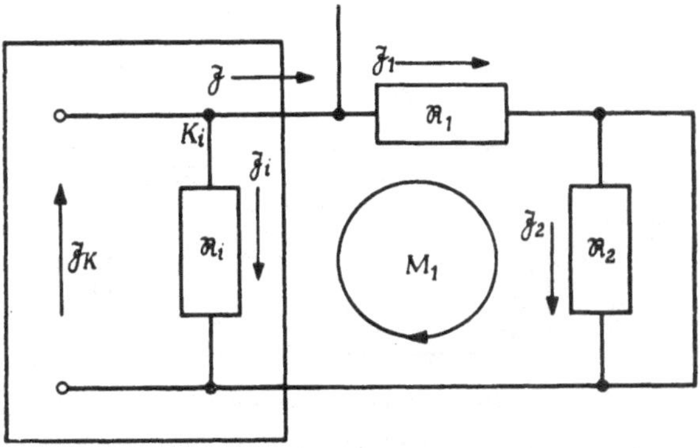

Abb. 83. Masche mit Quelle

den Strom $\mathfrak{J}$ auf. An der Maschenregel für M_1 ist die Spannung an $\mathfrak{R}_i$ beteiligt:

$$\mathfrak{J}_1 \mathfrak{R}_1 + \mathfrak{J}_2 \mathfrak{R}_2 - \mathfrak{J}_i \mathfrak{R}_i = 0\,. \tag{272}$$

So gewinnt man ausreichend viele Gleichungen, um alle unbekannten Ströme und Spannungen zu berechnen. $\mathfrak{J}_i \mathfrak{R}_i$ ist die Spannung $\mathfrak{U}$, die außen zwischen den Klemmen der Quelle erscheint, und $\mathfrak{J}_i \mathfrak{R}_i / \mathfrak{J}$ der komplexe Widerstand $\mathfrak{R}_a$, mit dem die Quelle belastet ist. Manchmal erhält man nach obigen Verfahren mehr Gleichungen, als Unbekannte vorhanden sind. Dann sind einige dieser Gleichungen bereits in den anderen enthalten, und es gibt stets genau so viele voneinander unabhängige Bestimmungsgleichungen, wie Unbekannte vorhanden sind.

Das eben beschriebene Verfahren kann man noch abwandeln, wodurch in vielen Fällen der Rechnungsgang etwas vereinfacht wird. Man nimmt an, daß in jeder Masche ein in sich geschlossener Ringstrom $\mathfrak{J}_R$ fließt. Für die Schaltung der Abb. 80 sind die Ringströme in Abb. 84 gezeichnet. Der Umlaufsinn der Ringströme ist frei wählbar. Der Kurz-

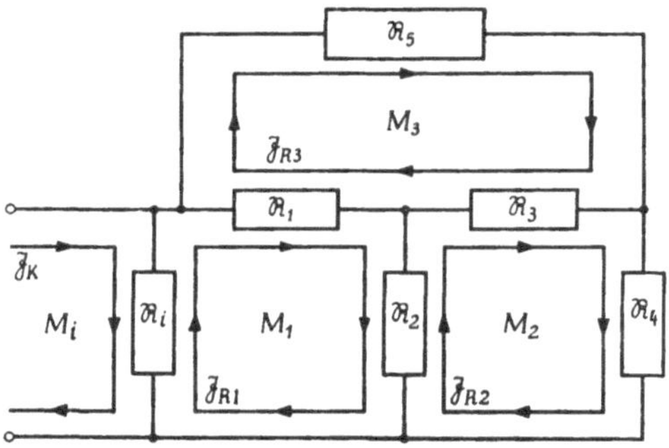

Abb. 84. Ringströme der Maschen

schlußstrom $\mathfrak{J}_K$ der Quelle fließt in einer offenen Masche M_i, die nur $\mathfrak{R}_i$ enthält. Der Strom in einem Widerstand ist die Summe der Maschenringströme, die durch ihn fließen, wobei das Vorzeichen der einzelnen Bestandteile von der Stromrichtung bestimmt wird. Für den in Abb. 81 definierten Strom $\mathfrak{J}_1$ durch $\mathfrak{R}_1$ gilt z. B. nach Abb. 84

$$\mathfrak{J}_1 = \mathfrak{J}_{R1} - \mathfrak{J}_{R3}\,. \tag{273}$$

Durch die Einführung dieser Ringströme sind die Knotenregeln automatisch erfüllt und die Anzahl der unbekannten Ströme kleiner als bei der vorher beschriebenen Methode. Die Maschenregel besagt wie vorher, daß die Summe der Spannungen in jeder Masche gleich Null sein muß. Die Spannung in der Masche M_3 nach Abb. 82 lautet jetzt

$$\mathfrak{J}_{R3}(\mathfrak{R}_1 + \mathfrak{R}_3 + \mathfrak{R}_5) - \mathfrak{J}_{R1}\,\mathfrak{R}_1 - \mathfrak{J}_{R2}\,\mathfrak{R}_3 = 0, \tag{274}$$

wobei also die Spannungen berücksichtigt werden müssen, die in den Widerständen der Masche durch die Ringströme der benachbarten Maschen entstehen. Die Vorzeichen hängen davon ab, ob die Ringströme der benachbarten Maschen gleiche oder entgegengesetzte Richtung wie der Ringstrom $\mathfrak{I}_{R3}$ in dem betreffenden Widerstand haben. Diese Gleichung ist identisch mit der vorher abgeleiteten Gleichung für diese Masche; denn nach Vergleich von Abb. 82 und Abb. 84 ist

$$\mathfrak{I}_5 = \mathfrak{I}_{R3}; \; \mathfrak{I}_1 = \mathfrak{I}_{R1} - \mathfrak{I}_{R3}; \; \mathfrak{I}_3 = \mathfrak{I}_{R2} - \mathfrak{I}_{R3}. \qquad (275)$$

Als einfaches Beispiel soll hier die Dreileiterschaltung betrachtet werden, die in der Starkstromtechnik häufig zur

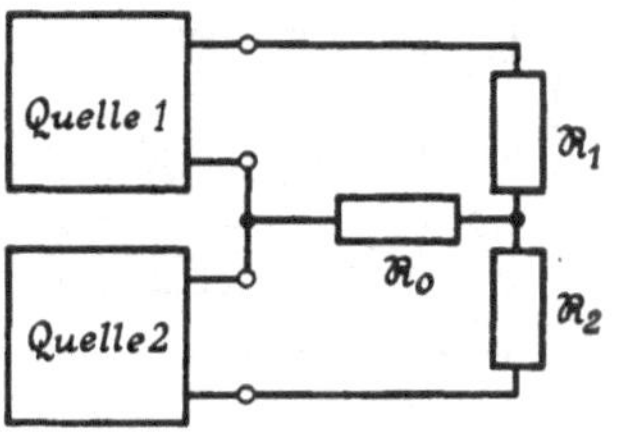

Abb. 85. Dreileitersytem mit 2 gleichen Quellen

Stromversorgung verwendet wird. Zwei gleiche und gleichphasige Quellen speisen nach Abb. 85 je einen Verbraucher ($\mathfrak{R}_1$ und $\mathfrak{R}_2$). Die beiden Stromkreise besitzen einen gemeinsamen „Nulleiter" mit dem Widerstand $\mathfrak{R}_0$. Die beiden Quellen haben den gleichen Innenwiderstand $\mathfrak{R}_i$. Man verwendet das Stromquellenersatzbild, das hier sehr zweckmäßig ist, weil beide Kurzschlußströme $\mathfrak{I}_K$ gleich sind und dann die Masche M_i sich dann über beide Quellen erstrecken kann. Die Ringströme dieser Schaltung zeigt Abb. 86. Man erhält die beiden Gleichungen

$$\left.\begin{aligned} -\mathfrak{I}_K \cdot \mathfrak{R}_i + \mathfrak{I}_{R1}(\mathfrak{R}_1 + \mathfrak{R}_0 + \mathfrak{R}_i) - \mathfrak{I}_{R2} \cdot \mathfrak{R}_0 = 0 \\ -\mathfrak{I}_K \mathfrak{R}_i + \mathfrak{I}_{R2}(\mathfrak{R}_2 + \mathfrak{R}_0 + \mathfrak{R}_i) - \mathfrak{I}_{R1} \mathfrak{R}_0 = 0. \end{aligned}\right\} \qquad (276)$$

Der Strom im Verbraucher $\mathfrak{R}_1$ ergibt sich daraus als

$$\mathfrak{J}_{R1} = \mathfrak{J}_K \frac{\mathfrak{R}_i\,(\mathfrak{R}_2 + 2\,\mathfrak{R}_0 + \mathfrak{R}_i)}{(\mathfrak{R}_1 + \mathfrak{R}_0 + \mathfrak{R}_i)\,(\mathfrak{R}_2 + \mathfrak{R}_0 + \mathfrak{R}_i) - \mathfrak{R}_0^2}\,. \tag{277}$$

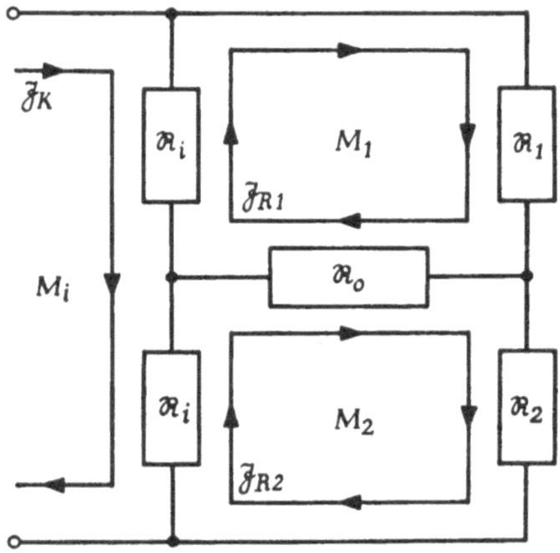

Abb. 86. Maschenringströme zur Abb. 85

Der Strom im Verbraucher $\mathfrak{R}_2$:

$$\mathfrak{J}_{R2} = \mathfrak{J}_K \frac{\mathfrak{R}_i\,(\mathfrak{R}_1 + 2\,\mathfrak{R}_0 + \mathfrak{R}_i)}{(\mathfrak{R}_1 + \mathfrak{R}_0 + \mathfrak{R}_i)\,(\mathfrak{R}_2 + \mathfrak{R}_0 + \mathfrak{R}_i) - \mathfrak{R}_0^2}\,. \tag{278}$$

Der Strom im Nulleiter

$$\mathfrak{J}_{R1} - \mathfrak{J}_{R2} = \mathfrak{J}_K \frac{\mathfrak{R}_i\,(\mathfrak{R}_2 - \mathfrak{R}_1)}{(\mathfrak{R}_1 + \mathfrak{R}_0 + \mathfrak{R}_i)\,(\mathfrak{R}_2 + \mathfrak{R}_0 + \mathfrak{R}_i) - \mathfrak{R}_0^2} \tag{279}$$

ist gleich Null für $\mathfrak{R}_1 = \mathfrak{R}_2$. Es ist $\mathfrak{J}_K \cdot \mathfrak{R}_i = \mathfrak{U}_L$.

Ein zweites Beispiel behandelt ein Dreiphasennetz (Drehstrom) nach Abb. 87. Drei Quellen haben gleichen Innenwiderstand $\mathfrak{R}_i$ und gleichen Absolutwert der Leerlaufspannung, bzw. des Kurzschlußstromes, jedoch besteht zwischen den Leerlaufspannungen, bzw. den Kurzschlußströmen je eine Phasendifferenz von 120°. Die Quellen sind einpolig in P_0

verbunden. P_0 nennt man den Sternpunkt der Quellen. Die Verbraucher $\mathfrak{R}_1$, $\mathfrak{R}_2$ und $\mathfrak{R}_3$ sind einpolig in P_1 verbunden.

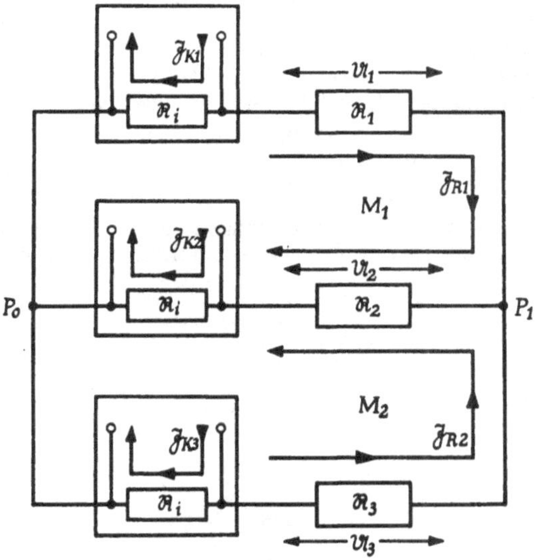

Abb. 87. Dreiphasennetz ohne Nulleiter

P_1 nennt man den Sternpunkt der Verbraucher. Es gibt 2 geschlossene Maschen mit den Maschengleichungen

$$\left.\begin{aligned} &\mathfrak{J}_{R1}(\mathfrak{R}_1+\mathfrak{R}_2+2\,\mathfrak{R}_i)-\mathfrak{J}_{K1}\mathfrak{R}_i+\mathfrak{J}_{K2}\mathfrak{R}_i\\ &\qquad+\mathfrak{J}_{R2}(\mathfrak{R}_2+\mathfrak{R}_i)=0\\ &\mathfrak{J}_{R2}(\mathfrak{R}_2+\mathfrak{R}_3+2\,\mathfrak{R}_i)-\mathfrak{J}_{K3}\mathfrak{R}_i+\mathfrak{J}_{K2}\mathfrak{R}_i\\ &\qquad+\mathfrak{J}_{R1}(\mathfrak{R}_2+\mathfrak{R}_i)=0\,. \end{aligned}\right\}\qquad(280)$$

In öffentlichen Drehstromnetzen ist $\mathfrak{R}_i$ im allgemeinen sehr klein, wodurch die Gleichungen wesentlich vereinfacht werden: Der Spannungsabfall, den die Ringströme an den Innenwiderständen erzeugen, ist dann vernachlässigbar klein.

Alle Produkte $\mathfrak{J}_{R1}\mathfrak{R}_i$ und $\mathfrak{J}_{R2}\mathfrak{R}_i$ können in den Gleichungen gestrichen werden. Aus $\mathfrak{J}_{K1}\mathfrak{R}_i$ wird dann die Leerlaufspannung $\mathfrak{U}_{L1}$ der ersten Quelle. Ebenso wird $\mathfrak{J}_{K2}\mathfrak{R}_i = \mathfrak{U}_{L2}$ und $\mathfrak{J}_{K3}\mathfrak{R}_i = \mathfrak{U}_{L3}$. Die Ströme $\mathfrak{J}_{R1}$ und $\mathfrak{J}_{R2}$ können dann durch eine elementare Rechnung gewonnen werden. Auf die Wiedergabe der Endformeln wird hier verzichtet. Zwischen den Sternpunkten P_0 und P_1 entsteht eine Spannung

$$\left.\begin{aligned}\mathfrak{U}_0 &= \mathfrak{U}_{L1} - \mathfrak{J}_{R1}\mathfrak{R}_1 = \mathfrak{U}_{L1} - \mathfrak{U}_1\\ &= \mathfrak{U}_{L2} + (\mathfrak{J}_{R1} + \mathfrak{J}_{R2})\mathfrak{R}_2 = \mathfrak{U}_{L2} - \mathfrak{U}_2\\ &= \mathfrak{U}_{L3} - \mathfrak{J}_{R2}\mathfrak{R}_3 = \mathfrak{U}_{L3} - \mathfrak{U}_3\,,\end{aligned}\right\} \quad (281)$$

wobei $\mathfrak{U}_1$, $\mathfrak{U}_2$ und $\mathfrak{U}_3$ die Spannungen an den 3 Verbrauchern $\mathfrak{R}_1$, $\mathfrak{R}_2$ und $\mathfrak{R}_3$ sind. Abb. 88 gibt das Zeigerdiagramm dieser

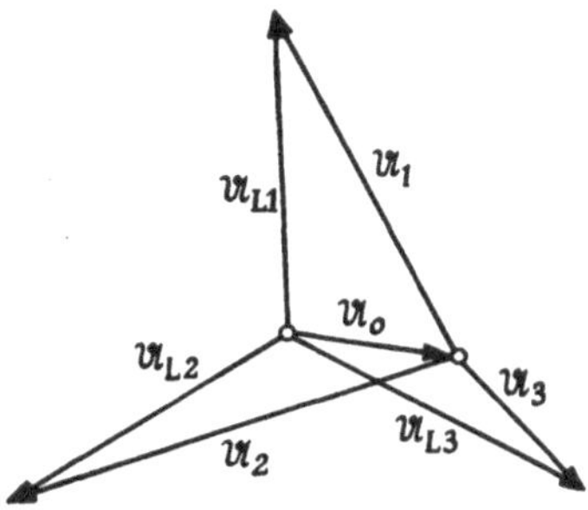

Abb. 88. **Zeigerdiagramm zu Abb. 87**

Spannungen in einem Beispiel. Die Zeiger $\mathfrak{U}_{L1}$, $\mathfrak{U}_{L2}$ und $\mathfrak{U}_{L3}$ sind gleichlang und bilden miteinander Winkel von 120°. Die Verbraucherspannungen $\mathfrak{U}_1$, $\mathfrak{U}_2$ und $\mathfrak{U}_3$ liegen zwischen dem Endpunkt des Zeigers $\mathfrak{U}_0$ und den Endpunkten der Zeiger der Leerlaufspannungen; denn es ist

$$\left.\begin{aligned}\mathfrak{U}_{L1} &= \mathfrak{U}_0 + \mathfrak{U}_1\,,\\ \mathfrak{U}_{L2} &= \mathfrak{U}_0 + \mathfrak{U}_2\,,\\ \mathfrak{U}_{L3} &= \mathfrak{U}_0 + \mathfrak{U}_3\,.\end{aligned}\right\} \quad (282)$$

VI. Vierpole

VI,1. Der Vierpolbegriff

Ein Widerstand im allgemeinsten Sinne ist ein Gebilde mit zwei Anschlußklemmen (genannt „Zweipol"), an dem beim Zuführen eines Stromes der komplexen Amplitude $\mathfrak{I}$ eine Spannung der komplexen Amplitude $\mathfrak{U}$ entsteht. Der Zweipol heißt „linear", wenn Spannungs- und Stromamplitude das Ohmsche Gesetz (53) erfüllen, also stets proportional sind: $\mathfrak{U} = \mathfrak{I} \cdot \mathfrak{R}$. Ein bekanntes Beispiel eines nichtlinearen Zweipols sind Spulen mit Eisenkern bei großen Stromstärken, an denen die Spannung dann wegen der Sättigung des Eisens nicht mehr proportional zum Strom steigt. Im folgenden interessieren nur lineare Zweipole. Eine Spannungsquelle besitzt ebenfalls nur zwei Anschlußklemmen (Abb. 72), ist also auch ein Zweipol mit Widerstandscharakter. Da er jedoch neben dem Widerstand noch die Quelle enthält, nennt man ihn einen aktiven Zweipol im Gegensatz zum gewöhnlichen Widerstand, der als passiver Zweipol bezeichnet wird. Eine normale Schaltung setzt sich nach Abb. 89a aus dem Verbraucher, dem Generator und der Zwischenschaltung zusammen. Die Zwischenschaltung hat vier Anschlußklemmen, zwei für den Verbraucher (Ausgangsklemmen), zwei für die Quelle (Eingangsklemmen). Die Zwischenschaltung heißt daher „Vierpol". Wenn mehrere Verbraucher und mehrere Quellen angeschaltet sind, hat die Zwischenschaltung entsprechend viele Anschlußklemmen; es gibt also auch Sechspole usw. Im folgenden werden nur Vierpole betrachtet, wobei hier stets vorausgesetzt werden soll, daß diese Zwischenschaltung ebenfalls nur aus linearen komplexen Widerständen in beliebiger Kombination besteht und keine Quellen enthält. Das Verhalten einer solchen Zwischenschaltung wird von der Vierpoltheorie unter ganz allgemeinen Gesichtspunkten betrachtet. Während der elektrische Zustand eines Widerstandes durch Spannung $\mathfrak{U}$ und Strom $\mathfrak{I}$ an seinen zwei Klemmen beschrieben wird, zwischen denen der lineare Zusammenhang $\mathfrak{U} = \mathfrak{I} \cdot \mathfrak{R}$ besteht, gibt es beim Vierpol vier solcher Größen, die Spannung $\mathfrak{U}_1$ und den Strom $\mathfrak{I}_1$ am Eingang (Abb. 89a) und die Spannung $\mathfrak{U}_2$ und den Strom $\mathfrak{J}_2$ am Ausgang. Wenn der Vierpol aus linearen Widerständen aufgebaut ist, d. h. aus Widerständen, für die einzeln der lineare Zusammenhang zwischen Strom und Spannung gilt, dann hängen auch die

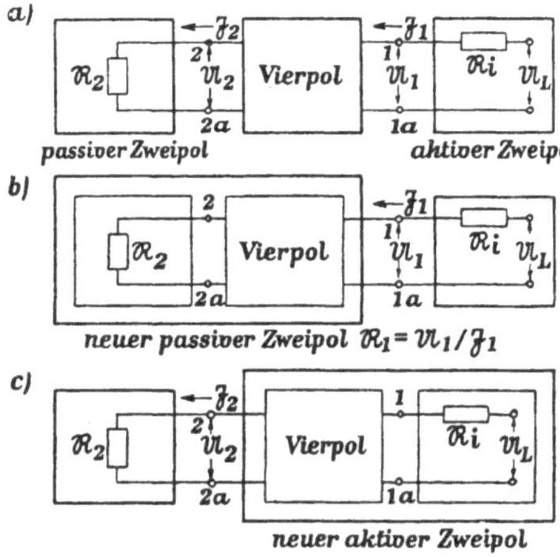

Abb. 89. Formaler Aufbau einer Schaltung

vier genannten Spannungs- und Stromgrößen des Vierpols linear zusammen. Es bestehen folgende Gleichungen:

$$\mathfrak{U}_1 = \mathfrak{A}_{11} \cdot \mathfrak{U}_2 + \mathfrak{A}_{12} \cdot \mathfrak{J}_2; \tag{283}$$

$$\mathfrak{J}_1 = \mathfrak{A}_{21} \cdot \mathfrak{U}_2 + \mathfrak{A}_{22} \cdot \mathfrak{J}_2, \tag{284}$$

wobei stets

$$\mathfrak{A}_{11}\,\mathfrak{A}_{22} - \mathfrak{A}_{12}\,\mathfrak{A}_{21} = 1 \tag{285}$$

ist (Maxwellscher Reziprozitätssatz). Unter den genannten Voraussetzungen sind $\mathfrak{A}_{11}$, $\mathfrak{A}_{12}$, $\mathfrak{A}_{21}$ und $\mathfrak{A}_{22}$ konstante komplexe Zahlen, die als „Vierpolkonstanten" bezeichnet werden. Ein Beweis für diese Formeln kann hier nicht gegeben werden.

Vierpol mit kurzgeschlossenem Ausgang (Abb. 90a): Kurzschluß bedeutet $\mathfrak{U}_2 = 0$. Es fließt im Kurzschluß der Strom

$\mathfrak{J}_2 = \mathfrak{J}_{K2}$. Am Eingang liegt nach (283) die Spannung

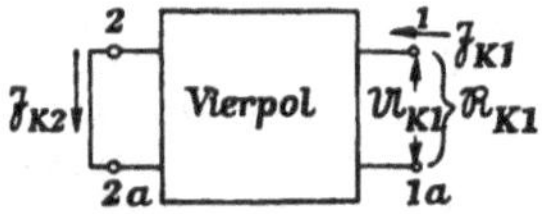

Abb. 90a. Vierpol im Kurzschluß

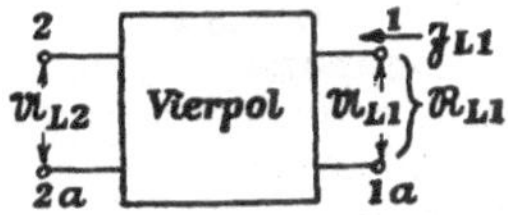

Abb. 90b. Vierpol im Leerlauf

$\mathfrak{U}_{K1} = \mathfrak{A}_{12} \cdot \mathfrak{J}_{K2}$, und es fließt nach (284) der Strom $\mathfrak{J}_{K1} = \mathfrak{A}_{22} \cdot \mathfrak{J}_{K2}$. Die Größen $\mathfrak{A}_{12}$ und $\mathfrak{A}_{22}$ beschreiben also das Verhalten dieser Schaltung im Kurzschlußfall:

$$\mathfrak{A}_{12} = \frac{\mathfrak{U}_{K1}}{\mathfrak{J}_{K2}}; \quad \mathfrak{A}_{22} = \frac{\mathfrak{J}_{K1}}{\mathfrak{J}_{K2}}. \tag{286}$$

Die Größe $\mathfrak{A}_{12}$ als Quotient einer Spannung und eines Stromes hat die Dimension eines Widerstandes; die Größe $\mathfrak{A}_{22}$ ist eine dimensionslose Zahl. Der zwischen den Eingangsklemmen gemessene Eingangswiderstand $\mathfrak{R}_{K1}$ im ausgangseitigen Kurzschlußfall lautet

$$\mathfrak{R}_{K1} = \frac{\mathfrak{U}_{K1}}{\mathfrak{J}_{K1}} = \frac{\mathfrak{A}_{12}}{\mathfrak{A}_{22}}. \tag{287}$$

Vierpol im Leerlauf (Abb. 90b): Leerlauf bedeutet $\mathfrak{J}_2 = 0$. Am Vierpolausgang liegt dann die Leerlaufspannung $\mathfrak{U}_{L2}$. Am Eingang liegt nach (283) die Spannung $\mathfrak{U}_{L1} = \mathfrak{A}_{11} \cdot \mathfrak{U}_{L2}$, und es fließt nach (284) der Strom $\mathfrak{J}_{L1} = \mathfrak{A}_{21} \cdot \mathfrak{U}_{L2}$. Die Größen $\mathfrak{A}_{11}$ und $\mathfrak{A}_{21}$ beschreiben also das Verhalten der Schaltung im Leerlauf:

$$\mathfrak{A}_{11} = \frac{\mathfrak{U}_{L1}}{\mathfrak{U}_{L2}}; \quad \mathfrak{A}_{21} = \frac{\mathfrak{J}_{L1}}{\mathfrak{U}_{L2}}. \tag{288}$$

Die Größe $\mathfrak{A}_{11}$ ist eine dimensionslose Zahl, die Größe $\mathfrak{A}_{21}$ als Quotient von Strom und Spannung hat die Dimension eines Leitwerts. Der zwischen den Eingangsklemmen gemessene Widerstand beträgt bei ausgangseitigem Leerlauf

$$\mathfrak{R}_{L1} = \frac{\mathfrak{U}_{L1}}{\mathfrak{J}_{L1}} = \frac{\mathfrak{A}_{11}}{\mathfrak{A}_{21}}. \tag{289}$$

Man erhält also folgende fundamentale Erkenntnis: Das Verhalten einer beliebig komplizierten linearen Schaltung wird durch die einfachen Gl. (283) und (284) beschrieben, deren Konstanten sich nach (288) und (286) aus dem Leerlauf- und Kurzschlußverhalten ergeben. Kennt man also das Verhalten im Leerlauf und Kurzschluß, so läßt sich daraus die Wirkung des Vierpols bei beliebig komplexen Abschlußwiderstand berechnen. Der Vierpol bildet nach Abb. 89b zusammen mit dem Verbraucher $\mathfrak{R}_2$ einen neuen passiven Zweipol $\mathfrak{R}_1$, der als Eingangswiderstand bezeichnet wird. Mit $\mathfrak{R}_2 = \mathfrak{U}_2/\mathfrak{J}_2$ ergibt sich als Eingangswiderstand

$$\mathfrak{R}_1 = \frac{\mathfrak{U}_1}{\mathfrak{J}_1} = \frac{\mathfrak{A}_{11}\,\mathfrak{U}_2 + \mathfrak{A}_{12}\,\mathfrak{J}_2}{\mathfrak{A}_{21}\,\mathfrak{U}_2 + \mathfrak{A}_{22}\,\mathfrak{J}_2} = \frac{\mathfrak{A}_{11}\,\mathfrak{R}_2 + \mathfrak{A}_{12}}{\mathfrak{A}_{21}\,\mathfrak{R}_2 + \mathfrak{A}_{22}}. \qquad (290)$$

Diese Gleichung beschreibt also die transformierende Wirkung des Vierpols für Widerstände. Die Transformation der Spannung ist abhängig vom Abschlußwiderstand und nach (283) mit Hilfe von $\mathfrak{J}_2/\mathfrak{U}_2 = 1/\mathfrak{R}_2 = \mathfrak{G}_2$:

$$\frac{\mathfrak{U}_1}{\mathfrak{U}_2} = \mathfrak{A}_{11} + \frac{\mathfrak{A}_{12}}{\mathfrak{R}_2} = \mathfrak{A}_{11} + \mathfrak{A}_{12}\,\mathfrak{G}_2. \qquad (291)$$

Ebenso gilt für die Stromtransformation nach (284)

$$\frac{\mathfrak{J}_1}{\mathfrak{J}_2} = \mathfrak{A}_{21} \cdot \mathfrak{R}_2 + \mathfrak{A}_{22}. \qquad (291)$$

So kann man mit Hilfe der aus Leerlauf- und Kurzschlußversuch gewonnenen Vierpolkonstanten alle durch den Vierpol veranlaßten Transformationen sehr einfach beschreiben. Der Leser berechne die transformierte Spannungsquelle nach Abb. 89c, die aus der gegebenen Quelle und dem zugeschaltetem Vierpol besteht.

Die Transformationsschaltung der Abb. 59 soll als Beispiel näher betrachtet werden (Abb. 91). Der Vierpol besteht aus einer Längsinduktivität L und einer Querkapazität C. Die Vierpolkonstanten sollen berechnet werden. Der Kurzschlußstrom $\mathfrak{J}_{K2}$ (Abb. 91b) erzeugt an dem Blindwiderstand des L die Spannung $\mathfrak{U}_L = \mathrm{j}\,\omega L \cdot \mathfrak{J}_{K2}$, die gleich der Eingangsspannung $\mathfrak{U}_{K1}$ ist: $\mathfrak{A}_{12} = \mathfrak{U}_{K1}/\mathfrak{J}_{K2} = \mathrm{j}\,\omega L$ nach (286). Durch die Kapazität fließt der Strom $\mathfrak{J}_C = \mathfrak{U}_{K1} \cdot \mathrm{j}\,\omega C$. Der Eingangsstrom ist $\mathfrak{J}_{K1} = \mathfrak{J}_{K2} + \mathfrak{J}_C = \mathfrak{J}_{K2} + \mathfrak{U}_{K1} \cdot \mathrm{j}\,\omega C = \mathfrak{J}_{K2} - \omega^2 LC \cdot \mathfrak{J}_{K2}$; $\mathfrak{A}_{22} = \mathfrak{J}_{K1}/\mathfrak{J}_{K2} = 1 - \omega^2 LC$. Im Leerlauf (Abb. 91c) liegt am Ausgang die Spannung $\mathfrak{U}_{L2}$. L ist stromlos, also

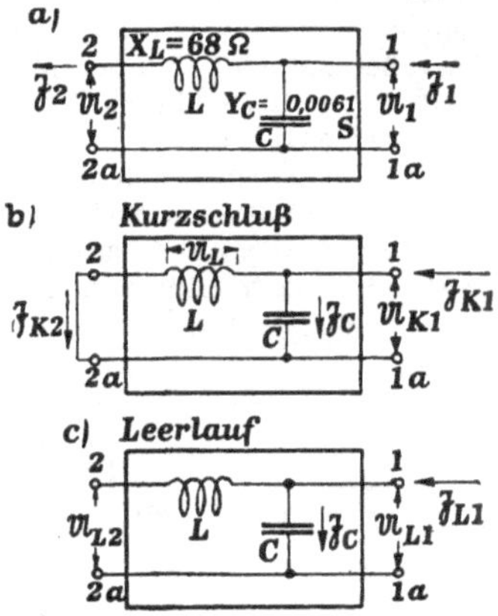

Abb. 91. Transformationsvierpol der Abb. 59

ist nach (288) $\mathfrak{U}_{L1} = \mathfrak{U}_{L2}$; $\mathfrak{A}_{11} = 1$. Der Strom $\mathfrak{J}_{L1}$ ist gleich dem Strom durch die Kapazität: $\mathfrak{J}_{L1} = \mathfrak{J}_C = \mathfrak{U}_{L1} \cdot \mathrm{j}\,\omega C = \mathfrak{U}_{L2} \cdot \mathrm{j}\,\omega C$; $\mathfrak{A}_{21} = \mathfrak{J}_{L1}/\mathfrak{U}_{L2} = \mathrm{j}\,\omega C$. Die Vierpolgleichungen lauten also

$$\mathfrak{U}_1 = \mathfrak{U}_2 + \mathrm{j}\,\omega L \cdot \mathfrak{J}_2; \tag{293}$$

$$\mathfrak{J}_1 = \mathrm{j}\,\omega C \cdot \mathfrak{U}_2 + (1 - \omega^2 LC)\,\mathfrak{J}_2 \tag{294}$$

oder mit den Zahlenwerten der Abb. 59 ($\omega L = 68\,\Omega$ und $\omega C = 0{,}0061$ S):

$$\begin{aligned} \mathfrak{U}_1 &= \mathfrak{U}_2 + \mathrm{j}\,68\,\mathfrak{J}_2; \\ \mathfrak{J}_1 &= \mathrm{j}\,0{,}0061\,\mathfrak{U}_2 + 0{,}585\,\mathfrak{J}_2 \end{aligned} \quad \begin{pmatrix} \mathfrak{J} \text{ in A} \\ \mathfrak{U} \text{ in V} \end{pmatrix}.$$

Man berechne mit Hilfe dieser beiden Gleichungen nach (290) bis (292) die in Abb. 59 aus dem Kreisdiagramm gewonnenen Ergebnisse.

Der besondere Nutzen der Vierpoltheorie liegt darin, daß es möglich wird, eine große Gruppe sehr wichtiger Schaltungen unter zusammenfassenden Gesichtspunkten zu studieren und ihre Eigenschaften zu erkennen. Die folgenden Erörterungen geben ein gutes Beispiel dafür, daß es sehr allgemeine Regeln für das Verhalten linearer passiver Vierpole gibt. Das gesamte Verhalten eines solchen Vierpols läßt sich durch die 4 Größen $\mathfrak{A}_{11}$, $\mathfrak{A}_{12}$, $\mathfrak{A}_{21}$ und $\mathfrak{A}_{22}$ beschreiben. Da aber (285) gilt, ist durch 3 dieser Größen bereits der Vierpol beschrieben und die jeweils 4. Größe läßt sich aus den übrigen 3 berechnen. Die Variationsmöglichkeiten bei beliebiger Schaltung innerhalb des Vierpols sind also durch die Variation von 3 komplexen Zahlen gegeben. So wird es verständlich, daß bereits ein Vierpol aus 3 komplexen Widerständen nach Abb. 92a oder b alle denk-

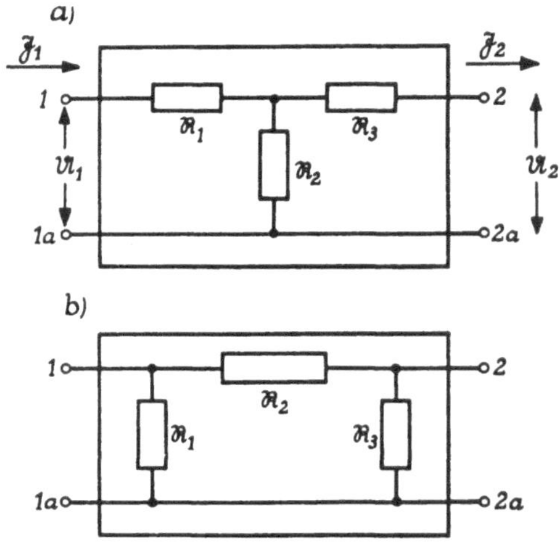

Abb. 92. Ersatzschaltungen für lineare, passive Vierpole

baren Varianten des Vierpolverhaltens zeigt, wenn die Werte der komplexen Widerstände frei wählbar sind. Ferner läßt sich zeigen, daß jeder Vierpol beliebiger Schaltung durch einen Vierpol aus 3 Blindwiderständen nach Abb. 92a oder b ersetzt werden kann. Im folgenden wird die Schaltung der Abb. 92a betrachtet. Ihre Vierpolgleichungen (283) und (284) kann man auf folgende Weise gewinnen. Tritt aus dem Vierpol der Strom $\mathfrak{J}_2$ aus, so entsteht an $\mathfrak{R}_3$ die Spannung $\mathfrak{J}_2 \cdot \mathfrak{R}_3$. Am Widerstand $\mathfrak{R}_2$ liegt dann die Spannung $\mathfrak{U} = \mathfrak{U}_2 + \mathfrak{J}_2 \mathfrak{R}_3$ als Summe der Ausgangsspannung $\mathfrak{U}_2$ und der Spannung an $\mathfrak{R}_3$. Durch $\mathfrak{R}_2$ fließt dann der Strom $\mathfrak{J} = \mathfrak{U}/\mathfrak{R}_2$. Der Eingangsstrom $\mathfrak{J}_1$ ist dann die Summe des Stromes $\mathfrak{J}_2$ durch $\mathfrak{R}_3$ und des Stromes $\mathfrak{J}$ durch $\mathfrak{R}_2$. An $\mathfrak{R}_1$ entsteht eine Spannung $\mathfrak{J}_1 \cdot \mathfrak{R}_1$, und die Eingangsspannung $\mathfrak{U}_1 = \mathfrak{U} + \mathfrak{J}_1 \mathfrak{R}_1$ ist die Summe der Spannung an $\mathfrak{R}_2$ und der Spannung an $\mathfrak{R}_1$. So erhält man

$$\mathfrak{U}_1 = \mathfrak{U}_2 \left(1 + \frac{\mathfrak{R}_1}{\mathfrak{R}_2}\right) + \mathfrak{J}_2 \left[\mathfrak{R}_3 + \mathfrak{R}_1 \left(1 + \frac{\mathfrak{R}_3}{\mathfrak{R}_2}\right)\right], \tag{295}$$

$$\mathfrak{J}_1 = \mathfrak{U}_2 \cdot \frac{1}{\mathfrak{R}_2} + \mathfrak{J}_2 \left(1 + \frac{\mathfrak{R}_3}{\mathfrak{R}_2}\right), \tag{296}$$

also

$$\mathfrak{A}_{11} = 1 + \frac{\mathfrak{R}_1}{\mathfrak{R}_2}, \tag{297}$$

$$\mathfrak{A}_{12} = \mathfrak{R}_3 + \mathfrak{R}_1 \left(1 + \frac{\mathfrak{R}_3}{\mathfrak{R}_2}\right), \tag{298}$$

$$\mathfrak{A}_{21} = \frac{1}{\mathfrak{R}_2}, \tag{299}$$

$$\mathfrak{A}_{22} = 1 + \frac{\mathfrak{R}_3}{\mathfrak{R}_2}. \tag{300}$$

Mit Hilfe von (285) kontrolliert man die Rechnung. Wenn $\mathfrak{R}_1$, $\mathfrak{R}_2$ und $\mathfrak{R}_3$ frei verfügbare komplexe Zahlen sind, kann man nach diesen Gleichungen beliebige komplexe Vierpolkonstanten erzeugen, die die Gl. (285) befriedigen. Wenn umgekehrt die Konstanten eines beliebigen Vierpols der betrachteten Art gegeben sind, kann man aus obigen Gleichungen $\mathfrak{R}_1$, $\mathfrak{R}_2$ und $\mathfrak{R}_3$ dazu berechnen und das zugehörige Vierpolersatzbild nach Abb. 92a gewinnen. Man erhält durch Umkehrung der Gleichungen für die Vierpolkonstanten

$$\mathfrak{R}_1 = \frac{\mathfrak{A}_{11} - 1}{\mathfrak{A}_{21}}, \tag{301}$$

$$\mathfrak{R}_2 = \frac{1}{\mathfrak{A}_{21}}, \tag{302}$$

$$\mathfrak{R}_3 = \frac{\mathfrak{A}_{22} - 1}{\mathfrak{A}_{21}}. \tag{303}$$

Die Zurückführung eines beliebig komplizierten Vierpols auf einen Vierpol aus 3 Widerständen bedeutet für viele Rechnungen eine erhebliche Vereinfachung und steigert die Übersichtlichkeit. Abb. 92a nennt man das T-Ersatzbild und Abb. 92b das II-Ersatzbild des Vierpols.

VI,2. Verlustfreie Vierpole

Wenn man bedenkt, daß die Größen $\mathfrak{A}_{11}$, $\mathfrak{A}_{12}$, $\mathfrak{A}_{21}$ und $\mathfrak{A}_{22}$ im allgemeinen komplexe Zahlen sind, wird man einsehen, daß der Umgang mit den äußerlich recht einfachen Vierpolgleichungen bei der zahlenmäßigen Auswertung doch recht umständlich sein kann. Die folgenden Anwendungen beschränken sich daher auf eine besonders wichtige Gruppe von Vierpolen mit sehr einfachen Gleichungen. Der Vierpol soll nur aus verlustfreien Blindwiderständen aufgebaut sein. Dann dürfen auch seine Ersatzschaltungen nach Abb. 92 nur aus 3 Blindwiderständen bestehen, weil auch die Ersatzschaltung keine Wirkleistung verbrauchen darf. Setzt man $\mathfrak{R}_1 = \mathrm{j}\, X_1$, $\mathfrak{R}_2 = \mathrm{j}\, X_2$ und $\mathfrak{R}_3 = \mathrm{j}\, X_3$, so wird nach den vorhergehenden Gleichungen

$$\mathfrak{A}_{11} = A_{11} = 1 + \frac{X_1}{X_2} \qquad \text{reell}\,, \tag{304}$$

$$\mathfrak{A}_{12} = \mathrm{j}\, A_{12} = \mathrm{j}\left[X_3 + X_1\left(1 + \frac{X_3}{X_2}\right)\right] \qquad \text{imaginär}\,, \tag{305}$$

$$\mathfrak{A}_{21} = \mathrm{j}\, A_{21} = \mathrm{j}\left(-\frac{1}{X_2}\right) \qquad \text{imaginär}\,, \tag{306}$$

$$\mathfrak{A}_{22} = A_{22} = 1 + \frac{X_3}{X_2} \qquad \text{reell}\,. \tag{307}$$

Wenn der Vierpol nach Abb. 90b zwischen den Klemmen 2 und 2a unbelastet ist, mißt man zwischen den Klemmen 1 und 1a nach (289) den Leerlaufwiderstand

$$\mathfrak{R}_{L1} = \mathrm{j}\, X_{L1} = -\,\mathrm{j}\,\frac{A_{11}}{A_{21}} = \mathrm{j}\,(X_1 + X_2)\,. \qquad (308)$$

Man kann jeden Vierpol in zwei Lagen verwenden. Er kann nach Abb. 93 neben der in Abb. 93a gezeichneten Schaltungsweise auch so liegen, daß seine bisherigen Eingangsklemmen (1 und 1a) Ausgangsklemmen werden und seine bisherigen Ausgangsklemmen (2 und 2a) Eingangsklemmen (Abb. 93b).

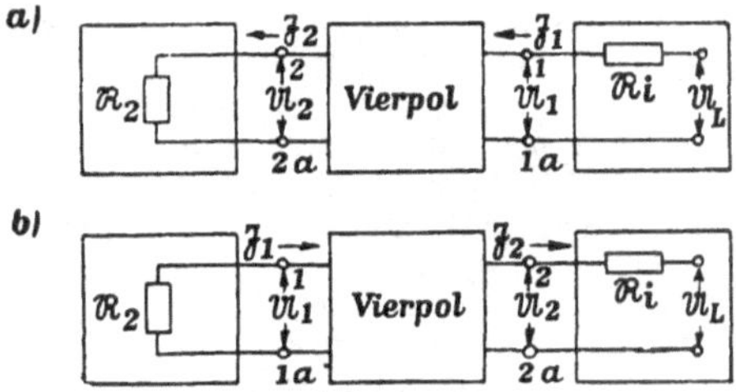

Abb. 93. Umkehrung eines Vierpols

Die Vierpolgleichungen des so umgekehrten Vierpols gewinnt man aus seinen früheren Gleichungen (283) und (284), wenn man sie so umformt, daß jetzt $\mathfrak{U}_2$ und $\mathfrak{J}_2$ als Funktionen von $\mathfrak{U}_1$ und $\mathfrak{J}_1$ angegeben werden:

$$\mathfrak{U}_2 = \mathfrak{A}_{22}\,\mathfrak{U}_1 - \mathfrak{A}_{12}\,\mathfrak{J}_1\,; \qquad (309)$$

$$\mathfrak{J}_2 = -\,\mathfrak{A}_{21}\,\mathfrak{U}_1 + \mathfrak{A}_{11}\,\mathfrak{J}_1\,. \qquad (310)$$

Die negativen Vorzeichen entstehen durch die verschiedenen Stromrichtungen in Abb. 93a und b. Wenn man beim umgedrehten Vierpol zwischen die Klemmen 1 und 1a keinen Verbraucher legt ($\mathfrak{R}_2 = \infty$), so mißt man zwischen den Klemmen 2 und 2a den Leerlaufwiderstand

$$\mathfrak{R}_{L2} = -\,\frac{\mathfrak{U}_2}{\mathfrak{J}_2} = \frac{\mathfrak{A}_{22}}{\mathfrak{A}_{21}}\,. \qquad (311)$$

In dieser Formel steht ($-\,\mathfrak{J}_2$) statt des üblichen $\mathfrak{J}_2$, weil $\mathfrak{J}_2$ nach Abb. 93b aus dem Vierpol herauskommt, während bisher der Eingangsstrom stets in den Vierpol hineinfloß. Für den verlustfreien Vierpol gilt

$$\mathfrak{R}_{L2} = \mathrm{j}\, X_{L2} = \mathrm{j}\,(X_2 + X_3). \tag{312}$$

Die Wirkung eines Vierpols kann man sich auch so vorstellen, daß im Ersatzbild der Abb. 92a die zugeführte Spannung $\mathfrak{U}_1$ einem Spannungsteiler, bestehend aus $\mathfrak{R}_1$ und $\mathfrak{R}_2$ zugeführt wird. Dadurch entsteht eine Spannung an $\mathfrak{R}_2$, die nun über den Widerstand $\mathfrak{R}_3$ dem Verbraucher zugeführt wird. Der Widerstand $\mathfrak{R}_2$ stellt also das Bindeglied zwischen dem Eingang und Ausgang des Vierpols dar und wird deshalb auch als „Kernwiderstand" bezeichnet. Die formale Wirkung des Kernwiderstandes erkennt man am besten, wenn man den Eingangswiderstand $\mathfrak{R}_1$ des Vierpols bei gegebenem Verbraucher $\mathfrak{R}_2$ nach (290) berechnet. Im Fall des verlustfreien Vierpols gilt

$$\mathfrak{R}_1 = \frac{A_{11}\,\mathfrak{R}_2 + \mathrm{j}\,A_{12}}{\mathrm{j}\,A_{21}\,\mathfrak{R}_2 + A_{22}}. \tag{313}$$

Dies kann man durch Division umformen in

$$\mathfrak{R}_1 = -\,\mathrm{j}\,\frac{A_{11}}{A_{21}} + \mathrm{j}\,\frac{A_{12} + \dfrac{A_{22}\,A_{11}}{A_{21}}}{\mathrm{j}\,A_{21}\,\mathfrak{R}_2 + A_{22}}. \tag{314}$$

Aus (285) wird für verlustfreie Vierpole

$$A_{11}\,A_{22} + A_{12}\,A_{21} = 1\,. \tag{315}$$

Verwendet man diese Formel und führt die Widerstände $\mathrm{j}\,X_{L1}$, $\mathrm{j}\,X_{L2}$ und den Kernwiderstand $\mathrm{j}\,X_2$ ein, so wird

$$\mathfrak{R}_1 = \mathrm{j}\,X_{L1} + \frac{X_2^{\,2}}{\mathrm{j}\,X_{L2} + \mathfrak{R}_2}. \tag{316}$$

Der Eingangswiderstand, besteht also aus dem Leerlaufwiderstand der schon dann vorhanden ist, wenn kein Verbraucher angeschlossen ist, und einem Zusatzglied, das dem Quadrat des Kernwiderstandes proportional ist und den Verbraucherwiderstand $\mathfrak{R}_2$ enthält. Ein Beispiel für diese Formel und eine geeignete geometrische Veranschaulichung ist in Abschn. VI,4 gegeben.

Symmetrische Vierpole:

Man nennt einen Vierpol symmetrisch, wenn seine Schaltung so aufgebaut ist, daß er beim Umkehren sein Verhalten nicht ändert. Dies ist z. B. immer dann der Fall, wenn die innere Schaltung des Vierpols bezüglich Eingang und Ausgang symmetrisch aufgebaut ist. Bei einem symmetrischen Vierpol müssen dann die Vierpolgleichungen (283) und (284) mit den Gleichungen (309) und (310) übereinstimmen, d. h. die Vierpolkonstanten müssen die gleichen sein. Dies ist nur möglich, wenn $\mathfrak{A}_{11} = \mathfrak{A}_{22}$ ist. Dies ist also die Bedingung für einen symmetrischen Vierpol. Daraus folgt mit (285)

$$\mathfrak{A}_{11} = \mathfrak{A}_{22} = \sqrt{1 + \mathfrak{A}_{12}\,\mathfrak{A}_{21}}\,. \tag{317}$$

Im Ersatzbild der Abb. 92 ist $\mathfrak{R}_1 = \mathfrak{R}_3$. Der symmetrische Vierpol hängt nur noch von zwei komplexen Konstanten $\mathfrak{A}_{12}$ und $\mathfrak{A}_{21}$ ab, ist also rechnerisch bereits wesentlich einfacher. Diese beiden Konstanten führt man meist auf den Kurzschlußwiderstand nach (287)

$$\mathfrak{R}_{K1} = \frac{\mathfrak{A}_{12}}{\mathfrak{A}_{22}} = \frac{\mathfrak{A}_{12}}{\sqrt{1 + \mathfrak{A}_{12}\,\mathfrak{A}_{21}}} \tag{318}$$

und den Leerlaufwiderstand nach (289)

$$\mathfrak{R}_{L1} = \frac{\mathfrak{A}_{11}}{\mathfrak{A}_{21}} = \frac{\sqrt{1 + \mathfrak{A}_{12}\,\mathfrak{A}_{21}}}{\mathfrak{A}_{21}} \tag{319}$$

zurück, weil die Größen $\mathfrak{R}_{K1}$ und $\mathfrak{R}_{L1}$ meist besonders einfach zu berechnen und auch einfach zu messen sind. Aus $\mathfrak{R}_{K1}$ und $\mathfrak{R}_{L1}$ berechnen sich die Vierpolkonstanten des symmetrischen Vierpols als

$$\mathfrak{A}_{11} = \mathfrak{A}_{22} = \frac{1}{\sqrt{1 - \mathfrak{R}_{K1}/\mathfrak{R}_{L1}}}\,; \tag{320}$$

$$\mathfrak{A}_{12} = \frac{\mathfrak{R}_{K1}}{\sqrt{1 - \mathfrak{R}_{K1}/\mathfrak{R}_{L1}}}\,; \quad \mathfrak{A}_{21} = \frac{1}{\mathfrak{R}_{L1}\sqrt{1 - \mathfrak{R}_{K1}/\mathfrak{R}_{L1}}}\,. \tag{321}$$

Verlustfreier symmetrischer Vierpol: Besonders einfach werden die Verhältnisse, wenn der Vierpol nur aus Blindwiderständen besteht. Im verlustfreien Vierpol sind Kurzschlußwiderstand und Leerlaufwiderstand stets Blindwiderstände, so daß zwischen Eingangsspannung und Eingangsstrom die Phasendifferenz $\pi/2$ oder $(-\pi/2)$ bestehen muß. $\mathfrak{R}_{K1}$ und $\mathfrak{R}_{L1}$ sind Blindwiderstände: $\mathfrak{R}_{K1} = \mathrm{j}\, X_{K1}$; $\mathfrak{R}_{L1} = \mathrm{j}\, X_{L1}$. Die Vierpolkonstanten eines verlustfreien, symmetrischen Vierpols lauten also nach (320) und (321)

$$\mathfrak{A}_{11} = \mathfrak{A}_{22} = \frac{1}{\sqrt{1 - X_{K1}/X_{L1}}}\,; \tag{322}$$

$$\left.\begin{aligned} \mathfrak{A}_{12} &= \mathrm{j}\,\frac{X_{K1}}{\sqrt{1 - X_{K1}/X_{L1}}}\,; \\ \mathfrak{A}_{21} &= -\,\mathrm{j}\,\frac{1}{X_{L1}\sqrt{1 - X_{K1}/X_{L1}}}\,. \end{aligned}\right\} \tag{323}$$

$(1 - X_{K1}/X_{L1})$ ist eine positive oder negative, reelle Zahl, $\sqrt{1 - X_{K1}/X_{L1}}$ demnach entweder eine reelle oder eine imaginäre Zahl. Die einfachsten Schaltungen für einen symmetrischen, verlustfreien Vierpol gibt Abb. 94; vgl. Abb. 92 mit $\mathfrak{R}_1 = \mathfrak{R}_3$. Sie bestehen jeweils aus drei Blindwiderständen, von denen die beiden symmetrisch liegenden gleich sind. Eine Anwendung solcher Vierpole gibt VI,3.

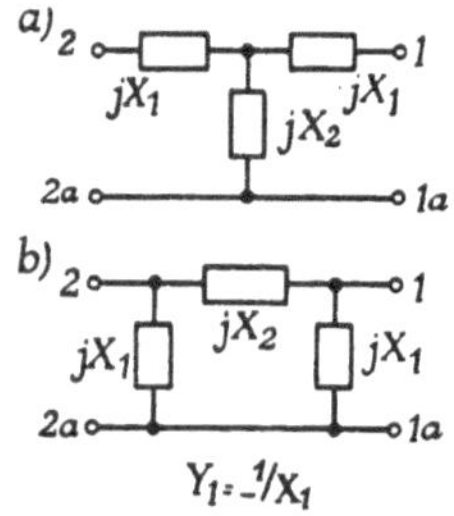

Abb. 94. Einfache symmetrische verlustfreie Vierpole

Die Vierpolgleichungen der Π-Schaltung sollen als Beispiel aufgestellt werden. Beim Kurzschluß am Ausgang (Abb. 95a) wird das hintere $\mathrm{j}\, X_1$ kurzgeschlossen, und der Eingangswiderstand $\mathfrak{R}_{K1}$ berechnet sich nach (58) als Parallelschaltung von $\mathrm{j}\, X_1$ und $\mathrm{j}\, X_2$; $\mathfrak{R}_{K1} = \mathrm{j}\, X_{K1} = \mathrm{j}\, X_1 X_2/(X_1 + X_2)$. Bei Leerlauf am Ausgang (Abb. 95b) ist der Eingangswiderstand die Parallelschaltung von $\mathrm{j}\, X_1$ und $\mathrm{j}\,(X_1 + X_2)$:

$$\mathfrak{R}_{L1} = \mathrm{j}\, X_{L1} = \mathrm{j}\,\frac{X_1\,(X_1 + X_2)}{2\,X_1 + X_2}\,. \tag{324}$$

Die Vierpolkonstanten lauten dann nach (322) und (323)

$$\mathfrak{A}_{11} = \mathfrak{A}_{22} = 1 + X_2/X_1 \quad \text{(reell);} \quad (325)$$

$$\mathfrak{A}_{12} = \mathrm{j}\, X_2 \quad \text{(imaginär);} \quad (326)$$

$$\mathfrak{A}_{21} = -\,\mathrm{j}\,\frac{2\,X_1 + X_2}{X_1^2} \quad \text{(imaginär).} \quad (327)$$

Diese einfachen Konstanten gestatten mit Hilfe der allgemeinen Gleichungen aus VI,1 die Berechnung des Verhaltens einer solchen Schaltung. Für die *T-Schaltung* nach Abb. 94a sind die Vierpolkonstanten aus (304) bis (307) für $X_1 = X_3$ zu entnehmen.

Für jeden Vierpol gibt es einen ganz bestimmten Wert des Verbrauchers $\mathfrak{R}_2$, für den der Eingangswiderstand $\mathfrak{R}_1$ wieder gleich $\mathfrak{R}_2$ ist, der Vierpol also den komplexen Widerstand nicht transformiert. Dieses spezielle $\mathfrak{R}_2$ bezeichnet man bei symmetrischen Vierpolen als den „Wellenwiderstand" $\mathfrak{Z}$ des Vierpols. Dieser Widerstand hat keine physikalische Beziehung zu Wellenvorgängen; der Name kommt vielmehr aus analogen Formeln aus der Leitungstheorie, wo Wellen auftreten. Aus (290) folgt mit $\mathfrak{A}_{11} = \mathfrak{A}_{22}$ für $\mathfrak{R}_2 = \mathfrak{R}_1$

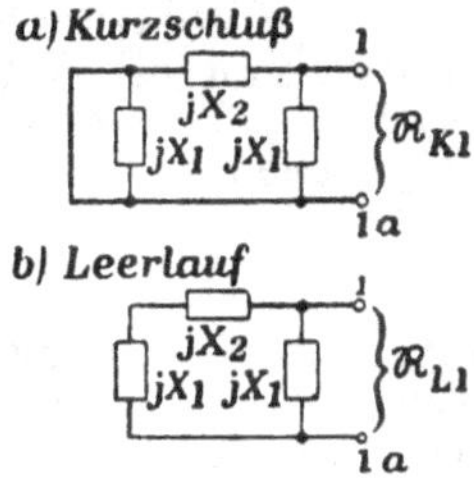

Abb. 95.
Leerlauf und Kurzschluß der symmetrischen Π-Schaltung

$$\mathfrak{Z} = \sqrt{\frac{\mathfrak{A}_{12}}{\mathfrak{A}_{21}}} = \sqrt{\mathfrak{R}_{K1} \cdot \mathfrak{R}_{L1}}\,. \quad (328)$$

Für verlustfreie symmetrische Vierpole ist

$$\mathfrak{Z} = \sqrt{-\,X_{K1} \cdot X_{L1}} \quad (329)$$

entweder ein reiner Wirkwiderstand (wenn X_{L1} und X_{L2} verschiedenes Vorzeichen haben) oder ein reiner Blindwiderstand (wenn X_{L1} und X_{L2} gleiches Vorzeichen haben). Nach den bereits angegebenen Formeln ist für die Schaltung der Abb. 94b

$$\mathfrak{Z} = \frac{\mathrm{j}\, X_1}{\sqrt{1 + 2\,\frac{X_1}{X_2}}}\,. \tag{330}$$

Betriebszustände, bei denen der Vierpol den vorhandenen Widerstand nicht transformiert, sind in vielen Fällen sehr erwünscht und daher von großer praktischer Bedeutung. Da elektrotechnische Vorgänge im allgemeinen die Übertragung von Wirkleistung zum Ziel haben, interessieren besonders diejenigen verlustfreien Vierpole, bei denen $\mathfrak{Z}$ reell ist, bei denen also in der Wurzel des Nenners in (330) eine negative Zahl steht, d. h. bei denen X_1 und X_2 verschiedenes Vorzeichen haben und

$$2\,\frac{|X_1|}{|X_2|} > 1 \tag{331}$$

ist. Da Blindwiderstände grundsätzlich frequenzabhängig sind, kann ein Vierpol diese Bedingung immer nur in einem begrenzten Frequenzbereich, den man den „Durchlaßbereich" des Vierpols nennt, erfüllen.

VI,3. Tiefpaß-, Hochpaß- und Bandpaßfilter

Unter einem Filter wird ein verlustfreier Vierpol verstanden, der in einem gewissen Frequenzbereich möglichst keine oder nur eine geringe transformierende Wirkung ausübt, d. h. den Verbraucher dort praktisch direkt mit seiner Spannungsquelle verbindet (Durchlaßbereich), in den anderen Frequenzbereichen aber möglichst viel transformiert und dadurch eine so große Fehlanpassung zwischen dem Verbraucher und dem Innenwiderstand der Quelle hervorruft, daß dem Verbraucher praktisch gar keine Wirkleistung zugeführt wird (Sperrbereich). Um definierte Aussagen zu ermöglichen, wird das Filter stets in der häufig vorkommenden Schaltung der Abb. 96 betrachtet. Der Verbraucher ist ein frequenzunabhängiger Wirkwiderstand R_2, der Innenwiderstand der Spannungsquelle ebenfalls ein frequenzunabhängiger Wirkwiderstand $\mathfrak{R}_i = R_2$. Im Durchlaßbereich transformiert der Vierpol nicht, sein Eingangswiderstand ist dann gleich R_2. Es besteht Anpassung, und der Verbraucher nimmt nach (240) maximale

Abb. 96. Filterschaltung

Leistung auf: $P_{\max} = {}^1/_8 \mid \mathfrak{U}_L \mid^2 / R_2$. Die Spannung am Verbraucher beträgt

$$\mid \mathfrak{U}_2 \mid = \sqrt{2\, P_{\max} \cdot R_2} = \frac{1}{2} \mid \mathfrak{U}_L \mid . \qquad (332)$$

Solange der Vierpol nur wenig transformiert, liegt der Eingangswiderstand $\mathfrak{R}_1$ in der Nähe von R_2, und die aufgenommene Wirkleistung ist nach Abb. 71 nur wenig von $P_{\max}$ verschieden, die Spannung $\mid \mathfrak{U}_2 \mid$ am Verbraucher nur unwesentlich kleiner als ${}^1/_2 \mid \mathfrak{U}_L \mid$. Damit $\mid \mathfrak{U}_2 \mid$ merklich klein wird (Sperrbereich), muß P sehr klein sein und $\mathfrak{R}_1$ sehr nahe an der imaginären Achse liegen (vgl. Abb. 100 und 101).

Einfache Kompensationsschaltung: Zunächst muß untersucht werden, unter welchen Umständen überhaupt ein verlustfreier Vierpol nicht transformiert. Abb. 97 zeigt eine besonders einfache Schaltung dieser Art. Wenn vor den Wirkwiderstand R_2 eine Serieninduktivität L geschaltet wird, so transformiert diese das R_2 senkrecht nach oben nach $\mathfrak{R}' = R_2 + \mathrm{j}\,\omega L$. Die anschließende Parallelkapazität verschiebt dann $\mathfrak{R}'$ nach Abb. 50 auf einem G-Kreis im Uhrzeigersinn. Wenn man den Leitwert $\mathrm{j}\,\omega C$ der Kapazität richtig wählt, kann man dabei $\mathfrak{R}'$ in einen reellen Widerstand R_1 transformieren (Abb. 97), der dem Ausgangswiderstand R_2 sehr nahe liegt. Je kleiner ωL ist, desto näher liegt R_1 an R_2, weil der achsennahe Teil des G-Kreises praktisch senkrecht von oben nach unten verläuft, also den durch das kleine $\mathrm{j}\,\omega L$ erzeugten Weg *kompensiert*. Zu beachten ist, daß die Kompensation mit wachsendem ωL immer schlechter wird. Eine Schaltung aus einem Serienwiderstand und einem Parallelwiderstand kann also nie zu einer exakten Kompensation führen, d. h. der Eingangswert R_1 wird immer von R_2 verschieden sein. Der Eingangswiderstand ist ein reiner Wirk-

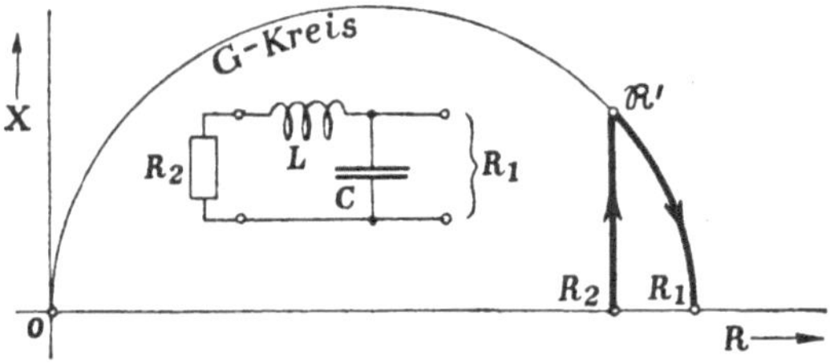

Abb. 97. Einfache Kompensationsschaltung

widerstand, wenn der Blindleitwert des $\mathfrak{R}' = R_2 + \mathrm{j}\,\omega L$ gleich dem Blindleitwert $\mathrm{j}\,\omega C$ der Kapazität ist. Nach (193) ist also

$$\frac{\omega L}{R_2^2 + (\omega L)^2} = \omega C \tag{333}$$

oder

$$R_2 = \sqrt{\frac{L}{C} - (\omega L)^2}\,. \tag{334}$$

Für hinreichend niedrige Frequenzen ist R_2 frequenzunabhängig gleich $\sqrt{L/C}$. Angewendet wurde diese Tatsache bereits in III,5 zur gegenseitigen Kompensation des induktiven und des kapazitiven Phasenwinkels eines Wirkwiderstandes nach Abb. 38 und Abb. 39. Die Kompensation gelingt bei gegebenem L und C jeweils nur für das zugehörige R_2. Sie ist jedoch annähernd frequenzunabhängig, solange der Transformationsweg klein bleibt (solange also ω genügend klein ist). Der Leser berechne ein Zahlenbeispiel für gegebenes L und C mit wachsender Frequenz.

Kompensation im T-Glied: Wenn man einen in sich kompensierten, also nicht transformierenden Vierpol mit größeren Blindwiderständen aufbauen will, muß man die Schaltung der Abb. 97 zu einer symmetrischen Schaltung nach Abb. 94

ergänzen. Eine Kompensation ist immer dann möglich, wenn die Blindwiderstände j X_1 und j X_2 *verschiedenes* Vorzeichen haben, der eine also induktiv, der andere kapazitiv ist. Es wird die Schaltung der Abb. 98 als Beispiel betrachtet. Der Verbraucher R_2 wird durch das anschließende Serien-L nach $\mathfrak{R}' = R_2 + j\omega L$ transformiert, dann durch das Parallel-C auf einem G-Kreis im Uhrzeigersinn nach $\mathfrak{R}''$ verschoben. Die Größe des C wird nun so gewählt, daß $\mathfrak{R}''$ genau unter R_2 liegt. Dann wird $\mathfrak{R}''$ durch das vordere Serien-L wieder nach R_2 transformiert. Der Eingangswiderstand ist also genau gleich dem Abschlußwiderstand. Die erforderlichen Blindwiderstände entnimmt man dem Kreisdiagramm der Abb. 47, in das der Transformationsweg eingezeichnet wird. Das $X_2 = \omega L$ kann man beliebig wählen, wodurch die Punkte $\mathfrak{R}'$ und $\mathfrak{R}''$ dann gegeben sind. Aus den zu $\mathfrak{R}'$ und $\mathfrak{R}''$ gehörenden Y-Werten nach (193)

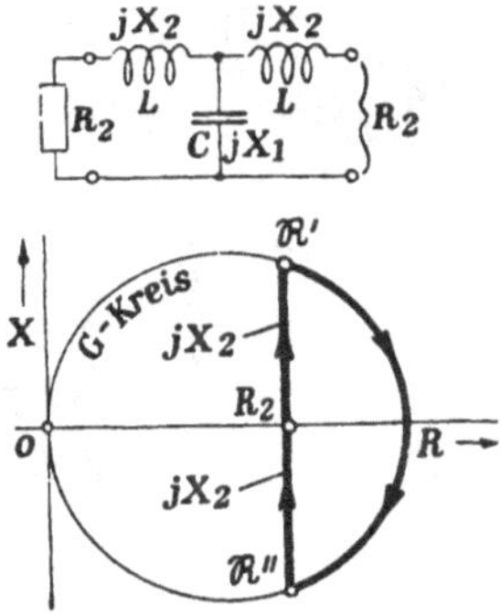

Abb. 98. Kompensationsschaltung in Form eines T-Gliedes

$$|Y| = \frac{\omega L}{R_2^2 + (\omega L)^2} = \frac{|X_2|}{R_2^2 + X_2^2} \tag{335}$$

ergibt sich der erforderliche Blindleitwert der Querkapazität als 2 Y und der Blindwiderstand

$$|X_1| = \frac{1}{2|Y|} = \frac{R_2^2 + (\omega L)^2}{2\omega L} = \frac{R_2^2 + X_2^2}{2|X_2|}. \tag{336}$$

Ebenso kann X_2 eine Kapazität und X_1 eine Induktivität sein (Abb. 102a).

Kompensation im Π-Glied: Abb. 99 zeigt das entsprechende Π-Glied. R_2 wird durch das hintere Parallel-C auf einem G-Kreis nach $\mathfrak{R}'$ verschoben. Der kapazitive Widerstand j X_1

kann beliebig gewählt werden. $\mathfrak{R}'$ wird dann durch das Serien-L nach $\mathfrak{R}''$ transformiert, wobei der Blindwider tand

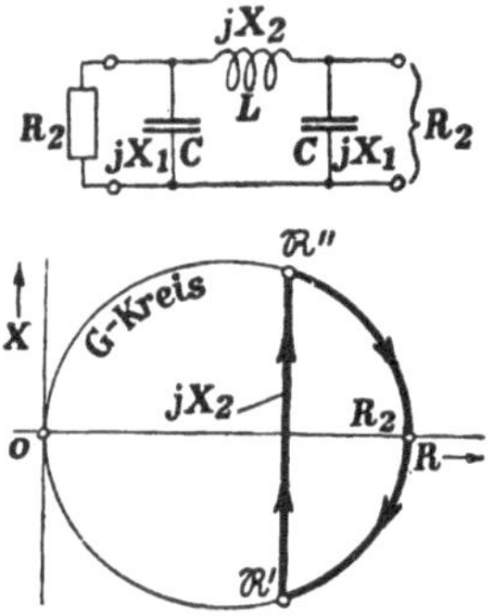

Abb. 99. Kompensationsschaltung in Form eines Π-Gliedes

jX_2 so gewählt wird, daß $\mathfrak{R}''$ wieder auf dem durch R_2 gehenden G-Kreis liegt. Das vordere Parallel-C verschiebt dann $\mathfrak{R}''$ genau nach R_2, so daß der Ausgangspunkt wieder erreicht ist. Zeichnet man den Transformationsweg in das Kreisdiagramm der Abb. 47, so kann man aus ihm zu gegebenem kapazitivem Leitwert $jY_1 = -j\,1/X_1$ das erforderliche X_2 als Abstand der Punkte $\mathfrak{R}'$ und $\mathfrak{R}''$ entnehmen. Nach (202) ist der Blindwiderstand der Punkte $\mathfrak{R}'$ und $\mathfrak{R}''$ (Wirkleitwert $G_2 = 1/R_2$ und Blindleitwert jY_1)

$$|X| = \frac{|Y_1|}{G_2^2 + Y_1^2} = \frac{|1/X_1|}{(1/R_2)^2 + (1/X_1)^2}. \tag{337}$$

Daraus folgt die Kompensationsbedingung:

$$|X_2| = 2\,|X| = 2\,|X_1|\,\frac{R_2^2}{R_2^2 + X_1^2}. \tag{338}$$

X_1 kann auch eine Induktivität und X_2 eine Kapazität sein (Abb. 102b).

Tiefpaßfilter: Die in Abb. 98 und 99 dargestellte Kompensation gilt exakt nur für die betrachtete Frequenz f_0, bei der die beteiligten Blindwiderstände die richtige Größe haben. Für die Frequenz Null ($X_2 = 0$; $X_1 = \infty$) ist aber ebenfalls der Vierpol ohne transformierende Wirkung. Wenn man die Transformation durch den Vierpol im Kreisdiagramm (Abb. 47) für die Frequenzen zwischen Null und der gewählten Kompensationsfrequenz f_0 durchführt, so erkennt man, daß für diesen Frequenzbereich die Abweichungen des entstandenen Eingangswiderstandes $\mathfrak{R}_1$ des Filters vom Ausgangswert R_2 nicht sehr groß sind. Das liegt daran, daß sowohl der Blindwiderstand $j\omega L$ als auch der Leitwert $j\omega C$ gleichlaufend proportional zur Frequenz wachsen und daher stets eine teilweise Kompensation entsteht, solange der Transformationsweg im Kreisdiagramm klein ist. Für Frequenzen jedoch, die wesentlich größer als f_0 sind, tritt kaum eine Kompensation ein. Der sehr große Querleitwert $j\omega C$ schließt dann den Verbraucher R_2 praktisch kurz, und das sehr große $j\omega L$ verhindert die Ausbildung eines größeren Stromes von der Quelle zum Verbraucher. Den näheren Verlauf des Eingangswiderstandes $\mathfrak{R}_1$ in Abhängigkeit von der Frequenz zeigt Abb. 100.

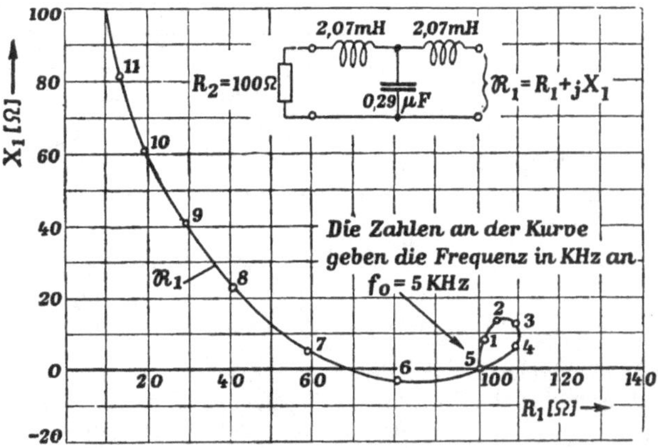

Abb. 100. Eingangswiderstand eines Tiefpaßfilters

Für die Frequenzen Null und f_0 ist $\mathfrak{R}_1 = R_2$; dazwischen durchläuft $\mathfrak{R}_1$ eine kleine Schleifenkurve und nähert sich für größere Frequenzen asymptotisch der imaginären Achse. Trägt man diese Widerstandskurve in das Wirkleistungsdiagramm der Abb. 71 ein ($X_i = 0$ nach Abb. 89; alle Widerstände dividiert durch $R_i = R_2$), so kann man daraus die von $\mathfrak{R}_1$ aufgenommene Wirkleistung P entnehmen. Da der Vierpol verlustfrei ist, wird das ganze P vom Abschlußwiderstand R_2

verbraucht. Für die Frequenzen Null und f_0 ist $\mathfrak{R}_1 = R_2 = \mathfrak{R}_i$ und $P = P_{\max} = {}^1/_8 \mid \mathfrak{U}_L \mid^2 / R_2$. Nach (71) liegt dann an R_2 die Spannung $\mid \mathfrak{U}_2 \mid = \sqrt{2 P \cdot R_2} = {}^1/_2 \mid \mathfrak{U}_L \mid$. Für die anderen Frequenzen ist P kleiner und $\mid \mathfrak{U}_2 \mid < {}^1/_2 \mid \mathfrak{U}_L \mid$. Je weiter sich $\mathfrak{R}_1$ im Wirkleistungsdiagramm vom Anpassungspunkt entfernt, desto kleiner wird P und $\mid \mathfrak{U}_2 \mid$. Abb. 101 zeigt den Verlauf von $\mid \mathfrak{U}_2 \mid$ im Zahlenbeispiel der Abb.100 für $\mid \mathfrak{U}_L \mid = 2$ V

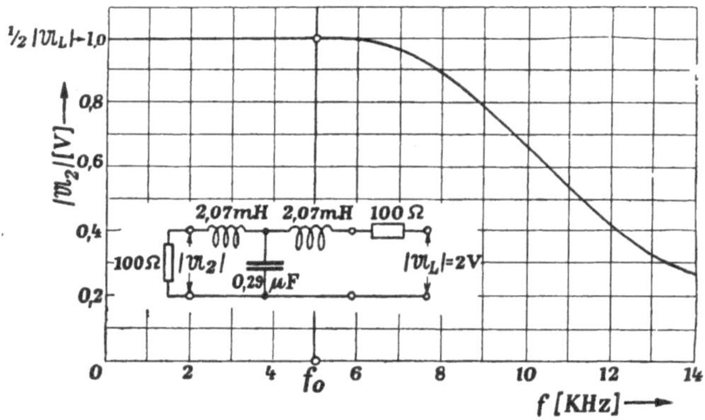

Abb. 101. Durchlaßkurve eines Tiefpaßfilters

in Abhängigkeit von der Frequenz. Zwischen Null und f_0 wird praktisch die volle Spannung an R_2 erzeugt (Durchlaßbereich); für höhere Frequenzen nimmt die Spannung mit wachsender Frequenz ab (Sperrbereich). Man spricht daher von einem Tiefpaßfilter.

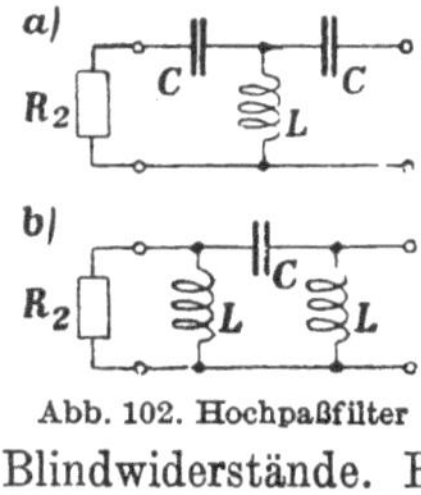

Abb. 102. Hochpaßfilter

Hochpaßfilter: Wenn man als Längswiderstände Kapazitäten und als Querwiderstände Induktivitäten benutzt (Abb. 102), ändert man gegenüber dem Tiefpaßfilter das Vorzeichen der Blindwiderstände. Eine Kompensation für eine bestimmte Frequenz ist auch dann möglich. Bei der Schaltung nach

Abb. 102a erfolgt die gleiche Transformation wie in Abb. 98, jedoch in umgekehrter Richtung über $\mathfrak{R}''$ nach $\mathfrak{R}'$, ebenso bei der Schaltung der Abb. 102b in umgekehrter Richtung wie in Abb. 99. Die Werte der Blindwiderstände bei der Frequenz f_0 sind (abgesehen vom Vorzeichen) die gleichen wie vorher, weil auch hier die Kompensationsbedingungen (336) und (338) gelten. Das Frequenzverhalten der Schaltungen ist jedoch grundsätzlich anders als vorher, da hier jetzt der Längswiderstand $-\mathrm{j}\cdot 1/(\omega C)$ und der Querleitwert $-\mathrm{j}\cdot 1/(\omega L)$ umgekehrt proportional zur Frequenz wachsen. X_2 und Y_1 werden also mit wachsender Frequenz kleiner. Für die Frequenz ∞ ist $X_2 = 0$ und $Y_1 = 0$, der Vierpol also wirkungslos (wie bei der Frequenz Null im Tiefpaßfilter). Das Frequenzverhalten dieser Filter zwischen den Frequenzen f_0 und ∞ ist das gleiche wie beim Tiefpaßfilter zwischen den Frequenzen Null und f_0 (praktisch ungestörter Durchlaß). Für Frequenzen unterhalb von f_0 verhält sich dies Filter so wie das Tiefpaßfilter oberhalb von f_0.

Bandpaßfilter: Wenn man die Blindwiderstände des Filters nicht wie bisher aus einfachen Kapazitäten oder Induktivitäten, sondern wieder aus Kombinationen von Blindwiderständen aufbaut, kann man Filter mit verschiedenartigem Frequenzverhalten erzeugen. Als „Bandpaßfilter" bezeichnet man ein Filter, das zwischen zwei Frequenzen f_1 und f_2 seinen Durchlaßbereich, für Frequenzen unterhalb von f_1 und oberhalb von f_2 seinen Sperrbereich hat. Hier wird lediglich die einfache Schaltung der Abb. 103 betrachtet, in der der Längsblindwiderstand j X_2 durch einen Serienresonanzkreis, der Querblindwiderstand j X_1 durch einen Parallelresonanzkreis dargestellt ist. Beide Kreise haben die gleiche Resonanzfrequenz f_R nach (112), bei der der Vierpol wegen $X_2 = 0$ und $Y_1 = 0$ ohne transformierende Wirkung ist. Für Frequenzen unterhalb von f_R ist der Serienresonanzkreis ein kapazitiver, der Parallelresonanzkreis ein induktiver Blindwiderstand. Dort verhält sich die Schaltung wie ein Hochpaß-

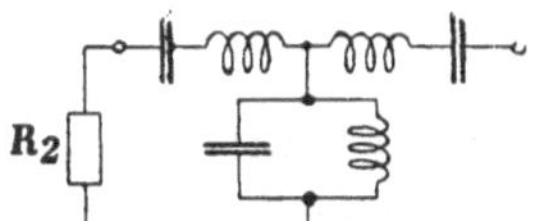

Abb. 103. Bandpaßfilter

filter. Bei geeigneter Dimensionierung tritt für eine Frequenz $f_1 < f_R$ (Abb. 104) Kompensation ein. Zwischen f_R und f_1 liegt dann ein Durchlaßbereich, unterhalb von f_1 der Sperrbereich. Für Frequenzen oberhalb von f_R ist der Serienresonanzkreis

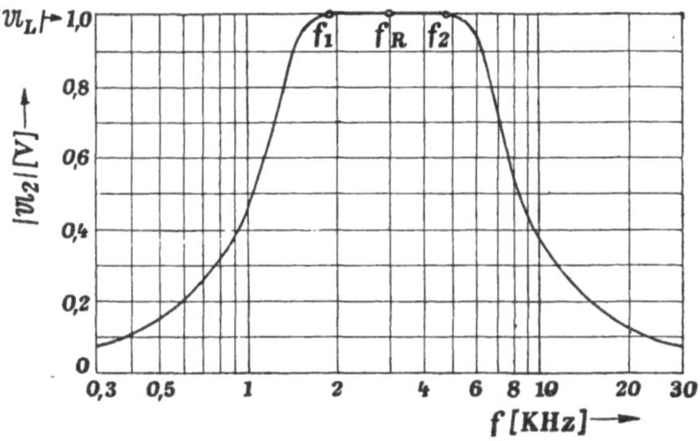

Abb. 104. Durchlaßkurve eines Bandpaßfilters

ein induktiver, der Parallelresonanzkreis ein kapazitiver Blindwiderstand, und das Filter wirkt wie ein Tiefpaßfilter. Bei der gegebenen Dimensionierung tritt für eine Frequenz $f_2 > f_R$ ebenfalls Kompensation ein (Abb. 104); zwischen f_R und f_2 liegt wieder ein Durchlaßbereich, oberhalb von f_2 ein Sperrbereich. Zwischen f_1 und f_2 liegt also das Frequenzband des ganzen Durchlaßbereichs.

VI,4. Induktive Kopplung (Transformator)

Der Begriff der Gegeninduktivität (Abb. 105): Gegeben sei eine (Primär-)Spule mit der Induktivität L_1. Sie werde durchflossen von einem Strom mit der komplexen Amplitude $\mathfrak{J}_1 = |\mathfrak{J}_1| \cdot e^{j\psi_1}$ und dem reellen Momentanwert $i_1 = |\mathfrak{J}_1| \cdot \cos(\omega t + \psi_1)$. Dieser Strom erzeugt in der Umgebung der Spule ein magnetisches Wechselfeld. Ebenso wie bei der Ab-

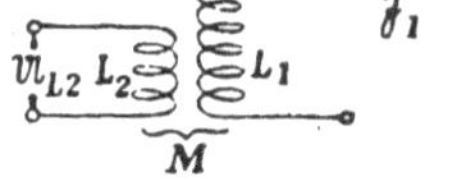

Abb. 105. Induktive Kopplung

leitung der idealen Formeln $X_L = \omega L$ und $Y_C = \omega C$ wird hier eine ideale induktive Kopplung betrachtet, bei der der reelle Momentanwert des magnetischen Kraftflusses Φ_2 in der Sekundärspule pro portional zum reellen Momentanwert i_1 des Stromes in der Primärspule ist ($\Phi_2 = M \cdot i_1$) und keine sonstige Beeinflussung der Sekundärspule durch Vorgänge in der Primärspule besteht. Abweichungen von diesem idealen Gesetz entstehen z. B. durch kapazitive Nebenkopplungen zwischen den Spulen, nichtlineare Zusammenhänge zwischen der magnetischen Feldstärke und der magnetischen Induktion im Eisen. In der unbelasteten Sekundärspule wird eine Wechselspannung mit dem reellen Momentanwert u_{L2} induziert. Das Induktionsgesetz lautet für die Momentanwerte

$$u_{L2} = d\Phi_2/dt = M \cdot di_1/dt = -M \cdot \omega \cdot |\mathfrak{I}_1| \cdot \sin(\omega t + \psi_1). \qquad (339)$$

Den Proportionalitätsfaktor M nennt man die **Gegeninduktivität** zwischen den Spulen und mißt sie in Henry; u_{L2} hat nach (29a) gegenüber i_1 eine um $\pi/2$ voreilende Phase und nach (5a) die komplexe Amplitude

$$\mathfrak{U}_{L2} = \omega M \cdot \mathfrak{I}_1 \cdot e^{j\pi/2} = j\,\omega M \cdot \mathfrak{I}_1 . \qquad (340)$$

Die Transformatorgleichungen: $\mathfrak{U}_{L2}$ ist die komplexe Amplitude der Leerlaufspannung der Sekundärspule. Hängt an ihr ein komplexer Verbraucher $\mathfrak{R}_2$ (Abb. 106), so fließt im Sekundärkreis ein Strom $\mathfrak{I}_2 = |\mathfrak{I}_2| \cdot e^{j\psi_2}$ durch die Serienschaltung des $\mathfrak{R}_2$ und des induktiven Blindwiderstandes $j\,\omega L_2$ der Sekundärspule mit der Induktivität L_2. Nach (235) und (340) gilt im Sekundärkreis

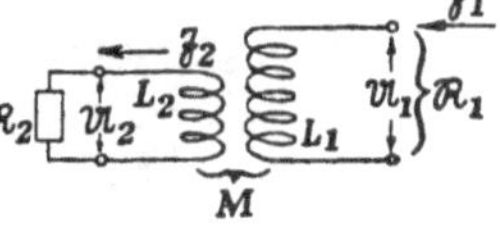

Abb. 106. Transformator mit Belastung

$$\mathfrak{I}_2 = \frac{\mathfrak{U}_{L2}}{j\,\omega L_2 + \mathfrak{R}_2} = \mathfrak{I}_1 \frac{j\,\omega M}{j\,\omega L_2 + \mathfrak{R}_2} . \qquad (341)$$

Der Primärstrom $\mathfrak{I}_1$ erzeugt einen belastungsabhängigen Sekundärstrom $\mathfrak{I}_2$. An dem Verbraucher $\mathfrak{R}_2$ liegt die Spannung

$$\mathfrak{U}_2 = \mathfrak{I}_2 \cdot \mathfrak{R}_2 = \mathfrak{I}_1 \frac{j\,\omega M \cdot \mathfrak{R}_2}{j\,\omega L_2 + \mathfrak{R}_2} . \qquad (342)$$

Ebenso wie der Primärstrom $\mathfrak{J}_1$ nach (340) in der Sekundärspule eine Spannung induziert, so induziert rückwärts auch der in der Sekundärspule fließende Strom $\mathfrak{J}_2$ eine zusätzliche Spannung in der Primärspule: $\mathfrak{U}_{L1} = \mathrm{j}\,\omega M \cdot \mathfrak{J}_2$. Ohne Beweis sei der allgemeine Satz mitgeteilt, daß der Proportionalitätsfaktor M, der hier die induktive Kopplung von der Sekundärspule auf die Primärspule beschreibt, den gleichen Wert M hat, wie er ihn in (340) für die Kopplung von der Primärspule auf die Sekundärspule hatte. Die Gegeninduktivität M ist also in beiden Richtungen gleich groß. Die Spannung $\mathfrak{U}_1$ auf der Primärseite setzt sich daher aus zwei Teilen zusammen, dem Spannungsabfall $\mathfrak{J}_1 \cdot \mathrm{j}\,\omega L_1$ des Primärstroms an der Primärinduktivität und der durch den Sekundärstrom induzierten Spannung $\mathfrak{U}_{L1}$:

$$\mathfrak{U}_1 = \mathfrak{J}_1 \cdot \mathrm{j}\,\omega L_1 - \mathfrak{J}_2 \cdot \mathrm{j}\,\omega M\,. \tag{343}$$

Das Minuszeichen deutet an, daß bei gleichem Umlaufsinn der Ströme der beiden Spulenwicklungen $\mathfrak{J}_1$ ein in die Spule hinein- (Abb. 106), $\mathfrak{J}_2$ jedoch ein aus der Spule herausfließender Strom ist. Zwei induktiv gekoppelte Spulen bezeichnet man meist als Transformator oder Übertrager und faßt sie als Vierpol auf. Die Vierpolgleichung (283) für die Spannung $\mathfrak{U}_1$ gewinnt man aus (343), wenn man $\mathfrak{J}_1$ nach (341) durch $\mathfrak{J}_2$ ausdrückt und dann $\mathfrak{R}_2$ durch $\mathfrak{U}_2/\mathfrak{J}_2$ ersetzt. Die Vierpolgleichung (284) für den Strom $\mathfrak{J}_1$ gewinnt man aus (341), wenn man $\mathfrak{R}_2 = \mathfrak{U}_2/\mathfrak{J}_2$ setzt:

$$\mathfrak{U}_1 = \frac{L_1}{M}\,\mathfrak{U}_2 + \mathrm{j}\,\omega M \left(\frac{L_1 L_2}{M^2} - 1\right) \mathfrak{J}_2; \tag{344}$$

$$\mathfrak{J}_1 = -\mathrm{j}\,\frac{1}{\omega M}\,\mathfrak{U}_2 + \frac{L_2}{M}\,\mathfrak{J}_2\,. \tag{345}$$

Diese Gleichungen gestatten die Anwendung aller bisher abgeleiteten Vierpolgleichungen mit

$$\mathfrak{A}_{11} = \frac{L_1}{M}\,, \tag{346}$$

$$\mathfrak{A}_{12} = \mathrm{j}\,\omega M \left(\frac{L_1 L_2}{M^2} - 1\right), \tag{347}$$

$$\mathfrak{A}_{21} = -\,\mathrm{j}\,\frac{1}{\omega M}, \tag{348}$$

$$\mathfrak{A}_{22} = \frac{L_2}{M}. \tag{349}$$

Insbesondere ist es möglich, Ersatzbilder aus Blindwiderständen nach Abb. 92 aufzustellen. Abb. 107 zeigt das T-Ersatzbild mit

$$\mathfrak{R}_1 = \frac{\mathfrak{A}_{11} - 1}{\mathfrak{A}_{21}} = \mathrm{j}\,\omega\,(L_1 - M), \tag{350}$$

$$\mathfrak{R}_2 = \frac{1}{\mathfrak{A}_{21}} = \mathrm{j}\,\omega M, \tag{351}$$

$$\mathfrak{R}_3 = \frac{\mathfrak{A}_{22} - 1}{\mathfrak{A}_{21}} = \mathrm{j}\,\omega\,(L_2 - M). \tag{352}$$

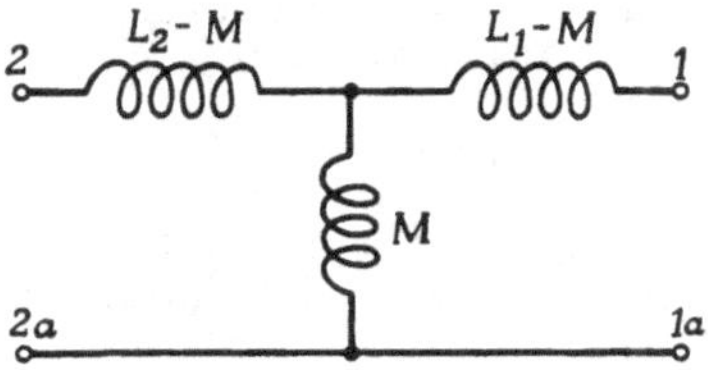

Abb. 107. Transformator-Ersatzbild

Dies Ersatzbild ist also sehr einfach und besteht aus 3 Induktivitäten $(L_1 - M)$, M und $(L_2 - M)$. Die Gegeninduktivität M bildet den Kernwiderstand. Es gibt Fälle, bei denen eine der Ersatzinduktivitäten negativ ist. Beispielsweise gilt für den sogenannnten „streuungsfreien“ Übertrager, dem sich die Transformatoren mit geschlossenem Eisenkern weitgehend annähern, stets $M = \sqrt{L_1 L_2}$, so daß beispielsweise für $L_2 < L_1$ das $M > L_2$ ist. In der Starkstromtechnik führt daher dieses Ersatzbild meist zu einer negativen Ersatzinduktivität auf einer Seite. Bei den Transformatoren mit Luftspulen ist dagegen das M wesentlich kleiner und alle 3 Induktivitäten in Abb. 107 positiv. Bei Verwendung solcher

Ersatzbilder kann man also das Verhalten des Transformators durch eine Kombination von Serien- und Parallelschaltungen beschreiben und die Regeln des Abschn. IV,3 verwenden und Transformationen wie in Abschn. IV,4 durchführen.

Wenn der Transformator durch seine Kenngrößen L_1, L_2 und M gegeben ist, kann man sein Verhalten mit Hilfe der Gleichungen (344) und (345) leicht berechnen.

Transformator im Leerlauf: Es ist $\mathfrak{J}_2 = 0$ und $\mathfrak{U}_1 = \mathfrak{U}_2 L_1/M$. Das Spannungs-Übersetzungsverhältnis ist frequenzunabhängig:

$$\mathfrak{U}_2/\mathfrak{U}_1 = M\,/\,L_1\,. \tag{353}$$

Den mit einem sehr großen Widerstand $\mathfrak{R}_2$ ($\gg \omega L_2$) belasteten Transformator benutzt man als *Spannungswandler*, um eine gegebene Spannung $\mathfrak{U}_1$ frequenzunabhängig in eine andere Spannung $\mathfrak{U}_2$ zu verwandeln, die durch geeignete Wahl von M und L_1 in eine jeweils zweckmäßige Größenordnung gelegt werden kann. Aus (344) und (345) folgt für $\mathfrak{J}_2 = 0$:

$$\mathfrak{J}_{L1} = -\,\mathrm{j}\frac{1}{\omega L_1}\,\mathfrak{U}_1\,. \tag{354}$$

Dieses $\mathfrak{J}_{L1}$ nennt man den *Leerlaufstrom* des Transformators. Auf der Primärseite erscheint der Transformator mit dem Leerlaufwiderstand

$$\mathfrak{R}_{L1} = \mathfrak{U}_1/\mathfrak{J}_{L1} = \mathrm{j}\,\omega L_1\,. \tag{355}$$

Transformator im Kurzschluß ($\mathfrak{U}_2 = 0$): $\mathfrak{J}_1 = \mathfrak{J}_2\,L_2\,/\,M$ nach (345). Das Strom-Übersetzungsverhältnis ist frequenzunabhängig:

$$\mathfrak{J}_2/\mathfrak{J}_1 = M\,/\,L_2\,. \tag{356}$$

Den mit kleinem $\mathfrak{R}_2$ belasteten Transformator benutzt man daher auch als *Stromwandler*, z. B. zur Messung von großen Strömen $\mathfrak{J}_1$ mit Hilfe kleiner Ströme $\mathfrak{J}_2$.

Komplex belasteter Transformator: Die Sekundärspule sei mit dem Widerstand $\mathfrak{R}_2 = \mathfrak{U}_2/\mathfrak{J}_2 = R_2 + \mathrm{j}\,X_2$ belastet (Abb. 106). Der zwischen den Eingangsklemmen der Primärspule gemessene Eingangswiderstand lautet nach (341) und (343):

$$\mathfrak{R}_1 = \frac{\mathfrak{U}_1}{\mathfrak{I}_1} = \mathrm{j}\,\omega L_1 - \mathrm{j}\omega M \frac{\mathfrak{I}_2}{\mathfrak{I}_1} = \mathrm{j}\,\omega L_1 + \frac{(\omega M)^2}{\mathrm{j}\,\omega L_2 + \mathfrak{R}_2} \qquad (357)$$
$$= \mathfrak{R}_{L1} + \mathfrak{R}_S\,.$$

Der Eingangswiderstand setzt sich aus dem Leerlaufwiderstand $\mathfrak{R}_{L1}$ nach (355) und einem Zusatzwiderstand $\mathfrak{R}_S = R_S + \mathrm{j}\,X_S$ zusammen, der durch die Vorgänge auf der Sekundärseite verursacht wird und dem Quadrat der Gegeninduktivität proportional ist. Diese wichtige Gleichung wertet man mit Hilfe des Kreisdiagramms der Abb. 48 aus. Man setze

$$\mathfrak{b} = b_1 + \mathrm{j}\,b_2 = \frac{1}{(\omega M)^2}(\mathrm{j}\,\omega L_2 + \mathfrak{R}_2); \qquad (358)$$

also $\quad b_1 = R_2/(\omega M)^2; \quad b_2 = (\omega L_2 + X_2)\,/\,(\omega M)^2. \qquad (359)$

Dann ist $\mathfrak{a} = a_1 + \mathrm{j}\,a_2 = 1/\mathfrak{b} = \mathfrak{R}_S;\ a_1 = R_S;\ a_2 = X_S; \qquad (360)$

und $\quad \mathfrak{R}_1 = \mathrm{j}\,\omega L_1 + \mathfrak{a}\,. \qquad (361)$

Das Diagramm für $\mathfrak{R}_1$ (Abb. 108) ist also das um $\mathrm{j}\,\omega L_1$ nach oben verschobene Diagramm des $\mathfrak{a}$. Die Komponenten des $\mathfrak{R}_1$

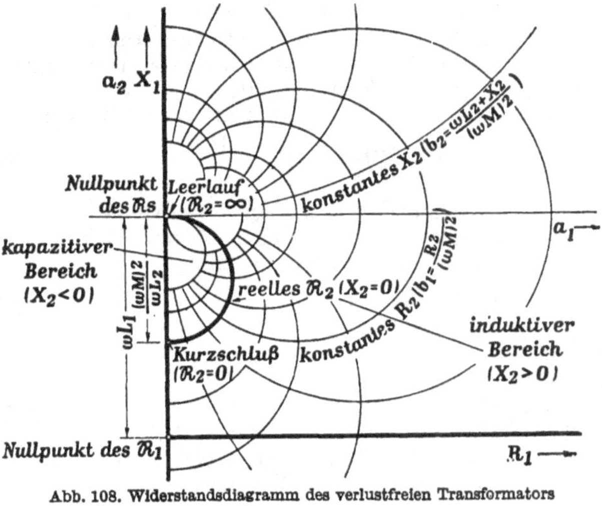

Abb. 108. Widerstandsdiagramm des verlustfreien Transformators

zählen vom Nullpunkt des $\mathfrak{R}_1$ aus, die Komponenten des $\mathfrak{R}_S$ vom Nullpunkt des Kreisdiagramms aus. Wenn ein bestimmtes $\mathfrak{R}_2$ gegeben ist, bilde man nach (359) die Größen b_1 und b_2. Den Punkt $\mathfrak{a} = \mathfrak{R}_S$ findet man dann im Diagramm als Schnittpunkt der zu b_1 und b_2 gehörenden Diagrammkreise. Der Vektor vom Nullpunkt des $\mathfrak{R}_1$ nach $\mathfrak{a}$ ist das gesuchte $\mathfrak{R}_1$. Die Größen $|\mathfrak{U}_2|$ und $|\mathfrak{I}_2|$ der Sekundärseite findet man näherungsweise, wenn man voraussetzt, daß die Transformation verlustlos erfolgt. Die primär zugeführte Wirkleistung P wird dann dem Verbraucher $\mathfrak{R}_2$ zugeführt. Nach (209) und (212) ist

$$|\mathfrak{I}_2|/|\mathfrak{I}_1| = \sqrt{R_1/R_2}; \quad |\mathfrak{U}_2|/|\mathfrak{U}_1| = \sqrt{G_1/G_2}; \quad |\mathfrak{I}_2|/|\mathfrak{U}_1| = \sqrt{G_1/R_2}\,. \tag{362}$$

G_1 ist der Wirkleitwert des $\mathfrak{R}_1$, G_2 der Wirkleitwert des $\mathfrak{R}_2$. So ergibt also das Diagramm der Abb. 108 einen Überblick über die grundsätzlichen Erscheinungen in einem Transformator.

Aus (344) erkennt man, daß ein Transformator mit $M = \sqrt{L_1 L_2}$ wegen $\mathfrak{A}_{12} = 0$ besonders einfache Formeln hat. Ein solcher Transformator wird als streuungsfreier Transformator bezeichnet, wobei ein Transformator mit Eisenkern diesen Zustand schon recht gut annähern kann. Nach (344) gilt dann

$$\mathfrak{U}_1 = \frac{L_1}{M} \cdot \mathfrak{U}_2; \quad \mathfrak{U}_2 = \frac{M}{L_1} \mathfrak{U}_1\,. \tag{363}$$

Die Eingangsspannung steht zur Ausgangsspannung in einem frequenzunabhängigen und stromunabhängigen Verhältnis. Setzt man dieses $\mathfrak{U}_2$ in (345) ein, so wird

$$\mathfrak{I}_1 = -\,\mathrm{j}\,\frac{1}{\omega L_1}\,\mathfrak{U}_1 + \frac{L_2}{M} \cdot \mathfrak{I}_2 = \mathfrak{I}_{L1} + \mathfrak{I}\,. \tag{364}$$

Der Strom $\mathfrak{I}_1$ setzt sich zusammen aus dem Strom durch L_1, dem Leerlaufstrom $\mathfrak{I}_{L1} = \mathfrak{U}_1/(\mathrm{j}\,\omega L_1)$ und einem Zusatzstrom $\mathfrak{I}$, der gleich dem Sekundärstrom $\mathfrak{I}_2$ und einem frequenzunabhängigen Faktor L_2/M ist. Der Übersetzungsfaktor L_2/M des Stromes ist wegen $M = \sqrt{L_1 L_2}$ gleich dem Reziprokwert des Übersetzungsfaktors L_1/M der Spannung in (363). In diesem

Fall ist die Formel (357) für den Eingangswiderstand nicht einfacher als beim allgemeinen Transformator. Wohl aber ist die Formel für den Eingangsleitwert sehr einfach:

$$\mathfrak{G}_1 = \frac{1}{\mathfrak{R}_1} = \frac{\mathfrak{J}_1}{\mathfrak{U}_1} = -\,\mathrm{j}\,\frac{1}{\omega L_1} + \frac{L_2}{L_1}\mathfrak{G}_2\,, \tag{365}$$

wobei $\mathfrak{G}_2 = 1/\mathfrak{R}_2$ der Leitwert des Verbrauchers ist und bei der Division von (364) durch $\mathfrak{U}_1$ das $\mathfrak{U}_1$ im zweiten Glied durch $\mathfrak{U}_2$ nach (363) ersetzt wurde.

Der Eingangsleitwert des streuungsfreien Transformators ist also die Parallelschaltung des Leitwerts der Primärspule L_1 und des mit dem Faktor L_2/L_1 multiplizierten Leitwerts des Verbrauchers (Abb. 109). Wenn die Primärinduktivität L_1 so groß ist, daß in den betrachteten Betriebsfällen der Strom durch L_1 neben dem Strom $\mathfrak{J}$ durch den transformierten Verbraucher vernachlässigt werden kann, so ist einfach

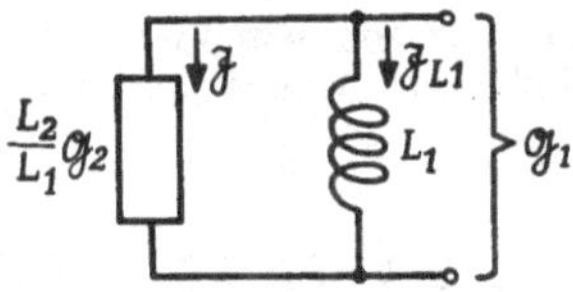

Abb. 109. Ersatzbild für den Eingangsleitwert des streuungsfreien Transformators

$$\mathfrak{U}_1 = \frac{L_1}{M}\cdot\mathfrak{U}_2;\quad \mathfrak{J}_1 = \frac{L_2}{M}\mathfrak{J}_2;\quad \mathfrak{G}_1 = \frac{L_2}{L_1}\mathfrak{G}_2 \tag{366}$$

oder mit dem Übersetzungsverhältnis

$$ü = L_1/M \tag{367}$$

$$\mathfrak{U}_1 = ü\cdot\mathfrak{U}_2;\ \mathfrak{J}_1 = \frac{1}{ü}\mathfrak{J}_2;\ \mathfrak{G}_1 = \frac{1}{ü^2}\mathfrak{G}_2;\ \mathfrak{R}_1 = ü^2\mathfrak{R}_2\,. \tag{367}$$

Einen solchen Transformator nennt man einen **idealen** Transformator. Er ist nie exakt realisierbar, sondern nur ein gedachtes Gebilde, das in Ersatzschaltbilder eingeführt wird, um Rechnungen formal zu vereinfachen.

In der Starkstromtechnik vermeidet man gern das Negativwerden der einen Induktivität im Ersatzbild der Abb. 107, indem man das Ersatzbild der Abb. 107 durch einen idealen Übertrager nach Abb. 110 ergänzt. In die gedachten Klemmen 2′ und 2a′ fließt ein Strom $\mathfrak{J}_2{}' = \mathfrak{J}_2/ü$ und zwischen ihnen liegt die Spannung $\mathfrak{U}_2' = \mathfrak{U}_2 \cdot \ddot{u}$, wobei $\ddot{u}$ eine frei wählbare reelle Zahl ist. In (344) und (345) führt man $\mathfrak{J}_2'$ und $\mathfrak{U}_2'$ ein:

$$\mathfrak{U}_1 = \frac{L_1}{\ddot{u} M} \cdot \mathfrak{U}_2' + \mathrm{j}\,\omega M \ddot{u} \left(\frac{L_1 \cdot \ddot{u}^2 L_2}{\ddot{u}^2 M} - 1\right) \mathfrak{J}_2', \quad (369)$$

$$\mathfrak{J}_1 = -\,\mathrm{j}\,\frac{1}{\omega \ddot{u} M}\,\mathfrak{U}_2' + \frac{\ddot{u}^2 L_2}{\ddot{u} M}\,\mathfrak{J}_2'. \quad (370)$$

Dieses sind die Vierpolgleichungen des zwischen den Klemmen 1 und 1a und den Klemmen 2′ und 2′a liegenden Vierpols, der sich von dem Vierpol der Abb. 107 dadurch unterscheidet, daß statt M das $\ddot{u} M$ und statt L_2 das $\ddot{u}^2 L_2$ auftritt; vgl.

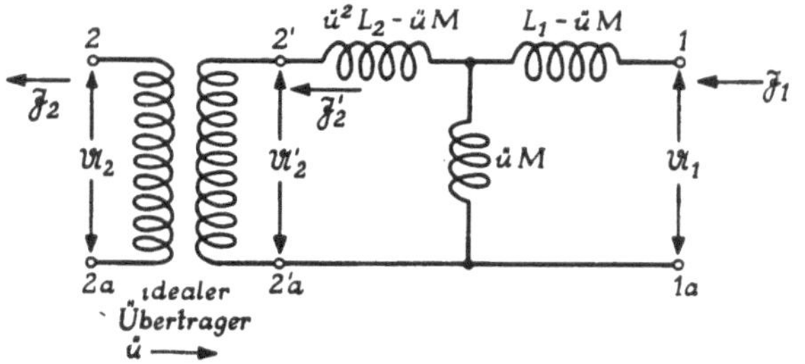

Abb. 110. Transformator-Ersatzbild

Abb. 110. Durch passende Wahl des $\ddot{u}$ kann man jeweils das Ersatzbild seinen Wünschen anpassen. Zwischen den Klemmen 2′ und 2′a erscheint jeweils der Verbraucher als $\ddot{u}^2 \mathfrak{R}_2$. Es sei bemerkt, daß das L_1 und M in (367) nichts mit dem L_1 und M in obigen Gleichungen zu tun hat.

Resonanztransformator: Wenn der Transformator lose gekoppelt ist, also M sehr klein ist, muß man zur Übertragung größerer Wirkleistung die Spulen des Transformators durch Kapazitäten geeigneter Größe zu Resonanzschaltungen nach Abschn. III,4 oder III,5 ergänzen. Die Funktion solcher Resonanzschaltungen wird im folgenden näherungsweise für den Fall behandelt, daß der Verbraucher ein reiner Wirkwiderstand ist und der durch diesen Wirkwiderstand bedämpfte Resonanzkreis noch eine kleine relative Bandbreite hat. An die Spule des Parallelresonanzkreises, die in Abb. 111a die Sekundärspule darstellt, ist eine wesentlich kleinere Primärspule induktiv angekoppelt. Der entstandene Trans-

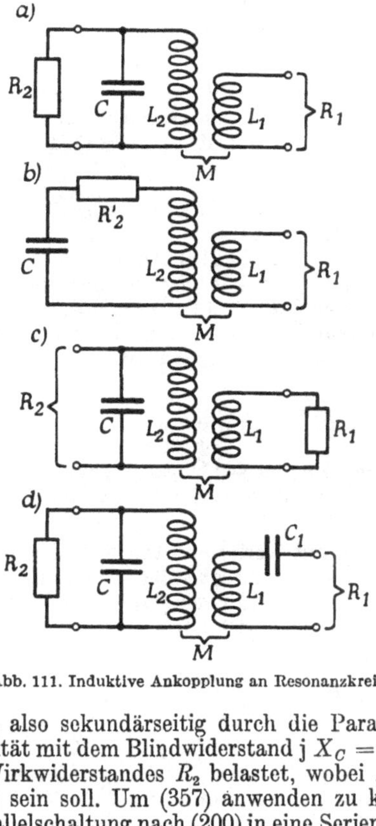

Abb. 111. Induktive Ankopplung an Resonanzkreise

formator ist also sekundärseitig durch die Parallelschaltung einer Kapazität mit dem Blindwiderstand $\mathrm{j}\, X_C = -\,\mathrm{j} \cdot 1/(\omega C)$ und eines Wirkwiderstandes R_2 belastet, wobei R_2 sehr groß gegen $|\, X_C \,|$ sein soll. Um (357) anwenden zu können, muß man die Parallelschaltung nach (200) in eine Serienschaltung $\mathfrak{R}_2$

von j X_C und $R_2' = X_C^2/R_2$ umrechnen. Bei der Resonanzfrequenz des Kreises ist der Blindwiderstand der Kreisinduktivität $\omega L_2 = |X_C| = X_R$ und $j\omega L_2 + \mathfrak{R}_2 = R_2'$. Der nach (357) auf die Primärseite des Transformators übertragene Widerstand beträgt dann

$$\mathfrak{R}_S = R_1 = \frac{(\omega M)^2}{R_2'} = R_2\left(\frac{\omega M}{X_R}\right)^2 = R_2\left(\frac{M}{L_2}\right)^2. \qquad (371)$$

In diesem Fall macht man ωL_1 möglichst sehr klein gegen R_1, so daß dann der Eingangswiderstand $\mathfrak{R}_1$ des Transformators nahezu der reelle Widerstand R_1 nach (371) ist. Das Übersetzungsverhältnis lautet

$$\frac{R_1}{R_2} = \left(\frac{M}{L_2}\right)^2 \quad (R_2 > 10\,\omega L_2). \qquad (372)$$

Man vergleiche (217) und (218). Diese Schaltung kann man auch umgekehrt zur Transformation eines kleinen R_1 in ein großes R_2 benutzen (Abb. 111c). Wenn ωL_1 nicht hinreichend klein ist, kann man in Serie zu L_1 nach Abb. 111d eine Kapazität C_1 schalten, die bei der Frequenz ω eine Serienresonanz mit L_1 bildet:

$$\omega L_1 = \frac{1}{\omega C_1}. \qquad (373)$$

Dann wird der Eingangswiderstand exakt reell gleich R_1. Eine solche Schaltung bezeichnet man auch als Resonanztransformator.

Transformator mit Verlusten: Die Verluste des Transformators beschreibt man zweckmäßig durch einen Widerstand R_{v1} in Serie zu $j\omega L_1$ und einen Widerstand R_{v2} in Serie zu $j\omega L_2$ (Abb. 112a). Dann ist unter Verwendung von $\mathfrak{a}$ und $\mathfrak{b}$ aus Abb. 48

$$\mathfrak{R}_1 = j\omega L_1 + R_{v1} + \frac{(\omega M)^2}{j\omega L_2 + R_{v2} + \mathfrak{R}_2} = \mathfrak{R}_{L1} + \mathfrak{a}. \qquad (374)$$

$$\mathfrak{a} = 1/\mathfrak{b}; \quad b_1 = \frac{R_{v2} + R_2}{(\omega M)^2}; \quad b_2 = \frac{\omega L_2 + X_2}{(\omega M)^2}. \qquad (375)$$

Die Abänderung des Diagramms der Abb. 108 unter Berücksichtigung dieser Verlustwiderstände zeigt Abb. 112b. $\mathfrak{R}_{L1}$

gibt den Leerlaufwiderstand $(\mathrm{j}\,\omega L_1 + R_{v1})$, der gegenüber Abb. 108 um R_{v1} verschoben ist. Bei reiner Blindlast $\mathfrak{R}_2 = \mathrm{j}\,X_2$ war $\mathfrak{R}_1$ in Abb. 108 ein reiner Blindwiderstand $(b_1 = 0)$, in

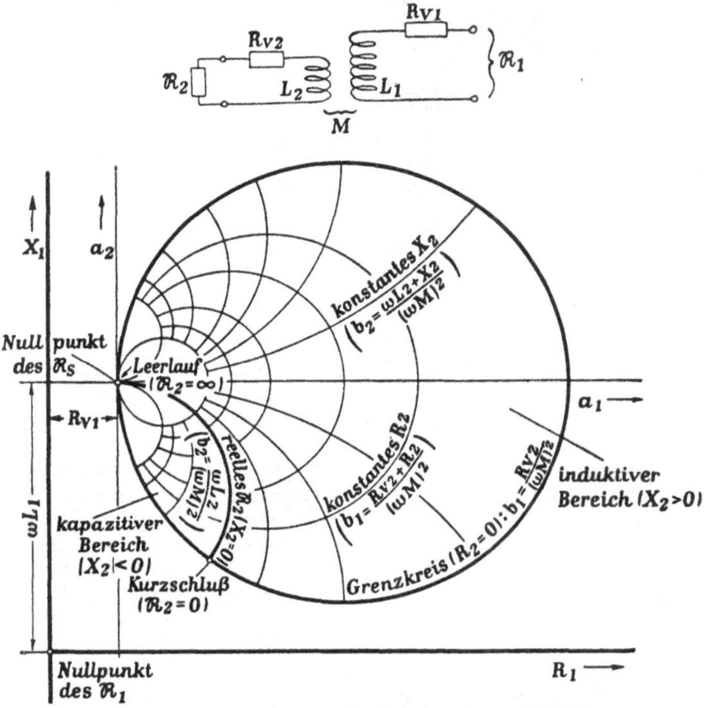

Abb. 112. Widerstandsdiagramm des Transformators mit Verlusten

Abb. 112 bleibt dagegen $b_1 = R_{v2}/(\omega M)^2$ als Grenzkreis. Alle Werte von $\mathfrak{R}_1$ bei beliebig komplexen $\mathfrak{R}_2$ liegen innerhalb dieses Grenzkreises, weil ihr $b_1 = (R_2 + R_{v2})/(\omega M)^2$ stets größer als das b_1 des Grenzkreises ist. Innerhalb dieses Grenzkreises findet man den zu gegebenem $\mathfrak{R}_2$ gehörenden Punkt $\mathfrak{R}_1$ als Schnittpunkt der zu b_1 und b_2 gehörenden Kreise. Abb. 112b zeigt ferner die Kurve für reelle Widerstände ($X_2 = 0$; $b_2 = \omega L_2/(\omega M)^2$) und die Zone induktiver ($X_2 > 0$) und kapazitiver ($X_2 < 0$) Widerstände. Das nähere Studium dieser Abbildung sei dem Leser überlassen.

VI,5. Brückenschaltungen

Die normale Brückenschaltung zeigt Abb. 113a. Der Querwiderstand $\mathfrak{R}_B$ ist dabei als Verbraucher anzusehen. Man kann die Brücke mit den Eingangsklemmen 1 und 1a und

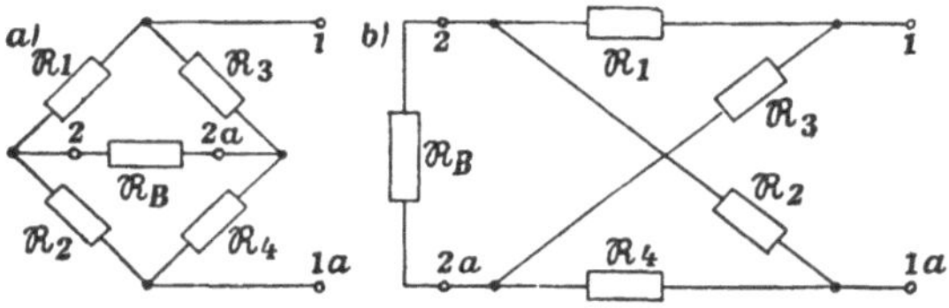

Abb. 113. Brückenschaltung

den Anschlußklemmen 2 und 2a des $\mathfrak{R}_B$ auch als Vierpol auffassen und nach Abb. 113b als sogenannte Kreuzschaltung zeichnen. Diese Schaltung zeichnet sich dadurch aus, daß bei geeigneter Dimensionierung der Brückenwiderstände $\mathfrak{R}_1$ bis $\mathfrak{R}_4$ die Spannung $\mathfrak{U}_B$ am Verbraucher $\mathfrak{R}_B$ Null werden kann. Im folgenden soll lediglich die Frage beantwortet werden, unter welchen Bedingungen dieser Nullabgleich eintritt. Wenn an $\mathfrak{R}_B$ keine Spannung liegt, fließt durch $\mathfrak{R}_B$ auch kein Strom (Abb. 114). In der Brücke fließt dann der Strom $\mathfrak{J}_1$ durch die Serienschaltung von $\mathfrak{R}_1$ und $\mathfrak{R}_2$ und der Strom $\mathfrak{J}_2$ durch die Serienschaltung von $\mathfrak{R}_3$ und $\mathfrak{R}_4$. Liegt an der Brücke seitens der Spannungsquelle die Spannung $\mathfrak{U}$, so ist

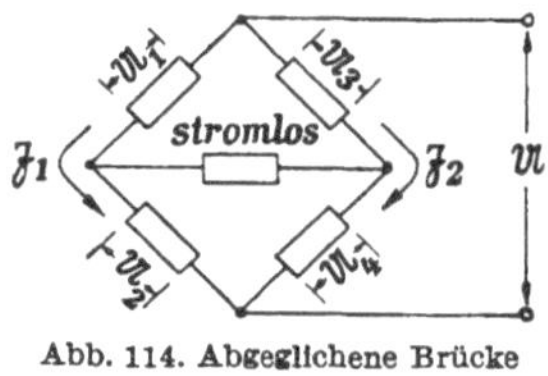

Abb. 114. Abgeglichene Brücke

$\mathfrak{J}_1 = \mathfrak{U}/(\mathfrak{R}_1 + \mathfrak{R}_2)$; $\mathfrak{J}_2 = \mathfrak{U}/(\mathfrak{R}_3 + \mathfrak{R}_4)$. An den einzelnen Widerständen liegen die Spannungen

$$\begin{aligned} \mathfrak{U}_1 &= \mathfrak{U}\cdot\mathfrak{R}_1/(\mathfrak{R}_1+\mathfrak{R}_2); \quad \mathfrak{U}_2 = \mathfrak{U}\cdot\mathfrak{R}_2/(\mathfrak{R}_1+\mathfrak{R}_2); \\ \mathfrak{U}_3 &= \mathfrak{U}\cdot\mathfrak{R}_3/(\mathfrak{R}_3+\mathfrak{R}_4); \quad \mathfrak{U}_4 = \mathfrak{U}\cdot\mathfrak{R}_4/(\mathfrak{R}_3+\mathfrak{R}_4). \end{aligned} \tag{376}$$

Wenn durch $\mathfrak{R}_B$ kein Strom fließt, darf zwischen seinen Klemmen 2 und 2a keine Spannungsdifferenz liegen. Es muß also $\mathfrak{U}_1 = \mathfrak{U}_3$ und $\mathfrak{U}_2 = \mathfrak{U}_4$ sein. Daraus folgt

$$\frac{\mathfrak{R}_1}{\mathfrak{R}_1+\mathfrak{R}_2} = \frac{\mathfrak{R}_3}{\mathfrak{R}_3+\mathfrak{R}_4}; \quad \frac{\mathfrak{R}_2}{\mathfrak{R}_1+\mathfrak{R}_2} = \frac{\mathfrak{R}_4}{\mathfrak{R}_3+\mathfrak{R}_4}. \tag{377}$$

Bildet man den Quotienten dieser beiden Gleichungen, so bleibt

$$\frac{\mathfrak{R}_1}{\mathfrak{R}_2} = \frac{\mathfrak{R}_3}{\mathfrak{R}_4}; \quad \frac{|\mathfrak{R}_1|}{|\mathfrak{R}_2|} = \frac{|\mathfrak{R}_3|}{|\mathfrak{R}_4|}; \quad \varphi_1 - \varphi_2 = \varphi_3 - \varphi_4. \tag{378}$$

Wenn drei dieser Widerstände gegeben sind und die Spannung im Querzweig $\mathfrak{R}_B$ verschwindet, kann man den vierten Widerstand nach (378) berechnen. Dies ist die bekannte Anwendung der Brückenschaltung für Meßzwecke. Die Brücke ist bereits bei Gleichstrom bekannt. Neu ist bei Wechselstrom die Tatsache, daß der Brückenabgleich nach (378) zwei Gleichungen befriedigen muß, nämlich eine Gleichung zwischen den Absolutwerten und eine Gleichung zwischen den Phasen der Widerstände. Wenn $\mathfrak{R}_4$ der unbekannte Widerstand ist, können beispielsweise $\mathfrak{R}_1$ und $\mathfrak{R}_3$ beliebige konstante Widerstände sein. $\mathfrak{R}_2$ muß dann veränderlich sein, und zwar sein Absolutwert und seine Phase, um den Brückenabgleich zu ermöglichen. Nach (378) ist

$$\mathfrak{R}_4 = \mathfrak{R}_2\frac{\mathfrak{R}_3}{\mathfrak{R}_1}; \quad |\mathfrak{R}_4| = |\mathfrak{R}_2|\frac{|\mathfrak{R}_3|}{|\mathfrak{R}_1|}; \quad \varphi_4 = \varphi_2 + \varphi_3 - \varphi_1. \tag{379}$$

Die Größe $\mathfrak{R}_3/\mathfrak{R}_1$ tritt hier als konstanter Faktor in der Auswertung auf. Es ist zweckmäßig, $\mathfrak{R}_1$ und $\mathfrak{R}_3$ die *gleiche* Phase zu geben ($\varphi_3 = \varphi_1$), damit die einfache Formel $\varphi_4 = \varphi_2$ entsteht. Wenn die Brücke für verschiedene Frequenzen gebraucht wird, nimmt man als $\mathfrak{R}_1$ und $\mathfrak{R}_3$ oft Widerstände *gleicher* Art, also mit gleicher Frequenzabhängigkeit, damit der Faktor $\mathfrak{R}_3/\mathfrak{R}_1$ frequenzunabhängig wird. Man benutzt also zwei Wirkwiderstände R_1 und R_3 oder zwei Induktivitäten L_1 und L_3 oder zwei Kapazitäten C_1 und C_3 (Abb. 115). Aus (379) wird dann frequenzabhängig

$$\mathfrak{R}_4 = \mathfrak{R}_2 \frac{R_3}{R_1}\ ;\ \mathfrak{R}_4 = \mathfrak{R}_2 \frac{L_3}{L_1}\ ;\ \mathfrak{R}_4 = \mathfrak{R}_2 \frac{C_1}{C_3}\,. \tag{380}$$

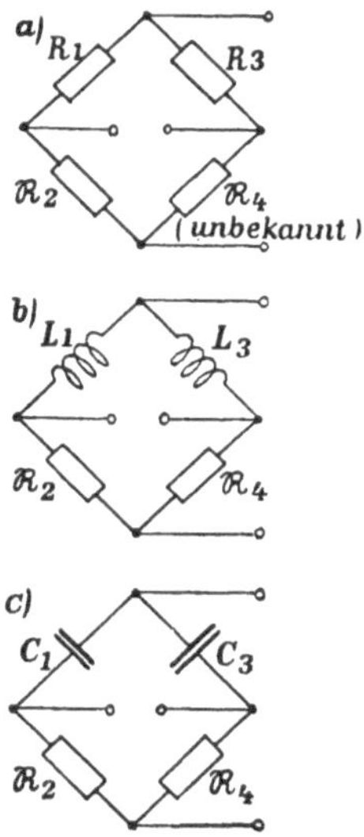

Abb. 115. Frequenzunabhängiges Brückenverhältnis

Der Vergleichswiderstand: Der Aufbau des Vergleichswiderstandes $\mathfrak{R}_2$, der leicht veränderlich und genau bekannt sein muß, hängt von der Art des Meßobjekts $\mathfrak{R}_4$ ab. Als $\mathfrak{R}_2$ benutzt man sehr gerne die Serien- oder Parallelschaltung einer veränderlichen, verlust- und induktionsarmen Kapazität C_2 und eines veränderlichen Wirkwiderstandes R_2 (Abb. 116). Man beachte die Erfahrungen von III,7. Man vermeidet sehr große Kapazitäten und Wirkwiderstände durch zweckmäßige Auswahl zwischen Serien- und Parallelschaltung der veränderlichen Widerstände unter Benutzung von (199) und (200). Z. B. kann man nach (199) eine große Kapazität in Serie zu einem Wirkwiderstand durch eine kleine Kapazität parallel zu diesem Wirkwiderstand und nach (200) einen großen Widerstand parallel zu einer Kapazität durch einen kleinen Widerstand

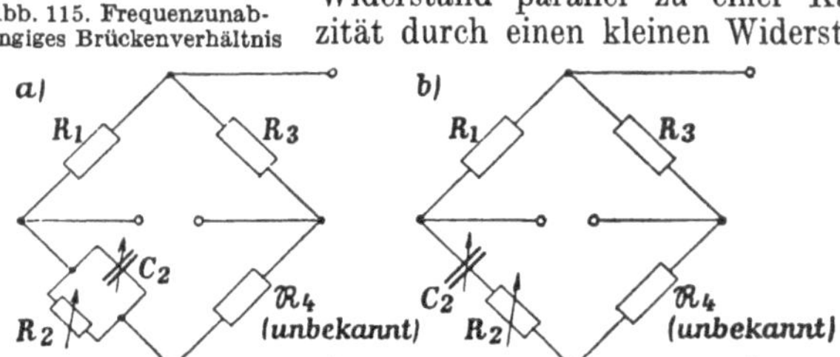

Abb. 116. Messung von Widerständen mit kapazitiver Phase

in Serie zu dieser Kapazität ersetzen (Abb. 40). In den Schaltungen der Abb. 116 eignet sich ein solches veränderliches $\mathfrak{R}_2$ nur zur Messung von Widerständen mit kapazitiver Phase ($\varphi_4 < 0$). Widerstände $\mathfrak{R}_2$ mit veränderlicher induktiver Phase sind meist schwierig herzustellen. Man schaltet dann oft nach Abb. 117a parallel oder in Serie zum unbekannten,

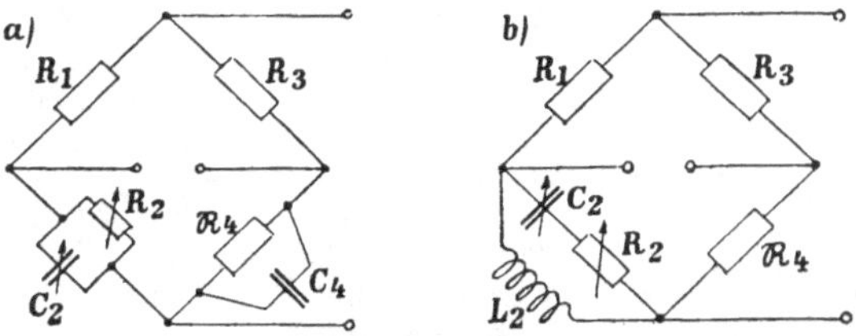

Abb. 117. Messung von Widerständen mit induktiver Phase

mit induktiver Phase behafteten $\mathfrak{R}_4$ eine bekannte feste Kapazität C_4, um dadurch dem $\mathfrak{R}_4$ nach Abb. 50 eine kapazitive Phase zu geben. Oder man schaltet in Serie oder parallel zum veränderlichen $\mathfrak{R}_2$ eine bekannte, unveränderliche Induktivität L_2 nach Abb. 117b, um dadurch $\mathfrak{R}_2$ eine induktive Phase zu geben. Man kann auch $\mathfrak{R}_2$ einen festen Wert geben und beispielsweise $\mathfrak{R}_1$ verändern. Ein induktives $\mathfrak{R}_4$ läßt sich bei reellen R_2 und R_3 durch ein kapazitives $\mathfrak{R}_1$ abgleichen. Zum Beispiel kann man nach Abb. 118 eine Induktivität L_4

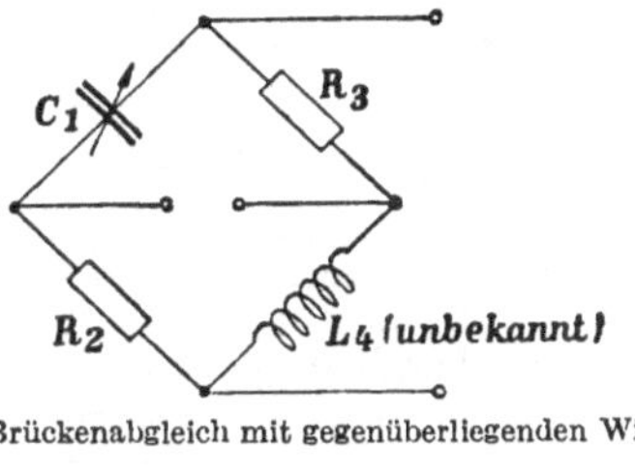

Abb. 118. Brückenabgleich mit gegenüberliegenden Widerständen

nach (378) frequenzunabhängig durch eine Kapazität C_1 am Ort des $\mathfrak{R}_1$ messen:

$$\mathfrak{R}_1 = -\,\mathrm{j} \cdot 1/(\omega C_1);\ \mathfrak{R}_2 = R_2;\ \mathfrak{R}_3 = R_3;\ \mathfrak{R}_4 = \mathrm{j}\,\omega L_4; \quad (381)$$

$$L_4 = R_2 \cdot R_3 \cdot C_1 . \quad (382)$$

Brücken zur Frequenzmessung: Wenn eine Brücke aus frequenzabhängigen, bekannten Widerständen besteht, kann man sie auch zur Frequenzmessung benutzen. In Abb. 119 sind feste Größen R_1, R_2, R_3 und C_2 gegeben, während R_4 und C_4 veränderlich, aber geeicht sind. Zum Abgleich der Brücke gehören bei einer gegebenen Frequenz jeweils bestimmte Werte von C_4 und R_4, aus denen man die Frequenz leicht berechnen kann. Die Brückengleichung lautet hier mit

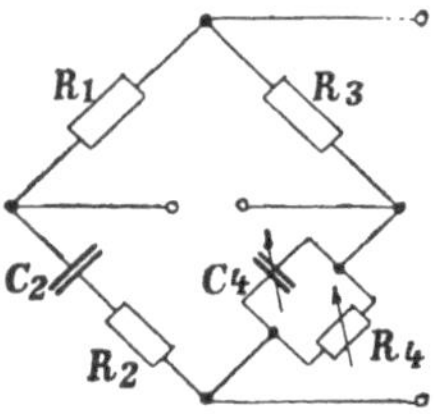

Abb. 119. (RC)-Frequenzbrücke

$$\mathfrak{R}_1 = R_1;\ \mathfrak{R}_2 = R_2 - \mathrm{j} \cdot 1/(\omega C_2);\ \mathfrak{R}_3 = R_3;\ \mathfrak{R}_4 = 1/(1/R_4 + \mathrm{j}\omega C_4):$$

$$\frac{R_1}{R_3} = \left(R_2 - \mathrm{j}\,\frac{1}{\omega C_2}\right)\left(\frac{1}{R_4} + \mathrm{j}\,\omega C_4\right). \quad (383)$$

Eine weitere Möglichkeit zeigt Abb. 120. Die Brücke besitzt vier gleiche Wirkwiderstände, in einem Brückenzweig ferner eine feste Induktivität L_1 und eine veränderliche, geeichte

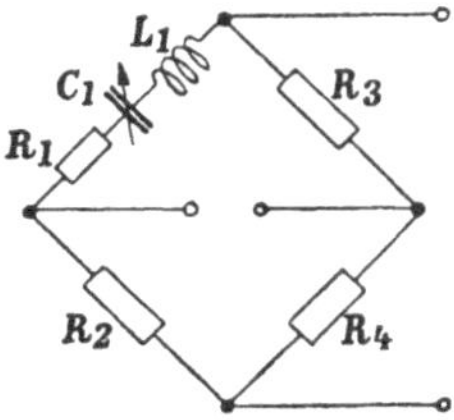

Abb. 120. Resonanz-Frequenzbrücke

Kapazität C_1. Bei abgeglichener Brücke besteht Serienresonanz nach (111), wo sich die beiden Blindwiderstände gegenseitig kompensieren. Mit dem bekannten L_1 und dem eingestellten C_1 kann man die jeweilige Frequenz nach (112) berechnen.

Schrifttum

Ausführliche Darstellungen und Ergänzungen zu den betrachteten Beispielen findet man in:

K. Küpfmüller, *Einführung in die theoretische Elektrotechnik*, Springer-Verlag, Berlin 1952. 4. Aufl.

G. Oberdorfer, *Lehrbuch der Elektrotechnik*, Bd. 2, Verlag Oldenbourg, München 1944, 3. Aufl.

J. Wallot, *Theorie der Schwachstromtechnik*, Springer-Verlag, Berlin 1944, 4. Aufl.

R. Feldtkeller, *Einführung in die Vierpoltheorie der elektrischen Nachrichtentechnik*, Hirzel-Verlag, Leipzig 1948, 5. Aufl.

H. G. Möller, *Die physikalischen Grundlagen der Hochfrequenztechnik*, Springer-Verlag, Berlin 1955, 3. Aufl.

H. Meinke, *Theorie der Hochfrequenzschaltungen*, Verlag Oldenbourg, München 1951.

W. Seiz, *Leitfaden für den Elektromaschinenbau*, Fachverlag Schiele und Schön, Berlin 1947.

W. Lehmann, *Die Elektrotechnik und die elektromotorischen Antriebe*, Springer-Verlag, Berlin 1945, 3. Aufl.

H. Nottebrock, *Bauelemente der Nachrichtentechnik*, Fachverlag Schiele und Schön, Berlin 1950.
Teil I: Kondensatoren
Teil II: Widerstände
Teil III: Spulen

A. Weissfloch, *Schaltungstheorie und Meßtechnik des Dezimeter- und Zentimeterwellengebiets*, Birkhauser Verlag, Basel 1954.

W. O. Schumann, *Elektrische Wellen*, Hanser-Verlag, München 1948.

Der Deutsche Normenausschuß hat mehrere Normblätter herausgegeben, die den Stoff dieses Buches betreffen.

1. Begriffe und Definitionen

DIN 1311 Schwingungslehre, Benennungen.
DIN 1323 Elektrische Spannung, Potential, Zweipolquelle, Elektromotorische Kraft.
DIN 40110 Wechselstromgrößen.

2. Einheiten

DIN 1301 Einheiten, Kurzzeichen.
DIN 1357 Einheiten elektrischer Größen.

3. Formelzeichen

DIN 1302 Mathematische Zeichen.
DIN 1304 Allgemeine Formelzeichen.
DIN 1344 Formelzeichen der elektrischen Nachrichtentechnik.
DIN 40121 Formelzeichen für den Elektromaschinenbau.

Eine wertvolle Ergänzung dieser Normen ist das Buch: U. Stille, Messen und Rechnen in der Physik, Verlag Vieweg, Braunschweig 1955.

Register

Geisteswissenschaften

Philosophie

Einführung in die Philosophie von *H. Leisegang*†. 3. Aufl. 145 S. 1957 *(Bd. 281)*

Erkenntnistheorie von *G. Kropp*. 1. Teil: Allgemeine Grundlegung. 143 S. 1950 *(Bd. 807)*

Hauptprobleme der Philosophie von *G. Simmel*†. 7., unveränd. Aufl. 177 S. 1950 *(Bd. 500)*

Geschichte der Philosophie

I: Die griechische Philosophie von *W. Capelle*. 1. Teil. Von Thales bis Leukippos. 2., erw. Aufl. 135 S. 1953 *(Bd. 857)*

II: Die griechische Philosophie von *W. Capelle*. 2. Teil. Von der Sophistik bis zum Tode Platons. 2., stark erw. Aufl. 144 S. 1953 *(Bd. 858)*

III: Die griechische Philosophie von *W. Capelle*. 3. Teil. Vom Tode Platons bis zur alten Stoa. 2., stark erw. Aufl. 132 S. 1954 *(Bd. 859)*

IV: Die griechische Philosophie von *W. Capelle*. 4. Teil. Von der Alten Stoa bis zum Eklektizismus im 1. Jh. v. Chr. 2., stark erw. Aufl. 132 S. 1954 *(Bd. 863)*

V: Die Philosophie des Mittelalters von *J. Koch*. In Vorb. *(Bd. 826)*

VI: Von der Renaissance bis Kant von *K. Schilling*. 234 S. 1954 *(Bd. 394/394a)*

VII: Immanuel Kant von *G. Lehmann*. In Vorb. *(Bd. 536)*

VIII: Die Philosophie des 19. Jahrhunderts von *G. Lehmann*. 1. Teil. 151 S. 1953 *(Bd. 571)*

IX: Die Philosophie des 19. Jahrhunderts von *G. Lehmann*. 2. Teil. 168 S. 1953 *(Bd. 709)*

X: Die Philosophie im ersten Drittel des 20. Jahrhunderts I von *G. Lehmann*. In Vorb. *(Bd. 845)*

Die geistige Situation der Zeit (1931) von *K. Jaspers*. 4., unveränd. Abdruck der 1932 bearb. 5. Aufl. 211 S. 1955 *(Bd. 1000)*

Philosophisches Wörterbuch von *M. Apel*†. 5. Aufl., neub. von *P. Ludz* 1957. In Vorb. *(Bd. 1031/1031a)*

Philosophische Anthropologie. Menschliche Selbstdeutung in Geschichte und Gegenwart von *M. Landmann*. 266 S. 1955 *(Bd. 156/156a)*

Pädagogik, Psychologie Soziologie

Geschichte der Pädagogik von *Herm. Weimer*. 12., neub. u. verm. Aufl. von *Heinz Weimer*. 177 S. 1956 (*Bd. 145*)

Therapeutische Psychologie. Ihr Weg durch die Psychoanalyse von *W. M. Kranefeldt*. Mit einer Einführung von *C. G. Jung*. 3., unveränd. Aufl. 152 S. 1956 *(Bd. 1034)*

Allgemeine Psychologie von *Th. Erismann*. 1956. In Vorb. *(Bd. 831)*

Soziologie. Geschichte und Hauptprobleme von *L. von Wiese*. 5. Aufl. 162 S. 1954 *(Bd. 101)*

Sozialpsychologie von *P. R. Hofstätter*. 181 S., 15 Abb., 22 Tab. 1956 *(Bd. 104/104a)*

Psychologie des Berufs- und Wirtschaftslebens von *W. Moede*. 1956 In Vorb. *(Bd. 851)*

Industrie- und Betriebssoziologie von *R. Dahrendorf*. 120 S. 1956 *(Bd. 103)*

Religionswissenschaften

Jesus von *M. Dibelius*†. 2. Aufl. Unveränd. Nachdr. 137 S. 1949 *(Bd. 1130)*

Paulus von *M. Dibelius*†. Nach dem Tode des Verfassers herausgegeben und zu Ende geführt von *W. G. Kümmel*. 2. Aufl. 155 S. 1956 *(Bd. 1160)*

Römische Religionsgeschichte von *F. Altheim*. 2 Bde. 2., umgearb. Aufl.

I: Grundlagen und Grundbegriffe. 116 S. 1956 *(Bd. 1035)*

II: Der geschichtliche Ablauf. 164 S. 1956 *(Bd. 1052)*

Geschichte Israels von *E.-L. Ehrlich*. 1957. In Vorb. *(Bd. 231)*

Musik

Musikästhetik von *H. J. Moser*. 180 S. 1953 *(Bd. 344)*
Systematische Modulation von *R. Hernried*. 2. Aufl. 136 S. 1950 *(Bd. 1094)*
Der polyphone Satz von *E. Pepping*. 2 Bde.
1. Teil: Der cantus-firmus-Satz. 2. Aufl. 223 S. 1950 *(Bd. 1148)*
2. Teil: 1957. In Vorb. *(Bd. 1164/1164a)*
Allgemeine Musiklehre von *H. J. Moser*. 2., durchges. Aufl. 155 S. 1955 *(Bd. 220/220a)*
Harmonielehre von *H. J. Moser*. 2 Bde. I: 109 S. 1954 *(Bd. 809)*
Die Musik des 19. Jahrhunderts von *W. Oehlmann*. 180 S. 1953 *(Bd. 170)*
Die Musik des 20. Jahrhunderts I. von *W. Oehlmann*. In Vorb. *(Bd. 171)*
Technik der deutschen Gesangskunst von *H. J. Moser*. 3., durchges. und verb. Aufl. 144 S., 5 Fig. 1954 *(Bd. 576/576a)*
Die Kunst des Dirigierens von *H. W. von Waltershausen*†. 2. Aufl. 138 S. 1954 *(Bd. 1147)*
Die Technik des Klavierspiels aus dem Geiste des musikalischen Kunstwerkes von *K. Schubert*†. 3. Aufl. 110 S. 1954 *(Bd. 1045)*

Kunst

Stilkunde von *H. Weigert*. 2 Bde. 2. Aufl.
I: Vorzeit, Antike, Mittelalter. 136 S., 94 Abb. 1953 *(Bd. 80)*
II: Spätmittelalter und Neuzeit. 146 S., 84 Abb. 1953 *(Bd. 781)*
Archäologie von *A. Rumpf*. 2 Bde.
I: Einleitung, historischer Überblick. 143 S., 6 Abb., 12 Taf. 1953 *(Bd. 538)*
II: Die Archäologensprache. Die antiken Reproduktionen. 136 S., 7 Abb., 12 Taf. 1956 *(Bd. 539)*

Geschichte

Einführung in die Geschichtswissenschaft von *P. Kirn*. 2. Aufl. 121 S. 1952 *(Bd. 270)*
Zeitrechnung d. röm. Kaiserzeit, des Mittelalters und der Neuzeit für die Jahre 1—2000 n. Chr. von *H. Lietzmann*†. 3. Aufl., durchges von *K. Aland*. 130 S. 1956 *(Bd. 1085)*
Kultur der Urzeit von *F. Behn*. 3 Bde. 4. Aufl. der „Kultur der Urzeit". Bd. I—III von *M. Hoernes*.
I: Die vormetallischen Kulturen. (Die Steinzeiten Europas. Gleichartige Kulturen in anderen Erdteilen). 172 S., 48 Abb. 1950 *(Bd. 564)*
II: Die älteren Metallkulturen. (Der Beginn der Metallbenutzung. Kupfer- und Bronzezeit in Europa, im Orient und in Amerika). 160 S., 67 Abb. 1950 *(Bd. 565)*
III: Die jüngeren Metallkulturen. (Das Eisen als Kulturmetall. Hallstatt-Latène-Kultur in Europa. Das erste Auftreten des Eisens in den anderen Erdteilen). 149 S., 60 Abb. 1950 *(Bd. 566)*
Vorgeschichte Europas von *F. Behn*. Völlig neue Bearbeitung der 7. Aufl. der „Urgeschichte der Menschheit" von *M. Hoernes*. 125 S., 47 Abb. 1949 *(Bd. 42)*
Der Eintritt der Germanen in die Geschichte von *J. Haller*. 3. Aufl., durchges. von *H. Dannenbauer*. 120 S., 6 Ktnskizz. 1957 *(Bd. 1117)*
Von den Karolingern zu den Staufern von *J. Haller* †. Die altdeutsche Kaiserzeit (900—1250). 3. Aufl. 141 S., 4 Ktn. 1944 *(Bd. 1065)*
Deutsche Geschichte im Zeitalter der Reformation, der Gegenreformation und des 30jährigen Krieges von *F. Hartung*. 129 S. 1951 *(Bd. 1105)*
Deutsche Geschichte von 1648 bis 1740 von *W. Treue*. 120 S. 1956 *(Bd. 35)*
Deutsche Geschichte von 1713 bis 1806 von *W. Treue*. 168 S. 1957 *(Bd. 39)*
Quellenkunde der deutschen Geschichte im Mittelalter (bis zur Mitte des 15. Jahrhunderts) von *K. Jacob*†. 3 Bde.
I: Einleitung. Allgemeiner Teil. Die Zeit der Karolinger. 5. Aufl. 118 S. 1949 *(Bd. 279)*
II: Die Kaiserzeit (911—1250). 4. Aufl. 127 S. 1949 *(Bd. 280)*

III: Das Spätmittelalter (vom Interregnum bis 1500). Herausgeg. von *F. Weden*. 152 S. 1952 *(Bd. 284)*

Geschichte Englands von *H. Preller*.
I: bis 1815. 3., stark umgearb. Aufl. 135 S., 7 Stammtaf., 2 Ktn. 1952 *(Bd. 375)*
II: von 1815 bis 1910. 2., völlig umgearb. Aufl. 118 S., 1 Stammtaf., 7 Ktn. 1954 *(Bd. 1088)*

Römische Geschichte von *F. Altheim*. 4 Bde. 2., verb. Aufl.
I: Bis zur Schlacht bei Pydna (168 v. Chr.). 123 S. 1956 *(Bd. 19)*
II: Bis zur Schlacht bei Actium (31 v. Chr.). 130 S. 1956 *(Bd. 677)*

Geschichte der Vereinigten Staaten von Amerika von *O. Graf zu Stolberg-Wernigerode*. 192 S., 10 Ktn. 1956 *(Bd. 1051/1051 a)*

Deutsche Sprache und Literatur

Geschichte der deutschen Sprache von *H. Sperber*. 2. Aufl., durchges. von *W. Fleischhauer*. 1957. In Vorb. *(Bd. 915)*

Deutsches Rechtschreibungswörterbuch von *M. Gottschald*. 2., verb. Aufl. 269 S. 1953 *(Bd. 200/200 a)*

Deutsche Wortkunde. Eine kulturgeschichtliche Betrachtung des deutschen Wortschatzes von *A. Schirmer*. 3., durchges. Aufl. 109 S. 1949 *(Bd. 929)*

Deutsche Sprachlehre von *W. Hofstaetter*. 9., neubearb. Aufl. von *G. Spree*. 144 S. 1953 *(Bd. 20)*

Stimmkunde für Beruf, Kunst und Heilzwecke von *H. Biehle*. 111 S. 1955 *(Bd. 60)*

Redetechnik. Einführung in die Rhetorik von *H. Biehle*. 115 S. 1954 *(Bd. 61)*

Sprechen und Sprachpflege (Die Kunst des Sprechens) von *H. Feist*. 2., verb. Aufl. 99 S., 25 Abb. 1952 *(Bd. 1122)*

Deutsches Dichten und Denken von der germanischen bis zur staufischen Zeit von *H. Naumann*. (Deutsche Literaturgeschichte vom 5.—13. Jahrhundert). 2., verb. Aufl. 166 S. 1952 *(Bd. 1121)*

Deutsches Dichten und Denken vom Mittelalter zur Neuzeit von *G. Müller* (1270—1700). 2., durchges. Aufl. 159 S. 1949 *(Bd. 1086)*

Der Nibelunge Nôt in Auswahl mit kurzem Wörterbuch von *K. Langosch*. 10., durchges. Aufl. 164 S. 1956 *(Bd. 1)*

Kudrun- und Dietrichepen in Auswahl mit Wörterbuch von *O. L. Jiriczek*. 2. Aufl. bearb. von *R. Wisniewski*. 1957. In Vorb. *(Bd. 10)*

Wolfram von Eschenbach. Parzival. Eine Auswahl mit Anmerk. und Wörterbuch. Von *H. Jantzen*. 2. Aufl., bearb. von *H. Kolb*. 128 S. 1957 *(Bd. 921)*

Die deutschen Personennamen von *M. Gottschald*. 2., verb. Aufl. 151 S. 1955 *(Bd. 422)*

Althochdeutsches Elementarbuch von *H. Naumann*† und *W. Betz*. 2. Aufl. 156 S. 1954 *(Bd. 1111)*

Mittelhochdeutsche Grammatik von *H. de Boor* und *R. Wisniewski*. 141 S. 1956 *(Bd. 1108)*

Indogermanisch, Germanisch

Gotisches Elementarbuch. Grammatik, Texte mit Übersetzung und Erläuterungen von *H. Hempel*. 2., umgearb. Aufl. 165 S. 1953 *(Bd. 79)*

Indogermanische Sprachwissenschaft von *H. Krahe*. 3. Aufl. 1957. In Vorb. *(Bd. 59)*

Germanische Sprachwissenschaft von *H. Krahe*. 2 Bde. 3., neub. Aufl.
I: Einleitung und Lautlehre. 147 S. 1956. *(Bd. 238)*
II: Formenlehre. 149 S. 1957 *(Bd. 780)*

Altnordisches Elementarbuch von *F. Ranke*. Schrifttum, Sprache, Texte mit Übersetzung und Wörterbuch. 2., durchges. Aufl. 146 S. 1949 *(Bd. 1115)*

Englisch, Französisch Italienisch

Altenglisches Elementarbuch von *M. Lehnert*. Einführung, Grammatik, Texte mit Übersetzung und Wörterbuch. 3., verb. Aufl. 178 S. 1955 *(Bd. 1125)*

Historische neuenglische Laut- und Formenlehre von *E. Ekwall*. 3., durchges. Aufl. 150 S. 1956 *(Bd. 735)*

Englische Phonetik von *H. Mutschmann*†. 117 S. 1956. *(Bd. 601)*

Englische Literaturgeschichte. 4 Bde.
I: Die alt- und mittelenglische Periode v. *F. Schubel*. 163 S. 1954 *(Bd. 1114)*
II: Von der Renaissance bis zur Aufklärung von *F. Schubel*. 160 S. 1956 *(Bd. 1116)*
III: Romantik und Viktorianismus von *P. Meissner*†. 150 S. 1938 *(Bd. 1124)*
IV: Das 20. Jahrhundert von *P. Meissner*†. 150 S. 1939 *(Bd. 1136)*

Beowulf von *M. Lehnert*. Eine Auswahl mit Einführung, teilweiser Übersetzung, Anmerkungen und etymologischem Wörterbuch. 2., verb. Aufl. 135 S. 1949 *(Bd. 1135)*

Shakespeare von *P. Meissner*†. 2. Aufl. neubearb. von *M. Lehnert*. 136 S. 1954 *(Bd. 1142)*

Italienische Literaturgeschichte von *K. Vossler*†. Unveränd. Nachdr. der 1927 erschien. 4., durchges. und verb. Aufl. 148 S. 1948 *(Bd. 125)*

Romanische Sprachwissenschaft von *H. Lausberg*. 2 Bde. 1956.
I: Einleitung und Vokalismus. 160 S. *(Bd. 128/128a)*
II: Konsonantismus. 95 S. *(Bd. 250)*

Griechisch, Lateinisch

Griechische Sprachwissenschaft von *W. Brandenstein*. 2 Bde.
I: Einleitung, Lautsystem, Etymologie. 160 S. 1954 *(Bd. 117)*

Geschichte der griechischen Sprache. 2 Bde.
I: Bis zum Ausgang der klassischen Zeit von *O. Hoffmann*†. 3. Aufl. bearb. von *A. Debrunner*. 156 S. 1954 *(Bd. 111)*
II: Grundfragen und Grundzüge des nachklass. Griechisch. Von *A. Debrunner*. 144 S. 1954 *(Bd. 114)*

Geschichte der griechischen Literatur von *W. Nestle*. 2 Bde. 2., verb. Aufl.
I: Von den Anfängen bis auf Alexander d. Gr. 148 S. 1950 *(Bd. 70)*
II: Von Alexander d. Gr. bis zum Ausgang der Antike. 128 S. 1948 *(Bd. 557)*

Geschichte der lateinischen Sprache von *F. Stolz*†. 3., stark umgearb. Auflage von *A. Debrunner*. 136 S. 1953 *(Bd. 492)*

Hebräisch, Sanskrit, Russisch

Hebräische Grammatik von *G. Beer*†. 2 Bde. 2., völlig neub. Aufl. von *R. Meyer*
I: Schrift-, Laut- und Formenlehre I. 157 S. 1952 *(Bd. 763/763a)*
II: Formenlehre II. Syntax und Flexionstabellen. 195 S. 1955 *(Bd. 764/764a)*

Sanskrit-Grammatik von *M. Mayrhofer*. 89 S. 1953 *(Bd. 1158)*

Russische Grammatik von *E. Berneker*. 6., unveränd. Aufl. von *M. Vasmer*. 155 S. 1947 *(Bd. 66)*

Erd- und Länderkunde

Afrika von *F. Jaeger*. Ein geograph. Überblick. 2 Bde. 2., umgearb. Aufl.
I: Der Lebensraum. 179 S., 18 Abb. 1954 *(Bd. 910)*
II: Mensch und Kultur. 152 S., 6 Abb. 1954 *(Bd. 911)*

Iberoamerika von *O. Quelle*. In Vorb. *(Bd. 856)*

Australien und Ozeanien von *H. J. Krug*. 176 S., 46 Skizz. 1953 *(Bd. 319)*

Kartenkunde von *M. Eckert-Greifendorff*†. 3., durchges. Aufl. von *W. Kleffner*. 149 S., 63 Abb. 1950 *(Bd. 30)*

Volkswirtschaft, Publizistik

Allgemeine Betriebswirtschaftslehre von *K. Mellerowicz*. 3 Bde. 9., unveränd. Aufl.
I: 142 S. 1956 *(Bd. 1008)*
II: 112 S. 1956 *(Bd. 1153)*
III: 143 S. 1956 *(Bd. 1154)*

Allgemeine Volkswirtschaftslehre von *A. Paulsen*. 4 Bde.
I: Grundlegung, Wirtschaftskreislauf. 138 S. 1956 *(Bd. 1169)*
II: Haushalte, Unternehmungen, Marktformen. 163 S., 32 Abb. 1956 *(Bd. 1170)*

Zeitungslehre von *E. Dovifat*. 2 Bde. 3., neubearb. Aufl.
I: Theoretische und rechtliche Grundlagen — Nachricht und Meinung — Sprache und Form. 148 S. 1955 *(Bd. 1039)*
II: Redaktion — Die Sparten Verlag und Vertrieb, Wirtschaft und Technik, Sicherung der öffentlichen Aufgabe. 158 S. 1955 *(Bd. 1040)*

Naturwissenschaften

Mathematik

Geschichte der Mathematik von *J. E. Hofmann.* 3 Bde.
I: Von den Anfängen bis zum Auftreten von Fermat und Descartes. 200 S. 1953 *(Bd. 226)*
II: Von Fermat und Descartes bis zur Erfindung des Calculus und bis zum Ausbau der neuen Methoden. 1957. In Vorb. *(Bd. 875)*
III: Von den Auseinandersetzungen um Calculus bis zur Französischen Revolution. 1957. In Vorb. *(Bd. 882)*

Mathematische Formelsammlung von *F. Ringleb.* Vollst. umgearb. Neuausg. des Werkes von *O. Th. Bürklen.* 6., erw. Aufl. 278 S., 53 Fig. 1956 *(Bd. 51/51 a)*

Fünfstellige Logarithmen von *A. Adler.* Mit mehreren graphischen Rechentafeln und häufig vorkommenden Zahlwerten. 2. Aufl. Neudr. 127 S., 1 Taf. 1949 *(Bd. 423)*

Höhere Algebra von *H. Hasse.* 2 Bde. 3., verb. Aufl.
I: Lineare Gleichungen. 152 S. 1951 *(Bd. 931)*
II: Gleichungen höheren Grades. 158 S., 5 Fig. 1951 *(Bd. 932)*

Aufgabensammlung zur höheren Algebra von *H. Hasse* und *W. Klobe.* 2., verb. und verm. Aufl. 181 S. 1952 *(Bd. 1082)*

Elementare und klassische Algebra vom modernen Standpunkt von *W. Krull.* 2 Bde. 2., erw. Aufl.
I: 136 S. 1952 *(Bd. 930)*

Einführung in die Zahlentheorie von *A. Scholz†.* Überarb. und herausgeg. von *B. Schoeneberg.* 2. Aufl. 128 S. 1955 *(Bd. 1131)*

Elemente der Funktionentheorie von *K. Knopp.* 4. Aufl. 144 S., 23 Fig. 1955 *(Bd. 1109)*

Funktionentheorie von *K. Knopp.* 2 Bde.
I: Grundlagen der allgem. Theorie der analytischen Funktionen. 9. Aufl. 141 S., 8 Fig. 1957 *(Bd. 668)*
II: Anwendungen und Weiterführung der allgemeinen Theorie. 8./9. Aufl. 130 S., 7 Fig. 1955 *(Bd. 703)*

Aufgabensammlung zur Funktionentheorie von *K. Knopp.* 2 Bde. 4. Aufl.
I: Aufgaben zur elementaren Funktionentheorie. 135 S. 1949 *(Bd. 877)*
II: Aufgaben zur höheren Funktionentheorie. 151 S. 1949 *(Bd. 878)*

Repetitorium und Aufgabensammlung zur Differentialrechnung von *A. Witting†.* 3., neub. Aufl. von *E. Ulrich.* 1957. In Vorb. *(Bd. 146)*

Repetitorium und Aufgabensammlung zur Integralrechnung von *A. Witting†.* 3., neubearb. Aufl. von *E. Ulrich.* 1957. In Vorb. *(Bd. 147)*

Gewöhnliche Differentialgleichungen von *G. Hoheisel.* 5., durchges. Aufl. 129 S. 1956. *(Bd. 920)*

Partielle Differentialgleichungen v. *G. Hoheisel.* 3., neub. Aufl. 130 S. 1953 *(Bd. 1003)*

Aufgabensammlung zu den gewöhnlichen und partiellen Differentialgleichungen von *G. Hoheisel.* 2., umgearb. Aufl. 124 S. 1952 *(Bd. 1059)*

Integralgleichungen von *G. Hoheisel.* 2., durchges. Aufl. 1957. In Vorb. *(Bd. 1099)*

Mengenlehre von *E. Kamke.* 3., neub. Auflage. 194 S., 6 Fig. 1955 *(Bd. 999/999 a)*

Darstellende Geometrie von *W. Haack.* 3 Bde.
I: Die wichtigsten Darstellungsmethoden. Grund- und Aufriß ebenflächiger Körper. 110 S., 117 Abb. 1954 *(Bd. 142)*
II: Körper mit krummen Begrenzungsflächen. Kotierte Projektionen. 129 S., 86 Abb. 1954. *(Bd. 143)*
III: Axonometrie, Perspektive. Photogrammetrie. 127 S., 100 Abb. 1957 *(Bd. 144)*

Sammlung von Aufgaben und Beispielen zur analytischen Geometrie der Ebene von *R. Haussner†.* Mit den vollständigen Lösungen. 139 S., 22 Fig. Neudr. 1949 *(Bd. 256)*

Nichteuklidische Geometrie. Hyperbolische Geometrie der Ebene. Von

R. Baldus†. 3., verb. Aufl., durchges. und herausgeg. von *F. Löbell*. 140 S., 70 Fig. 1953 *(Bd. 970)*

Differentialgeometrie von *K. Strubecker* (früher Rothe). 3 Bde.
I: Kurventheorie der Ebene und des Raumes. 150 S., 18 Fig. 1955 *(Bd. 1113/1113a)*
II: Flächentheorie. 13 Fig. 1957. In Vorb. *(Bd. 1179/1179a)*
III: Theorie der Flächenkrümmung. 37 Fig. 1957. In Vorb. *(Bd. 1180/1180a)*

Einführung in die konforme Abbildung von *L. Bieberbach*. 5., erw. Aufl. 180 S., 42 Fig. 1956. *(Bd. 768/768a)*

Vektoren und Matrizen von *S. Valentiner*. 8., erw. Aufl. der „Vektoranalysis". 35 Fig. Mit Anh.: Aufgaben zur Vektorrechnung von *H. König*. 1957. In Vorb. *(Bd. 354/354a)*

Vermessungskunde von *P. Werkmeister*. 3 Bde.
II: Messung von Horizontalwinkeln. Festlegung von Punkten im Koordinatensystem. Absteckungen. 7. Aufl. 151 S., 93 Fig. 1949 *(Bd. 469)*
III: Trigonometrische und barometrische Höhenmessung. Tachymetrie und Topographie. 6. Aufl. 147 S., 64 Fig. 1949 *(Bd. 862)*

Versicherungsmathematik von *F. Böhm*. 2 Bde.
I: Elemente der Versicherungsrechnung. 3., verm. und verb. Aufl. Durchges. Neudr. 151 S. 1954 *(Bd. 180)*
II: Lebensversicherungsmathematik. Einführung in die technischen Grundlagen der Sozialversicherung. 2., verb. Aufl. 205 S. 1953 *(Bd. 917/917a)*

Physik

Einführung in die theoretische Physik von *W. Döring*. 5 Bde.
I: Mechanik. 119 S., 29 Abb. 1954 *(Bd. 76)*
II: Das elektromagnetische Feld. 123 S., 15 Abb. 1955 *(Bd. 77)*
III: Optik. 117 S., 32 Abb. 1956 *(Bd. 78)*
IV: Thermodynamik. 107 S., 9 Abb. 1956. *(Bd. 374)*
V: Statische Mechanik. 1957. In Vorb. *(Bd. 1017)*

Atomphysik von *K. Bechert* und *Ch. Gerthsen*. 7 Bde. 3., umgearb. Aufl.
I: Allgemeine Grundlagen. 1. Teil. 124 S., 55 Abb. 1955 *(Bd. 1009)*
II: Allgemeine Grundlagen. 2. Teil. 112 S., 48 Abb. 1955 *(Bd. 1033)*
III: Theorie des Atombaus. 1. Teil. 148 S., 16 Abb. 1954 *(Bd. 1123/1123a)*
IV: Theorie des Atombaus. 2. Teil. 170 S., 14 Abb. 1954 *(Bd. 1165/1165a)*

Differentialgleichungen der Physik von *F. Sauter*. 2. Aufl. 148 S., 16 Fig. 1950 *(Bd. 1070)*

Physikalische Formelsammlung von *G. Mahler*† und *K. Mahler*. 9., durchges. Aufl. 153 S. mit 69 Fig. 1955 *(Bd. 136)*

Physikalische Aufgabensammlung von *G. Mahler*† und *K. Mahler*. Mit den Ergebn. 9., durchges. Aufl. 127 S. 1957 *(Bd. 243)*

Chemie

Geschichte der Chemie in kurzgefaßter Darstellung von *G. Lockemann*. 2 Bde.
I: Vom Altertum bis zur Entdeckung des Sauerstoffs. 142 S., 8 Bildn. 1950 *(Bd. 264)*
II: Von der Entdeckung des Sauerstoffs bis zur Gegenwart. 151 S., 16 Bildn. 1955 *(Bd. 265/265a)*

Anorganische Chemie von *W. Klemm*. 9. Aufl. 184 S., 18 Abb. 1957 *(Bd. 37)*

Organische Chemie von *W. Schlenk*. 7., erw. Aufl. 1957. In Vorb. *(Bd. 38/38a)*

Allgemeine und physikalische Chemie von *W. Schulze*. 3 Bde. 4., neubearb. Aufl.
I: 139 S., 10 Fig. 1955 *(Bd. 71)*
II: 176 S., 37 Fig. 1956 *(Bd. 698/698a)*
III: 1956. In Vorb. *(Bd. 786)*

Analytische Chemie von *J. Hoppe*. 2 Bde. 5., verb. Aufl.
I: Reaktionen. 135 S. 1950 *(Bd. 247)*
II: Gang der qualitativen Analyse. 166 S. 1950 *(Bd. 248)*

Maßanalyse. Theorie und Praxis der klassischen und der elektrochemischen Titrierverfahren. Von *G. Jander* und *K. F. Jahr*. 7., erg. Aufl. 303 S., 50 Fig. 1956. *(Bd. 221/221a)*

Thermochemie von *W. A. Roth.* 2., verb. Aufl. 109 S., 16 Fig. 1952 *(Bd. 1057)*
Physikalisch-chemische Rechenaufgaben von *E. Asmus.* 2. Aufl. 95 S. 1949 *(Bd. 445)*
Stöchiometrische Aufgabensammlung. Mit den Ergebn. von *W. Bahrdt*† und *R. Scheer.* 6., durchges. Aufl. 118 S. 1957 *(Bd. 452)*
Elektrochemie und ihre physikalisch-chemischen Grundlagen von *A. Dassler.* 2 Bde.
I: 149 S., 21 Abb. 1950 *(Bd. 252)*
II: 178 S., 17 Abb. 1950 *(Bd. 253)*

Technologie

Warenkunde von *K. Hassak*† und *E. Beutel*†. 2 Bde. 7. Aufl. Neubearb. von *A. Kutzelnigg*
I: Anorganische Waren sowie Kohle und Erdöl. 116 S., 19 Fig. 1947 *(Bd. 222)*
II: Organische Waren. 143 S., 32 Fig. 1949 *(Bd. 223)*
Die Fette und Öle von *K. Braun*†. 5., völlig neubearb. und verb. Aufl. von *Th. Klug.* 145 S. 1950 *(Bd. 335)*
Die Seifenfabrikation von *K. Braun*†. 3., neubearb. und verb. Aufl. von *Th. Klug.* 116 S., 18 Abb. 1953 *(Bd. 336)*
Textilindustrie
I: Spinnerei und Zwirnerei. Von *A. Blümcke.* 111 S., 43 Abb. 1954 *(Bd. 184)*

Biologie

Einführung in die allgemeine Biologie von *M. Hartmann.* 132 S., 2 Abb. 1956. *(Bd. 96)*
Hormone von *G. Koller.* 2., neubearb. und erw. Aufl. 187 S., 60 Abb., 19 Tab. 1949 *(Bd. 1141)*
Fortpflanzung im Tier- und Pflanzenreich von *J. Hämmerling.* 2., erg. Aufl. 135 S., 101 Abb. 1951 *(Bd. 1138)*
Geschlecht und Geschlechtsbestimmung im Tier- und Pflanzenreich von *M. Hartmann.* 2., verb. Aufl. 116 S., 61 Abb., 7 Tab. 1951 *(Bd. 1127)*
Grundriß der allgemeinen Mikrobiologie von *W. Schwartz.* 2 Bde.
I: 104 S. 17 Abb. 1949 *(Bd. 1155)*
II: 93 S. 12 Abb. 1949 *(Bd. 1157)*

Symbiose der Tiere mit pflanzlichen Mikroorganismen von *P. Buchner.* 2., verb. und verm. Aufl. 130 S. 121 Abb. 1949 *(Bd. 1128)*

Botanik

Entwicklungsgeschichte des Pflanzenreiches von *H. Heil.* 2. Aufl. 138 S. 94 Abb. 1 Tab. 1950 *(Bd. 1137)*
Morphologie der Pflanzen von *L. Geitler.* 3. Aufl. 126 S. 114 Abb. 1953 *(Bd. 141)*
Pflanzenzüchtung von *H. Kuckuck* 2 Bde.
I: Grundzüge der Pflanzenzüchtung. 3., völlig umgearb. Aufl. 132 S. 22 Abb. 1952 *(Bd. 1134)*
II: Spez. gartenbaul. Pflanzenzüchtung. 178 S., 27 Abb. 1957 *(Bd. 1178/1178a)*
Die Laubhölzer. Kurzgefaßte Beschreibung der in Mitteleuropa gedeihenden Laubbäume und Sträucher. Von *F. W. Neger*† und *E. Münch*†. 3., durchges. Aufl. herausgeg. von *B. Huber.* 143 S. 63 Fig. 7 Tab. 1950 *(Bd. 718)*
Die Nadelhölzer (Koniferen) und übrigen Gymnospermen von *F. W. Neger*† und *E. Münch*†. 4. Aufl. Durchges. und erg. von *B. Huber.* 140 S., 75 Fig., 4 Tab., 3 Ktn. 1952 *(Bd. 355)*

Zoologie

Entwicklungsphysiologie der Tiere von *F. Seidel.* 2 Bde.
I: Ei und Furchung. 126 S., 29 Abb. 1953 *(Bd. 1162)*
II: Körpergrundgestalt und Organbildg. 159 S., 42 Abb. 1953 *(Bd. 1163)*
Das Tierreich.
Fische von *D. Lüdemann.* 130 S., 65 Abb. 1955 *(Bd. 356)*
Insekten von *H. von Lengerken.* 128 S., 58 Abb. 1953 *(Bd. 594)*
Lurche (Chordatiere) von *K. Herter.* 143 S., 129 Abb. 1955 *(Bd. 847)*
Spinnentiere (Trilobitomorphen, Fühlerlose) und Tausendfüßler. Von *A. Kaestner.* 96 S., 55 Abb. 1955 *(Bd. 1161)*
Würmer. Platt-, Hohl-, Schnurwürmer, Komptozoen, Ringelwürmer, Protracheaten, Bärtierchen,

Zungenwürmer. Von *S. Jaeckel.* 114 S., 36 Abb. 1955 *(Bd. 439)*
Weichtiere. Urmollusken, Schnekken, Muscheln, Kopffüßer. Von *S. Jaeckel.* 92 S., 34 Abb. 1954 *(Bd. 440)*
Stachelhäuter. Tentakulaten, Binnenatmer u. Pfeilwürmer. Von *S. Jaeckel.* 100 S., 46 Abb. 1955 *(Bd. 441)*
Schwämme und Hohltiere von *H. J. Hannemann.* 95 S., 80 Abb. 1956 *(Bd. 442)*
Krebse von *H. E. Gruner* und *K. Deckert.* 114 S., 43 Abb. 1956 *(Bd. 443)*
Einzeller, Protozoen von *E. Reichenow.* 115 S., 59 Abb. 1956 *(Bd. 444)*
Vergleichende Physiologie der Tiere von *K. Herter.* 2 Bde. 3. Aufl. der „Tierphysiologie".
I: Stoff- und Energiewechsel. 155 S., 64 Abb. 1950 *(Bd. 972)*
II: Bewegung und Reizerscheinungen. 148 S., 110 Abb. 1950 *(Bd. 973)*

Land- und Forstwirtschaft

Landwirtschaftliche Tierzucht. Die Züchtung und Haltung der landwirtschaftlichen Nutztiere von *H. Vogel.* 139 S., 11 Abb. 1952 *(Bd. 228)*
Kulturtechnische Bodenverbesserungen von *O. Fauser.* 2. Bde. 4., neubearb. Aufl.
I: Allgemeines, Entwässerung. 122 S., 47 Abb. 1947 *(Bd. 691)*
II: Bewässerung, Ödlandkultur, Umlegung. 150 S., 67 Abb. 1949 *(Bd. 692)*
Agrikulturchemie von *K. Scharrer.* 2 Bde.
I: Pflanzenernährung. 143 S. 1953 *(Bd. 329)*
II: Futtermittelkunde. 192 S. 1956. *(Bd. 330/330a)*

Geologie, Mineralogie Kristallographie

Geologie von *F. Lotze.* 176 S., 80 Abb. 1955 *(Bd. 13)*
Mineral- und Erzlagerstättenkunde von *H. Huttenlocher*†. 2 Bde.
I: 128 S., 34 Abb. 1954 *(Bd. 1014)*
II: 156 S., 48 Abb. 1954 *(Bd. 1015/1015a)*
Allgemeine Mineralogie. 9., erw. Aufl. der „Mineralogie" von *R. Brauns*† und *K. F. Chudoba.* 104 S., 107 Fig., 1 Taf., 2 Tab. 1955 *(Bd. 29)*
Spezielle Mineralogie. 9., erw. Aufl. der „Mineralogie" von *R. Brauns*† und *K. F. Chudoba.* 133 S., 105 Fig. 1955 *(Bd. 31)*
Petrographie (Gesteinskunde) von *W. Bruhns*† und *P. Ramdohr.* 4., durchges. Aufl. 104 S., 10 Fig. 1955 *(Bd. 173)*
Kristallographie von *W. Bruhns*† und *P. Ramdohr.* 4. Aufl. 106 S., 163 Abb. 1954 *(Bd. 210)*
Einführung in die Kristalloptik von *E. Buchwald.* 4., verb. Aufl. 138 S., 121 Fig. 1952 *(Bd. 619)*
Lötrohrprobierkunde. Mineraldiagnose mit Lötrohr- und Tüpfelreaktion. Von *M. Henglein.* 3., verb. Aufl. 91 S., 11 Fig. 1949 *(Bd. 483)*

Technik

Graphische Darstellung in Wissenschaft und Technik von *M. Pirani.* 3., verb. Aufl. bearb. von *J. Fischer.* 101 Abb. 1957. In Vorb. *(Bd. 728/728a)*

Elektrotechnik

Grundlagen der allgemeinen Elektrotechnik von *O. Mohr.* 3 Bde.
I: Die drei Feldformen. 96 S., 41 Abb., 6 Taf. 1956. *(Bd. 196)*
II: Die wichtigsten elektr. und phys. Grunderscheinungen. 95 S., 36 Abb., 7 Taf. 1956. *(Bd. 197)*
III: Schaltvorgänge, Widerstandsformen, Meßtechnik. 91 S., 59 Abb., 1 Taf. 1956. *(Bd. 198)*
Die Gleichstrommaschine von *K. Humburg.* 2 Bde. 2., durchges. Aufl.
I: 102 S., 59 Abb. 1956. *(Bd. 257)*
II: 101 S., 38 Abb. 1956. *(Bd. 881)*
Die synchrone Maschine von *K. Humburg.* Neudr. 109 S., 78 Abb. 1951 *(Bd. 1146)*

Induktionsmaschinen von *F. Unger*. 2., erw. Aufl. 142 S., 49 Abb. 1954 *(Bd. 1140)*

Die komplexe Berechnung von Wechselstromschaltungen von *H. H. Meinke*. 2 Aufl. 1957. In Vorb. *(Bd. 1156/1156a)*

Theoretische Grundlagen zur Berechnung der Schaltgeräte von *F. Kesselring*. 3. Aufl. 144 S., 92 Abb. 1950 *(Bd. 711)*

Einführung in die Technik selbsttätiger Regelungen von *W. zur Megede*. 174 S., 86 Abb. 1956 *(Bd. 714/714a)*

Elektromotorische Antriebe (Grundlagen für die Berechnung) von *A. Schwaiger*. 3., neubearb. Aufl. 96 S., 34 Abb. 1952 *(Bd. 827)*

Technische Tabellen und Formeln von *W. Müller*. 4., verb und erw. Aufl. von *E. Schulze*. 152 S., 105 Fig. 1951 *(Bd. 579)*

Überspannungen und Überspannungsschutz von *G. Frühauf*. Durchges. Neudr. 122 S., 98 Abb. 1950 *(Bd. 1132)*

Maschinenbau

Metallkunde von *H. Borchers*. 2 Bde. 3. Aufl.
I: Aufbau der Metalle und Legierungen. 120 S., 90 Abb., 2 Tab. 1956. *(Bd. 432)*
II: Eigenschaften, Grundzüge der Form und Zustandsgebung. 154 S., 100 Abb., 8 Tab. 1957 *(Bd. 433)*

Die Werkstoffe des Maschinenbaues von *H. Thum* und *C. M. von Meysenbug*. 2 Bde.
I: Einführung in die Werkstoffprüfung. 2., neubearb. Aufl. 100 S., 7 Tab., 56 Abb. 1956. *(Bd. 476)*

Dynamik von *W. Müller*. 2 Bde. 2., verb. Aufl.
I: Dynamik des Einzelkörpers. 128 S., 48 Fig. 1952 *(Bd. 902)*
II: Systeme von starren Körpern. 102 S., 41 Fig. 1952 *(Bd. 903)*

Technische Schwingungslehre von *L. Zipperer*. 2 Bde. 2., neubearb. Aufl.
I: Allgemeine Schwingungsgleichungen, einfache Schwinger. 120 S., 101 Abb. 1953 *(Bd. 953)*
II: Torsionsschwingungen in Maschinenanlagen. 102 S., 59 Abb. 1955 *(Bd. 961/961a)*

Werkzeugmaschinen für Metallbearbeitung von *K. P. Matthes*. 4 Bde.
I: 100 S., 27 Abb., 11 Zahlentaf., 1 Tafelanh. 1954 *(Bd. 561)*
II: Fertigungstechnische Grundlagen der neuzeitlichen Metallbearbeitung. 101 S., 30 Abb., 5 Taf. 1955 *(Bd. 562)*

Transformatoren von *W. Schäfer*. 3., überarb. u. erg. Aufl. 130 S., 73 Abb. 1957 *(Bd. 952)*

Das Maschinenzeichnen mit Einführung in das Konstruieren von *W. Tochtermann*. 2 Bde. 4. Aufl.
I: Das Maschinenzeichnen. 156 S., 77 Taf. 1950 *(Bd. 589)*
II: Ausgeführte Konstruktionsbeispiele. 130 S., 58 Taf. 1950 *(Bd. 590)*

Die Maschinenelemente von *E. A. vom Ende*. 3., verb. Aufl., 166 S., 175 Fig., 9 Taf. 1956 *(Bd. 3/3a)*

Maschinen der Eisenhüttenwerke von *L. Engel*. 1957. In Vorb. *(Bd. 583/583a)*

Walzwerke von *H. Sedlaczek*. 2 Bde.
I: Allgem. Verformungslehre, Grundelemente und Hilfseinrichtungen der Walzwerke. 90 Abb. 1957. In Vorb. *(Bd. 580)*
II: Die Walzwerke in Aufbau und Betrieb. 67 Abb. 1957. In Vorb. *(Bd. 581)*

Getriebelehre von *P. Grodzinski*. 2 Bde. 2., neubearb. Aufl.
I: Geometrische Grundlagen. 159 S., 142 Fig. 1953 *(Bd. 1061)*

Gießereitechnik von *H. Jungbluth*. 2 Bde.
I: Eisengießerei. 126 S., 44 Abb. 1951 *(Bd. 1159)*

Die Dampfkessel und Feuerungen einschließlich Hilfseinrichtungen in Theorie, Konstruktion und Berechnung von *W. Marcard*†. 2 Bde. 2. Aufl. Neubearb. von *K. Beck*.
I: Die theoretischen Grundlagen, Wärme, Verbrennung, Wärmeübertragung. 150 S., 42 Abb., 16 Tab. 1951 *(Bd. 9)*
II: Dampfkessel. 147 S., 43 Abb. 1952 *(Bd. 521)*

Dampfturbinen, ihre Wirkungsweise, Berechnung und Konstruktion von *C. Zietemann*. 3 Bde. 3., verb. Aufl.
I: Theorie der Dampfturbinen. 139 S., 48 Abb. 1955 *(Bd. 274)*

II: Die Berechnung der Dampfturbinen und die Konstruktion der Einzelteile. 132 S., 111 Abb. 1956 *(Bd. 715)*
III: Die Regelung der Dampfturbinen, die Bauarten, Turbinen für Sonderzwecke, Kondensationsanlagen. 126 S., 90 Abb. 1956 *(Bd. 716)*

Technische Thermodynamik von *W. Nußelt*. 3 Bde.
I: Grundlagen. 4., verb. Aufl. 144 S., 71 Abb. 1956. *(Bd. 1084)*
II: Theorie der Wärmekraftmaschinen. Neudr. 144 S., 87 Abb., 32 Zahlentaf. 1951 *(Bd. 1151)*

Autogenes Schweißen und Schneiden von *H. Niese*. 5. Aufl. Neubearb. von *A. Küchler*. 136 S., 71 Fig. 1954 *(Bd. 499)*

Die elektrischen Schweißverfahren von *H. Niese*. 2. Aufl. Neubearb. von *H. Dienst*. 136 S., 58 Abb. 1955 *(Bd. 1020)*

Hebezeuge. Entwurf von Winden und Kranen von *G. Tafel*. 2., verb. Aufl. 176 S., 230 Fig. 1954 *(Bd. 414/414a)*

Wasserbau

Wasserkraftanlagen von *A. Ludin* u. Mitarb. v. *W. Borkenstein*. 2 Bde.
I: Planung, Grundlagen und Grundzüge. 124 S., 60 Abb. 1955 *(Bd. 665)*

Verkehrswasserbau von *H. Dehnert*. 3 Bde.
I: Entwurfsgrundlagen, Flußregelungen. 103 S., 52 Abb. 1950 *(Bd. 585)*
II: Flußkanalisierung und Schiffahrtskanäle. 94 S., 60 Abb. 1950 *(Bd. 597)*
III: Schleusen und Hebewerke. 98 S., 70 Abb. 1950 *(Bd. 1152)*

Wehr- und Stauanlagen von *H. Dehnert*. 134 S., 90 Abb. 1952 *(Bd. 965)*

Talsperren von *F. Tölke*. 122 S., 70 Abb. 1953 *(Bd. 1044)*

Hoch- und Tiefbau

Die wichtigsten Baustoffe des Hoch- und Tiefbaus von *O. Graf*. 4., verb. Aufl. 131 S., 63 Abb. 1953 *(Bd. 984)*

Baustoffverarbeitung und Baustellenprüfung des Betons von *A. Kleinlogel*. 2., neubearb. und erw. Aufl. 126 S., 35 Abb. 1951 *(Bd. 978)*

Festigkeitslehre. 2 Bde.
I: Elastizität, Plastizität und Festigkeit der Baustoffe und Bauteile von *W. Gehler*† und *W. Herberg*. Durchges. und erw. Neudr. 159 S., 118 Abb. 1952 *(Bd. 1144)*
II: Formänderung, Platten, Stabilität und Bruchhypothesen von *W. Herberg* und *N. Dimitrov*. 187 S., 94 Abb. 1955 *(Bd. 1145/1145a)*

Grundlagen des Stahlbetonbaus von *A. Troche*. 2., neubearb. und erw. Aufl. 208 S., 75 Abb., 17 Bemessungstaf., 20 Rechenbeisp. 1953 *(Bd. 1078)*

Statik der Baukonstruktionen von *A. Teichmann*. 4 Bde.
I: Grundlagen. 100 S., 51 Abb., 8 Formeltaf. 1956 *(Bd. 119)*
II: Statisch bestimmte Stabwerke. 107 S., 52 Abb., 7 Taf. 1957 *(Bd. 120)*

Fenster, Türen, Tore aus Holz und Metall. Eine Anleitung zu ihrer guten Gestaltung, wirtschaftlichen Bemessung und handwerksgerechten Konstruktion von *W. Wickop*. 4., überarb. und erg. Aufl. 155 S., 95 Abb. 1955 *(Bd. 1092)*

Heizung und Lüftung von *J. Körting*† und *W. Körting*. 2 Bde. 8., neubearb. Aufl.
I: Das Wesen und die Berechnung der Heizungs- und Lüftungsanlagen. 140 S., 29 Abb., 18 Zahlentaf. 1951 *(Bd. 342)*
II: Die Ausführung der Heizungs- und Lüftunganlagen. 152 S., 165 Abb., 7 Zahlentaf. 1954 *(Bd. 343)*

Industrielle Kraft- und Wärmewirtschaft von *F. A. F. Schmidt* u. *A. Beckers*. 167 S., 69 Abb. 1957 *(Bd. 318/318a)*

SAMMLUNG GÖSCHEN / BANDNUMMERNFOLGE

1 Langosch, Der Nibelunge Nôt
3/3a v. Ende, Die Maschinenelemente
9 Marcard-Beck, Dampfkessel I
10 Jiriczek-Wisniewski, Kudrun- und Dietrichepen
13 Lotze, Geologie
19 Altheim, Röm. Geschichte I
20 Hofstaetter-Spree, Dt. Sprachlehre
29 Brauns-Chudoba, Allg. Mineralogie
30 Eckert-Greifendorff-Kleffner, Kartenkunde
31 Brauns-Chudoba, Spez. Mineralogie
35 Treue, Dt. Geschichte von 1648 bis 1740
37 Klemm, Anorganische Chemie
38/38a Schlenk, Organ. Chemie
39 Treue, Dt. Geschichte von 1713 bis 1806
42 Behn, Vorgeschichte Europas
51/51a Ringleb-Bürklen, Mathematische Formelsammlung
59 Krahe, Indogerm. Sprachwiss.
60 Biehle, Stimmkunde
61 Biehle, Redetechnik
66 Berneker-Vasmer, Russische Grammatik
70 Nestle, Griech. Literaturgesch. I
71 Schulze, Allg. u. phys. Chemie I
76 Döring, Einf. i. d. theoret. Physik I
77 Döring, – II
78 Döring, – III
79 Hempel, Gotisches Elementarb.
80 Weigert, Stilkunde I
96 Hartmann, Einf. i. d. allgem. Biologie
101 v. Wiese, Soziologie
103 Dahrendorf, Industrie- und Betriebssoziologie
104/104a Hofstätter, Sozialpsychologie
111 Hoffmann-Debrunner, Gesch. d. griechischen Sprache I
114 Debrunner, — II
117 Brandenstein, Griechische Sprachwissenschaft I
119 Teichmann, Statik der Baukonstruktionen I
120 Teichmann, - II
125 Vossler, Italienische Literaturgeschichte
128/128a Lausberg, Romanische Sprachwissenschaft I
136 Mahler, Physikalische Formelsammlung
141 Geitler, Morphol. der Pflanzen
142 Haack, Darst. Geometrie I
143 Haack, — II
144 Haack, — III
145 Weimer, Gesch. der Pädagogik
146 Witting, Repetitorium und Aufgabensammlung zur Differentialrechnung
147 Witting, Repetitorium und Aufgabensammlung zur Integralrechnung
156/156a Landmann, Philosophische Anthropologie
170 Oehlmann, Musik des 19. Jahrhunderts
171 Oehlmann, Musik des 20. Jahrhunderts I
173 Bruhns-Ramdohr, Petrographie
180 Böhm, Versicherungsmath. I
184 Blümcke, Spinnerei und Zwirnerei
196 Mohr, Grundlagen d. Elektrotechnik I
197 Mohr, – II
198 Mohr, – III
200/200a Gottschald, Dt. Rechtschreibungswörterbuch
210 Bruhns-Ramdohr, Kristallographie
220/220a Moser, Allg. Musiklehre
221/221a Jander-Jahr, Maßanalyse
222 Hassak-Beutel, Warenkunde I
223 Hassak-Beutel, – II
226 Hofmann, Geschichte der Mathematik I
228 Vogel, Landw. Tierzucht
231 Ehrlich, Geschichte Israels
238 Krahe, German. Sprachwiss. I
243 Mahler, Physikal. Aufgabensammlung
247 Hoppe, Analytische Chemie I
248 Hoppe, – II
250 Lausberg, Roman. Sprachwissenschaft II
252 Dassler, Elektrochemie I
253 Dassler, – II

256 Haussner, Aufgabensamml. zur analyt. Geometrie der Ebene
257 Humburg, Die Gleichstrommaschine I
264 Lockemann, Geschichte der Chemie I
265/265a Lockemann, — II
270 Kirn, Einführung in die Geschichtswissenschaft
274 Zietemann, Dampfturbinen I
279 Jacob, Quellenkunde der deutschen Geschichte I
280 Jacob, — II
281 Leisegang, Einführung in die Philosophie
284 Jacob-Weden, Quellenkunde der deutschen Geschichte III
318/318a Schmidt, Industrielle Kraft- und Wärmewirtschaft
319 Krug, Australien und Ozeanien
329 Scharrer, Agrikulturchemie I
330/330a Scharrer, — II
335 Braun-Klug, Fette und Öle
336 Braun-Klug, Seifenfabrikation
342 Körting, Heizung und Lüftung I
343 Körting, — II
344 Moser, Musikästhetik
354/354a Valentiner, Vektoren
355 Neger-Münch, Nadelhölzer
356 Lüdemann, Fische
374 Döring, Einf. in die theoret. Physik IV
375 Preller, Geschichte Englands I
394/394a Schilling, Von der Renaissance bis Kant
414/414a Tafel, Hebezeuge I
422 Gottschald, Dt Personennamen
423 Adler, Fünfstell. Logarithmen
432 Borchers, Metallkunde I
433 Borchers, — II
439 Jaeckel, Würmer
440 Jaeckel, Weichtiere
441 Jaeckel, Stachelhäuter
442 Hannemann, Schwämme und Hohltiere
443 Gruner-Deckert, Krebse
444 Reichenow, Einzeller
445 Asmus, Physikal.-chemische Rechenaufgaben
452 Bahrdt-Scheer, Stöchiometrische Aufgabensammlung
469 Werkmeister, Vermessungskunde II
476 Thum-Meysenbug, Die Werkstoffe des Maschinenbaus I
483 Henglein, Lötrohrprobierkunde
492 Stolz-Debrunner, Geschichte der lateinischen Sprache
499 Niese, Autogen. Schweißen
500 Simmel, Hauptprobleme der Philosophie
521 Marcard-Beck, Dampfkessel II
536 Lehmann, Kant
538 Rumpf, Archäologie I
539 Rumpf, — II
557 Nestle, Griechische Literaturgeschichte II
561 Matthes, Werkzeugmaschinen I
562 Matthes, — II
564 Behn, Kultur der Urzeit I
565 Behn, — II
566 Behn, — III
571 Lehmann, Philosophie des 19. Jahrhunderts I
576/576a Moser, Gesangskunst
579 Müller-Schulze, Techn. Tabellen
580 Sedlaczek, Walzwerke I
581 Sedlaczek. — II
583/583a Engel, Maschinen der Eisenhüttenwerke
585 Dehnert, Verkehrswasserbau I
589 Tochtermann, Maschinenzeichnen I
590 Tochtermann, — II
594 Lengerken, Insekten
597 Dehnert, Verkehrswasserbau II
601 Mutschmann, Engl. Phonetik
619 Buchwald, Kristalloptik
665 Ludin, Wasserkraftanlagen I
668 Knopp, Funktionentheorie I
677 Altheim, Röm. Geschichte II
691 Fauser, Kulturtechn. Bodenverbesserungen I
692 Fauser, — II
698/698a Schulze, Allgemeine und physikalische Chemie II
703 Knopp, Funktionentheorie II
709 Lehmann, Philosophie des 19. Jahrhunderts II
711 Kesselring, Berechnung der Schaltgeräte
714/714a zur Megede, Einf. in die Technik selbsttät. Regelungen
715 Zietemann, Dampfturbinen II
716 Zietemann, — III
718 Neger-Münch, Laubhölzer
728/728a Pirani, Graph. Darstellung
735 Ekwall, Historische neuengl. Laut und Formenlehre
763/763a Beer-Meyer, Hebräische Grammatik I
764/764a Beer-Meyer, — II

768/768a Bieberbach, Einführung in die konforme Abbildung
780 Krahe, Germ. Sprachwiss. II
781 Weigert, Stilkunde II
786 Schulze, Allgem. und physikalische Chemie III
807 Kropp, Erkenntnistheorie I
809 Moser, Harmonielehre I
826 Koch, Philosophie des Mittelalters
827 Schwaiger, Elektromotorische Antriebe
831 Erismann, Allg. Psychologie
845 Lehmann, Philosophie im ersten Drittel des 20. Jahrhunderts
847 Herter, Lurche
851 Moede, Psychologie des Berufs- und Wirtschaftslebens
856 Quelle, Iberoamerika
857 Capelle, Griech. Philosophie I
858 Capelle, — II
859 Capelle, — III
862 Werkmeister, Vermessungskunde III
863 Capelle, Griech. Philosophie IV
875 Hofmann, Gesch. d. Math. II
877 Knopp, Aufgabensammlung zur Funktionstheorie I
878 Knopp, — II
881 Humburg, Gleichstrommaschine II
882 Hofmann, Gesch. d. Math. III
902 Müller, Dynamik I
903 Müller, — II
910 Jaeger, Afrika I
911 Jaeger, — II
915 Sperber-Fleischhauer, Gesch. der deutschen Sprache
917/917a Böhm, Versicherungsmathematik II
920 Hoheisel, Gewöhnliche Differentialgleichungen
921 Jantzen-Kolb, W. v. Eschenbach. Parzival
929 Schirmer, Dt. Wortkunde
930 Krull, Elementare und klassische Algebra I
931 Hasse, Höhere Algebra I
932 Hasse, — II
952 Schäfer, Transformatoren
953 Zipperer, Techn. Schwingungslehre I
961/961a Zipperer, — II
965 Dehnert, Wehr- und Stauanl.
970 Baldus-Löbell, Nichteuklid. Geometrie
972 Herter, Tierphysiologie I
973 Herter, — II
978 Kleinlogel, Baustoffverarb. u. Baustellenprüf. des Betons
984 Graf, Die wichtigsten Baustoffe des Hoch- u. Tiefbaus
999/999a Kamke, Mengenlehre
1000 Jaspers, Geistige Situation
1003 Hoheisel, Partielle Differentialgleichungen
1008 Mellerowicz, Allgemeine Betriebswirtschaftslehre I
1009 Bechert-Gerthsen, Atomphysik I
1014 Huttenlocher, Mineral- und Erzlagerstättenkunde I
1015/1015a Huttenlocher, — II
1017 Döring, Einf. i. d. theoret. Physik V
1020 Niese-Dienst, Elektr. Schweißverfahren
1031/1031a Apel, Philosophisches Wörterbuch
1033 Bechert-Gerthsen, Atomphysik II
1034 Kranefeldt, Therapeutische Psychologie
1035 Altheim, Röm. Religionsgeschichte I
1039 Dovifat, Zeitungslehre I
1040 Dovifat, — II
1044 Tölke, Talsperren
1045 Schubert, Technik des Klavierspiels
1051/1051a Stolberg-Wernigerode, Gesch. der Verein. Staaten von Amerika
1052 Altheim, Röm. Religionsgeschichte II
1057 Roth, Thermochemie
1059 Hoheisel, Aufgabensammlung zu den gewöhnl. und partiellen Differentialgleichungen
1061 Grodzinski, Getriebelehre I
1065 Haller, Von den Karolingern zu den Staufern
1070 Sauter, Differentialgleichungen der Physik
1078 Troche, Stahlbetonbau
1082 Hasse-Klobe, Aufgabensamml. zur Höheren Algebra
1084 Nußelt, Technische Thermodynamik I
1085 Lietzmann, Zeitrechnung
1086 Müller, Dt. Dichten u. Denken

1088 Preller, Geschichte Englands II
1092 Wickop, Fenster, Türen, Tore
1094 Hernried, System. Modulation
1099 Hoheisel, Integralgleichungen
1105 Hartung, Dt. Geschichte im Zeitalter der Reformation
1108 de Boor-Wisniewski, Mittelhochdeutsche Grammatik
1109 Knopp, Elemente der Funktionentheorie
1111 Naumann-Betz, Althochdeutsches Elementarbuch
1113/1113a Strubecker, Differentialgeometrie I
1114 Schubel, Englische Literaturgeschichte I
1115 Ranke, Altnord. Elementarbuch
1116 Schubel, Englische Literaturgeschichte II
1117 Haller, Eintritt der Germanen in die Geschichte
1121 Naumann, Dt. Dichten und Denken
1122 Feist, Sprechen u. Sprachpflege
1123/1123a Bechert-Gerthsen, Atomphysik III
1124 Meissner, Englische Literaturgeschichte III
1125 Lehnert, Altengl. Elementarbuch
1127 Hartmann, Geschlecht und Geschlechtsbestimmung im Tier- und Pflanzenreich
1128 Buchner, Symbiose der Tiere mit pflanzl. Mikroorganismen
1130 Dibelius, Jesus
1131 Scholz-Schoeneberg, Einführung in die Zahlentheorie
1132 Frühauf, Überspannungen und Überspannungsschutz
1134 Kuckuck, Pflanzenzüchtung I
1135 Lehnert, Beowulf
1136 Meissner, Englische Literaturgeschichte IV
1137 Heil, Entwicklungsgeschichte des Pflanzenreichs
1138 Hämmerling, Fortpflanzung im Tier- und Pflanzenreich
1140 Unger, Induktionsmaschinen
1141 Koller, Hormone
1142 Meissner-Lehnert, Shakespeare
1144 Gehler-Herberg, Festigkeitslehre I
1145/1145a Herberg-Dimitrov, - II
1146 Humburg, Synchrone Maschine
1147 v. Waltershausen, Kunst des Dirigierens
1148 Pepping, Der polyphone Satz I
1151 Nußelt, Technische Thermodynamik II
1152 Dehnert, Verkehrswasserbau III
1153 Mellerowicz, Allgem. Betriebswirtschaftslehre II
1154 Mellerowicz, — III
1155 Schwartz, Mikrobiologie I
1156/1156a Meinke, Komplexe Berechn. der Wechselstromschaltungen
1157 Schwartz, Mikrobiologie II
1158 Mayrhofer, Sanskrit-Grammatik
1159 Jungbluth, Gießereitechnik I
1160 Dibelius-Kümmel, Paulus
1161 Kaestner, Spinnentiere
1162 Seidel, Entwicklungsphysiolog. der Tiere I
1163 Seidel, — II
1164/1164a Pepping, Der polyphone Satz II
1165/1165a Bechert-Gerthsen, Atomphysik IV
1169 Paulsen, Allgemeine Volkswirtschaftslehre I
1170 Paulsen, — II
1178/1178a Kuckuck, Pflanzenzüchtung II
1179/1179a Strubecker, Diff. Geometrie II
1180/1180a Strubecker, — III

AUTORENREGISTER

FSC
www.fsc.org
MIX
Papier | Fördert
gute Waldnutzung
FSC® C083411

Zeitfracht Medien GmbH
Ferdinand-Jühlke-Straße 7
99095 Erfurt, Deutschland
produktsicherheit@kolibri360.de